Herbert Meschkowski

Probleme des Unendlichen

Werk und Leben Georg Cantors

Mit 12 Abbildungen und 6 Tafeln

Springer Fachmedien Wiesbaden GmbH

Dr. Herbert Meschkowski
ist o. Professor an der Pädagogischen Hoschschule Berlin
und apl. Professor an der Freien Universität Berlin

ISBN 978-3-663-01064-7   ISBN 978-3-663-02977-9 (eBook)
DOI 10.1007/978-3-663-02977-9

1967

Alle Rechte vorbehalten

© 1967 by Springer Fachmedien Wiesbaden
Ursprünglich erschienen bei Friedr. Vieweg & Sohn GmbH, Verlag, Braunschweig 1967
Softcover reprint of the hardcover 1st edition 1967
Schutzumschlagentwurf: Gisela Heintze

Bestell-Nr. 8253

Vorwort

Es ist eine alte Weisheit: Wenn man das Werk von Dichtern und Philosophen verstehen will, tut man gut, sich für ihre Biographie zu interessieren. Bei den Vertretern der exakten Wissenschaften, insbesondere bei den Mathematikern, sucht man kaum nach Beziehungen zwischen Leben und Werk.

Unter den großen Forschern der Mathematik gibt es Konservative und Sozialisten, Atheisten und Christen aller Konfessionen. Es scheint, daß erfolgreiche Arbeit in der Wissenschaft von den formalen Systemen für Vertreter aller Weltanschauungen möglich ist.

Wer sich aber eingehender mit den Wandlungen des mathematischen Denkens beschäftigt, wird – schon bei den Pythagoreern und bei *Platon* – Einwirkungen der mathematischen Forschung auf weltanschauliche Konzeptionen erkennen. Noch deutlicher wird dieser Zusammenhang an der Wende zur modernen Mathematik. Schon die Entdeckung der nichteuklidischen Geometrie im 19. Jahrhundert hatte zu einer Diskussion über die Grundlagenprobleme der Mathematik geführt. Noch stärker aber haben die Antinomien der Mengenlehre dazu beigetragen, daß vielen Mathematikern die klassische (von *Platon* beeinflußte) Auffassung über das Wesen ihrer Wissenschaft problematisch wurde.

Georg Cantor selbst, der Begründer der Mengenlehre, war wohl der letzte große Vertreter des platonischen Denkens in der Mathematik. Er hat die Ergebnisse seiner Forschungen nicht nur als Beiträge zu einer „Wissenschaft von den formalen Systemen" verstanden; er suchte größere Zusammenhänge. Aus vielen seiner Briefe geht es hervor: Er schätzte die Mathematik als eine Vorstufe der Metaphysik, und die Fortschritte auf dem Gebiet der Mengenlehre waren ihm zugleich bedeutsame Schritte zur Erkenntnis von Gott und Welt. Es ist eines der erregendsten Kapitel der modernen Geistesgeschichte: Gerade die genialen Forschungen *Cantors* haben den Weg für den modernen Formalismus freigemacht, der sich so gar nicht in seine eigenen metaphysischen Konzeptionen einfügte.

Aber wir wollen in der Einleitung nicht das Ergebnis dieser Darstellung vorwegnehmen. Es geht nur um eine Begründung für den Versuch, Werk *und* Leben *Cantors* darzustellen.

Seit über 30 Jahren liegt die von *Zermelo* besorgte Ausgabe der gesammelten Schriften *Cantors* vor. Es liegt im Wesen einer solchen Zusammenfassung, daß hier Wichtiges und weniger Bedeutendes nebeneinander steht. Es gibt auch einige Arbeiten *Cantors*, die wir heute nicht als völlig korrekt bezeichnen können. Daneben aber finden sich wichtige Leistungen *Cantors* in Fußnoten untergebracht, andere fehlen in dieser Zusammenstellung ganz. Um *Cantor* und sein Werk verständlich zu machen, muß man *das Wesentliche lesbar* darstellen. Man darf Wiederholungen vermeiden, sollte aber den Zusammenhang zwischen den Ergebnissen der Forschung und der Persönlichkeit des Forschers erkennen lassen.

Eine wichtige Hilfe ist dabei der Briefwechsel *Cantors*. Durch das freundliche Entgegenkommen der Erben *Cantors* und einiger Bibliotheken war es möglich, in dieser Schrift vieles zu verwerten, was *Zermelo* 1930 noch nicht vorlag. Im Anhang werden eine ganze Reihe von (bisher nicht bekannten) Briefen von und an *Cantor* veröffentlicht, die für das Verständnis der Arbeit des großen Forschers wichtig sind.

Bei den ersten mengentheoretischen Arbeiten haben wir uns – in Würdigung der geschichtlichen Bedeutung dieser grundlegenden Publikationen – ziemlich eng an die Cantorsche Darstellung gehalten, auch da, wo Vereinfachungen möglich gewesen wären (Kap. III). In den folgenden Kapiteln stand für uns der Wunsch im Vordergrund, die weiterführenden Ideen *Cantors* dem modernen Leser möglichst leicht zugänglich zu machen. Wir hoffen, daß auf diese Weise eine brauchbare Einführung in die „naive" Mengenlehre entstanden ist.

Es geht in dieser Darstellung auch um die *Wirkung Cantors* bis in die Gegenwart. Man wird nicht erwarten, daß hier über alle auch nur einigermaßen wesentliche Arbeiten zur Mengenlehre berichtet wird. Wir haben die Themenstellung so verstanden: *Cantor* hat viele Begriffe geprägt (Kardinalzahl, Ordnungszahl z. B.), die in ihrer ersten Fassung vom Standpunkt der modernen Mathematik her kritisiert werden könnten. Es erscheint uns deshalb bedeutsam für die Würdigung von *Cantors* Schaffen, daß die moderne axiomatische Fundierung der Mengenlehre eine Fassung der klassischen Definitionen *Cantors* zuläßt, die als axiomatisch gesicherte Formulierungen der (späten) Cantorschen Erklärungen gelten können.

Wir wollen schließlich versuchen zu zeigen, warum in mengentheoretischen Lehrbüchern unserer Tage die gesamte Mathematik als „Mengenlehre" definiert werden kann.

„Mathematik ist Mengenlehre": Diese auch für einige zeitgenössische Mathematiker noch aufreizende Definition soll uns schließlich ein Anlaß sein zu dem Versuch, die geistesgeschichtliche Bedeutung *Georg Cantors* zu würdigen.

Es ist in dieser Schrift natürlich nicht möglich, von den modernen Untersuchungen zur Mengenlehre auch nur die wichtigsten eingehend zu würdigen. Wir wollen uns damit bescheiden, die Bestätigung der genialen Intuitionen *Cantors* durch die moderne Forschung herauszustellen.

Wenn wir *Cantor* gerecht werden wollen, können wir aber in diesem Buch nicht nur Definitionen, Formeln und Beweise zusammenstellen. Er suchte den Zusammenhang seiner mathematischen Ideen mit philosophischen und sogar mit theologischen Fragestellungen zu klären. Wir werden ihm in diesen Gedankengängen zu folgen versuchen, auch dann, wenn es uns als Menschen des 20. Jahrhunderts nicht leicht fällt.

Wir gewinnen einen wichtigen Beitrag zum Verständnis *unserer* Situation, wenn wir dies begreifen: *Cantor* zog aus, um eine Brücke zu schlagen von der Mathematik zur Metaphysik. Aber mit seinen genialen mathematischen Forschungen führte er wider Willen solche Zielsetzungen ad absurdum; sein Werk brachte *keine* Wiederbelebung einer wissenschaftlichen Metaphysik, sondern regte zu einer Grundlagenforschung an, deren philosophische Bedeutung ins Feld der *Erkenntniskritik* gehört.

Das vorliegende Buch setzt wenig Vorkenntnisse voraus. Es werden gelegentlich die Grundbegriffe der Aussagenlogik zur einfachen Formulierung der Definitionen und Lehrsätze benutzt. Sie sind heute jedem Studenten der Mathematik aus der Einführungsvorlesung vertraut. Wir glauben, daß auch philosophisch interessierte Leser aus anderen Fakultäten das Buch in seinen wesentlichen Teilen verstehen können. Notfalls sei die Lektüre der ersten Kapitel meiner „Einführung in die moderne Mathematik" (Mannheim 1964) empfohlen.

Die in eckigen Klammern beigefügten Hinweise ([C 1], [W] usw.) deuten auf das Literaturverzeichnis am Schluß der Arbeit hin.

An dieser Stelle möchten wir allen danken, die bei der Sammlung von Material und durch Anregungen behilflich waren, vor allem den beiden Enkeln *Cantors*, den Herren Oberstudienrat *Wilhelm Stahl*, Bad Godesberg, und Prof. Dr. *Ulrich Schneider*, München, und den auf S. 227 genannten Bibliotheken. Sehr hilfreich bei der Aufspürung seltener Literatur war Herr *Joachim Suin de Boutemard*. Herrn Akad. Rat *Winfried Nilson* danke ich für treue Hilfe bei der Durchsicht des Manuskriptes und bei den Korrekturen.

Berlin, im September 1966

Herbert Meschkowski

Inhaltsverzeichnis

I. Herkunft und Jugend
1. Die Eltern — 1
2. Jugendjahre — 4

II. Frühe Arbeiten
1. Ein Überblick — 10
2. Darstellung reeller Zahlen durch Reihen — 11
3. Darstellung durch unendliche Produkte — 19

III. Die Anfänge der Mengenlehre
1. Abzählbare Mengen — 26
2. Die Nichtabzählbarkeit der Menge der reellen Zahlen — 29
3. Die Abbildung des Quadrats auf eine Strecke — 31
4. Die Wirkung — 40

IV. Beiträge zur Topologie
1. Die Cantorschen Definitionen — 42
2. Bezeichnungen — 44
3. Perfekte Mengen — 46
4. Das Kontinuum — 53
5. Der Satz von Cantor-Bendixon — 57

V. Die mathematische Denkweise im 19. Jahrhundert
1. Der Wahrheitsbegriff — 58
2. Bernard Bolzano — 61
3. Das Aktual-Unendliche — 64
4. Kronecker und die Weierstraßsche Schule — 67

VI. Kardinalzahlen
1. Definition — 70
2. Vergleich von Kardinalzahlen — 73
3. Arithmetik der Kardinalzahlen — 77
4. Beispiele — 81
5. Das Cantorsche Diagonalverfahren — 85
6. Endliche Kardinalzahlen — 88

VII. Ordnungszahlen

1. Ähnliche Mengen — 90
2. Arithmetik der Ordnungstypen — 93
3. Die Ordnungstypen η und Θ — 95
4. Wohlgeordnete Mengen — 99
5. Elementare Eigenschaften der Ordnungszahlen — 101
6. Mengen von Ordnungszahlen — 105

VIII. Mathematik und Metaphysik bei Georg Cantor

1. Das Transfinite — 111
2. Cantors Ontologie — 114
3. Das „Unendlich Kleine" — 117
4. Die Religion Cantors — 122

IX. Cantor und seine Kollegen

1. Schwarz und Weierstraß — 130
2. Kronecker — 134
3. Mittag-Leffler — 139
4. Neue Freunde — 141

X. Antinomien

1. Die beiden Cantorschen Antinomien — 144
2. Die Antinomien von Russell und Shen Yuting — 147
3. Auswege — 148

XI. Der Wohlordnungssatz

1. Das Auswahlaxiom — 156
2. Anwendungen — 158
3. Der Wohlordnungssatz — 160
4. Folgerungen, Einwände — 162

XII. Die späten Jahre

1. Der Heidelberger Kongreß — 165
2. Mathematische Gesellschaften — 166
3. Arbeit an zahlentheoretischen Problemen — 168
4. Das letzte Jahrzehnt — 172
5. Internationale Würdigung — 175

XIII. Axiomatisierung der Mengenlehre

1. Das System von Zermelo — 178
2. Prädikate und Funktionale — 183
3. Das Axiomensystem A — 187
4. Elementare Sätze — 189

5. Die natürlichen Zahlen	192
6. Unendliche Mengen	196
7. Das kartesische Produkt	197
8. Andere Axiomensysteme	200

XIV. Moderne Theorie der Ordnungs- und Kardinalzahlen

1. Ordnungszahlen	202
2. Kardinalzahlen	209
3. Moderne Einsichten über das Kontinuumproblem	211

XV. Das Erbe Cantors

1. Was ist Mathematik?	214
2. Umstrittener Formalismus	215
3. Voraxiomatische Untersuchungen	220
4. Das Erbe Georg Cantors	224

Anhang

Briefe aus der Welt Georg Cantors	226
Verzeichnis der Briefe	227

Literatur 274

Personenverzeichnis 282

Sachverzeichnis 286

Die Eltern Cantors

Frau Vally, geb. Guttmann

I. Herkunft und Jugend

1. Die Eltern

Georg Cantor wurde am 3. März 1845 (19. Februar a. St.) in Petersburg geboren. Sein Vater, *Georg Woldemar Cantor*, war ein erfolgreicher Kaufmann. Das Maklergeschäft *„Cantor & Co."* brachte ihm einigen Wohlstand ein, und so konnte er seinen Sohn Georg während des Studiums ermutigen, sich Zeit zu lassen und nicht bis in die Nächte hinein zu arbeiten.

> Wozu die Gewalt? Ich habe Dir, glaube ich, schon bis zum Überdruß wiederholt, daß wir die Mittel haben (gottlob, und ich glaube reichlicher, als Du Dir einbildest!) um Dein Studium so lange auszudehnen als wir wollen.

So schrieb *Georg Woldemar Cantor* am 21. Januar 1863 an seinen fleißigen Sohn. Er hinterließ bei seinem Tode ein beträchtliches Vermögen, das später dem sehr bescheiden honorierten Professor *Georg Cantor* die Möglichkeit schuf, für seine Familie ein Haus in Halle zu erwerben.

Von *Georg Woldemar Cantor* wird berichtet, daß er 1813 (oder 1814?) als Sohn eines Kaufmanns in Kopenhagen zur Welt kam. Wenn man heute die Briefe liest, die der *Vater Cantor* seinem studierenden Sohn schrieb, ist man fasziniert von dieser vielseitig gebildeten, reifen und gütigen Persönlichkeit. Sie atmen einen Geist, den man bei erfolgreichen Geschäftsleuten nicht immer vorfindet.

Er kennt sich in der Denkweise der akademischen Welt aus und weist *Georg Cantor* (nach der Prüfung in Darmstadt 1862) auf die Bedeutung der „humanistischen" Fächer hin [1]:

> ... wenngleich das Resultat der Prüfung in Mathematik und Physik ein schönes, wäre es doch auch höchst wünschenswert gewesen, daß es auch in den humanoria als ein gutes sich gezeigt hätte, denn Geschichte und Geographie brauchst Du, um in der Gesellschaft – in der *guten* – als ebenbürtig zu erscheinen und das Lateinische gar, speziell und späterhin Deinen gelehrten Kollegen gegenüber in den vielfachen Berührungen, in die man selbst als Gelehrter kommt, besonders in amtlichen akademischen Stellungen ganz zu schweigen von der Fatalität, sich Blößen geben zu

---

[1] Brief vom 28. August 1862.

müssen oder solchen fortwährend ausgesetzt zu sein! Dies wäre ein höchst demütigendes und deprimierendes Gefühl für Dich als Mann, wenn Du im Kreis anderer Professoren zu sitzen kämst, die natürlich Deine Schwächen und Blößen im Nu merken würden und – was das Schlimmste ist! – Dir auf eine so feine Weise dies zu fühlen geben würden, daß Du nichts dagegen tun als – das Maul halten kannst! Siehst Du, das ist der Fluch des Mangels gründlicher klassischer Studien! –

Er korrigiert den Stil seines Sohnes („Es heißt ‚dramatische' Kunst, nicht ‚theatralische'") und versucht, ihn in trübseligen Stimmungen aufzumuntern [2]:

„Grillen sind mir böse Gäste
immer mit leichtem Sinn
tanzen durch' Leben hin,
das nur ist Hochgewinn!..."
...fort mit den trockenen Stubenhockerlaunen. Der Humor soll nimmer fehlen. Klag mir nur stets, wo der Schuh drückt und ich werde stets dafür sorgen, daß Dir der Humor nicht fehle!... Ich wollte, ich hätte Dich nur gleich bei mir, ich wollte in weniger als einer halben Stunde deine Grillen derart bannen und Deine Stimmung so erheitern, daß Du mindestens für drei Jahre keinen Rückfall haben solltest!

Der erfolgreiche Geschäftsmann berichtet seinem Sohn von musikalischen Veranstaltungen und weiß empfindsam über die Schönheiten des Züricher Sees zu schwärmen [3]:

... Hosianna rufe ich mit Entzücken! Mein Auge hat Zürich im Glanze des Sonnenscheins vom Garten am See gesehen – mein Auge kann schlafen gehen! Schöneres kann und wird es nie mehr erblicken! Meine Seele hat Gott empfunden in dem ruhigen Frieden des Sonnenunterganges, der sich im goldigen Dufte über dem See ausbreitet...

Sieh, mein lieber Georg, so hat mich diesmal der Anblick des Züricher Sees an einem milden Sommerabend entzückt und begeistert. In solchen Anblick vertieft war ich mit allen Härten und Leiden dieses Lebens ausgesöhnt... Darum komm, sieh und urteile – denn gesiegt hast Du hoffentlich schon, nämlich im Examen! Doch gleichviel, wie groß oder klein dein Sieg sein mag, schreibe mir ganz getrost und offen heraus, wie es damit in Wirklichkeit gegangen... Du bist ja jung noch und wenn es Dir Ernst um eine hervorragende Stellung in diesem künftigen Berufe ist, so kannst Du unglaublich viel nachholen, um Dich zu befähigen, die nächsten Stufen zu erreichen...

---

[2] Brief vom 21. Januar 1863.
[3] 24. August 1862.

Wichtiger noch als diese Vielseitigkeit des Denkens und Empfindens war für die Entwicklung des Sohnes die Religiosität des Vaters *Cantor*. *Georg Woldemar Cantor* gehörte der evangelischen Kirche an, und er war Christ aus Überzeugung. *Georg Cantor* hat sein Leben lang den Brief aufbewahrt, den ihm sein Vater zur Konfirmation Pfingsten 1860 schrieb [4]. Er spricht davon, daß die „allerhoffnungsvollsten Menschen, nachdem sie ins praktische Leben eingetreten, schon in den ersten ernstlichen Kämpfen nach kurzem ohnmächtigem Widerstand" scheitern. Dies ist der Grund:

> Ihnen *fehlte der feste Kern*, auf den *alles* ankommt! Nun, mein teurer Sohn! – glaube es *mir*, Deinem *aufrichtigsten*, *treuesten* und *erfahrensten* Freunde – dieser feste Kern, *der in uns leben muß*, das ist: ein *wahrhaft religiöses Gemüt!* Dies offenbart *sich uns selbst* durch ein *aufrichtiges demütiges Gefühl dankbarster Gottesverehrung*, aus welcher denn auch das *siegreiche*, *unerschütterlich feste Gottesvertrauen erwächst* und uns unser ganzes Leben hindurch in jenem stillen zuversichtlichen Verkehr mit unserem himmlischen Vater erhält.

Mahnungen dieser Art an Konfirmanden mögen im 19. Jahrhundert nicht ganz selten gewesen sein. Wir wollen deshalb diesem Beleg für die Frömmigkeit von *Georg Woldemar Cantor* noch ein paar Zeilen hinzufügen, die auf einem vergilbten Blatt mit den schönen Schriftzügen seiner Hand erhalten sind. Sie zeugen davon, daß er sich ernstlich Gedanken gemacht hat über Möglichkeiten und Grenzen aller Philosophie und Theologie [5]:

> „Nichts ist törichter, als von unserem irdischen Standpunkt und mit unseren verhältnismäßig kleinen geistigen Mitteln die Tiefe der Gottheit und das himmlische Reich des Geistes ausklügeln zu wollen. Diese Tiefe ist unserem geistigen Auge so unergründlich wie die Tiefe des Fixsternhimmels unseren sinnlichen Augen. Die kurze Himmelsleiter eines irdischen Traumes reicht nicht in jene ewigen Sonnen, die ganze Wonne der Gottheit mitzufühlen, ist unser irdisches Herz zu eng. Hier sind wir zu Großem noch nicht berufen, in kleinen Mühen müssen wir erprobt werden, die Beschränkung ist unser Los. Und wer im Kleinen nicht edel handeln und glücklich sein kann, wie wäre er einer höheren Würde, eines seeligen Genusses unter höheren Geistern würdig? Wir sollen Gott nicht suchen außer uns und uns selbst darüber vergessen, sondern in dem uns angewiesenen Kreise Gottes oder der uns eingeborenen Idee des Göttlichen würdig handeln..."

---

[4] Der Brief ist fast vollständig in der Biographie von *Fraenkel* [B 2] abgedruckt.

[5] Wir entnehmen dieses Zitat (und einige weitere wichtige Hinweise über die Familie *Cantor*) der Biographie *Else Cantors* [B 9].

Die Mutter Cantors, *Marie Böhm*, stammte aus einer Künstlerfamilie. *Georg Cantor* schreibt darüber an *E. Lemoine* am 17. März 1896 [6]):

> Au fond bin ich eine sehr leichte Künstlernatur und bedaure stets, daß mein Vater mich nicht hat „violiniste" werden laßen, darin ich jedenfalls am glücklichsten geworden wäre. Ich gehöre ja mütterlicherseits einer Familie von Violinvirtuosen an. Mein Großvater und meine Großmutter Franz und Marie Böhm (geb. Morawek) (aus der Schule des Franzosen Rode) haben in den 20er und 30er Jahren dieses Jahrhunderts in St. Petersburg als kaiserliche Violinvirtuosen die dortigen musikalischen Kreise entzückt; und mein Großonkel Joseph Böhm (auch Schüler von Rode) stand in Wien dem Conservatorium vor und ist der Gründer einer berühmten Violinistenschule, aus welcher Joachim, Ernst, Singer, Hellmesberger (Vater), L. Strauss, Rappoldi u. a. hervorgegangen sind. Sie sehen also, daß ich meinen Beruf verfehlt und dem Grundsatz „Ne sutor ultra crepidam" [7]) nicht gefolgt bin.

Ob der letzte Satz so ganz ernst gemeint war? Wir Heutigen werden jedenfalls dem Begründer der Mengenlehre nicht bestätigen wollen, daß er „seinen Beruf verfehlt" habe. Immerhin: Man merkt gelegentlich etwas von dem unsteten Künstlerblut in seinen Adern, und auch seine Handschrift zeigt einen Schwung und eine Phantasie der Formen, die man (vielleicht zu Unrecht?) bei einem Mathematiker nicht erwartet.

Zur Familie der Mutter *Cantors* gehörte ein Großonkel, *Dimitry Meier*, der als Jurist und Philosoph an der Universität Kasan wirkte. *Cantor* berichtet von ihm, daß er der erste war, „der noch unter *Nikolaus I.* es wagte, in seinen Universitätsvorlesungen für die Abschaffung der Leibeigenschaft zu wirken".

In summa: Unter den Vorfahren *Cantors* finden sich erfolgreiche Kaufleute und empfindsame Violinvirtuosen, Forscher und Kapellmeister: ein reiches, aber schwer zu bewältigendes Erbe.

2. Jugendjahre

Im Jahre 1856 setzte sich *Georg Woldemar Cantor* eines Lungenleidens wegen in Frankfurt a. M. zur Ruhe. *Georg Cantor*, der vorher in Petersburg die Elementarschule besucht hatte, wurde nun Gymnasiast in Wiesbaden. Ostern 1859 trat er in die Großherzoglich Hessische Realschule in Darmstadt ein. Wir wissen nicht, was der Anlaß zu diesem Schulwechsel war. Der Vater legte ja großen Wert auf die humanistische Bildung seines Sohnes, und es

---

[6]) Vollständig abgedruckt in [B 7], S. 515 ff.
[7]) Bei *Plinius* (Historia naturalis 35, 85) heißt es: „Ne sutor supra crepidam (sc. judicet)." „Schuster, bleib bei deinem Leisten!"

bestand auch kein Anlaß zu der Annahme, daß er den Anforderungen des Gymnasiums nicht gewachsen war. Seine Zeugnisse in Darmstadt waren stets vorzüglich, und er hat sich später offenbar fundierte Kenntnisse des Griechischen (Latein wurde auch an der Realschule in Darmstadt gelehrt) angeeignet. Vielleicht lag es daran, daß sein Vater für ihn den Beruf eines Ingenieurs vorgesehen hatte? Jedenfalls besuchte *Cantor* nach Abschluß der Realschule den unteren allgemeinen Kursus der Großherzoglich Höheren Gewerbeschule (späteren Technischen Hochschule) in Darmstadt.

Hier wuchs sein Interesse für die Wissenschaften, insbesondere für die Mathematik.

Zu Beginn des „Oberkursus" ermunterte ihn sein Vater mit dem ihm eigenen Pathos (Brief vom 19. Oktober 1861):

> Hege und pflege die Liebe zu den Wissenschaften gleichwie das heilige Feuer der Vestalinnen, deren brennende Lampe nie ausgehen durfte. Die ewige, nie zu verlöschende Lampe der Wissenschaft aber ist ein heiligeres Feuer als jenes es war. Pflegt der Mensch diese Lampe nach seinen individuellen Fähigkeiten und Kräften, so hat er seine Schuldigkeit getan – dieses Bewußtsein ist etwas sehr Großes! Beruhige Dich daher auch über die Zweifel, die mitunter in einzelnen Augenblicken in Dir aufgestiegen sind. Dergleichen kommen in jedem Menschen im Jünglingsalter vor und verlieren sich allmählich...

Im Mai 1862 erhielt *Cantor* die Zustimmung seines Vaters zum Studium der Mathematik. Sein Dankbrief vom 25. Mai 1862 ist der älteste der uns von *Cantor* selbst erhaltenen Briefe. Es heißt da:

> Mein lieber Papa! Wie sehr Dein Brief mich freute, kannst Du Dir denken; er bestimmt meine Zukunft. Die letzten Tage vergingen mir im Zweifel und der Unentschiedenheit; ich konnte zu keinem Entschluß kommen. Pflicht und Neigung bewegten sich in stetem Kampfe. Jetzt bin ich glücklich, wenn ich sehe, daß es Dich nicht mehr betrüben wird, wenn ich in meiner Wahl dem Gefühl folge. Ich hoffe, Du wirst noch Freude an mir erleben, teurer Vater, denn meine Seele, mein ganzes Ich lebt in meinem Berufe; was der Mensch will und kann, und wozu ihn eine unbekannte, geheimnisvolle Stimme treibt, *das* führt er durch!...

Er begann sein Studium in Zürich und setzte es 1863 (nach dem plötzlichen Tode des Vaters) in Berlin fort.

Es war vor allem der als Forscher wie als Lehrer bedeutende *Carl Weierstraß*, der damals junge Begabungen nach Berlin zog. Auch von *Kummer* und *Kronecker* hat *Cantor* viel gelernt. Da aber sein Interesse später besonders der Analysis (Reihenlehre, Theorie der reellen Zahlen, Fouriersche Reihen) zugewandt war, hat er in erster Linie *Weierstraß* als seinen Lehrer geschätzt.

Seine Dissertation „De aequationibus secundi gradus indeterminatis" betrifft ein zahlentheoretisches Problem. *Kummer* schreibt darüber im Prüfungsprotokoll vom 17. Oktober 1867:

> Die von dem Candidaten eingereichte Dissertation betrifft einen von den größten Meistern der Zahlentheorie Lagrange und Gauß bereits behandelten Gegenstand: die allgemeine Auflösung der unbestimmten Gleichungen zweiten Grades. Der Verfasser hat die von diesen angegebenen Methoden der Auflösung sehr gründlich studiert und zeigt indem er dieselben kritisch beleuchtet, was in diesem Problem noch zu leisten sei, um alle Lösungen desselben... in reiner vollendeter Form darzustellen. Er zeigt hierbei eine gründliche Kenntniß und Einsicht in die neueren Methoden der Zahlentheorie und entwickelt eine gesunde Kritik. Sodann entwickelt er eine eigentümliche Methode der Auflösung dieses Problems...

Weierstraß stimmt dem Votum seines Kollegen *Kummer* zu, und die beiden prüfen den Candidaten dann über Probleme der Zahlentheorie bzw. der Algebra und Funktionentheorie, „nämlich der Theorie der elliptischen Transzendenten". Nachdem *Cantor* auch noch die Prüfung in Physik (*Dove*) und Philosophie (*Trendelenburg*) glücklich überstanden hatte, wurde er „magna cum laude" promoviert.

Damals bestand noch die Sitte, daß der Doktorand wissenschaftliche „Thesen" gegen einige Kommilitonen verteidigen mußte. Bemerkenswert scheint uns seine dritte These zu sein:

> In re mathematica ars proponendi quaestionem pluris facienda est quam solvendi.

Tatsächlich liegt die spätere Leistung *Cantors* nicht immer in der *Lösung* der Probleme. Seine einmalige Leistung war, daß er mit eigenwilligen Fragestellungen neue Gebiete der Mathematik erschloß, deren Probleme zum Teil von ihm selbst, zum Teil erst durch Forscher der nächsten Generationen gelöst wurden.

Von den Berliner Jahren *Cantors* wissen wir heute nicht viel. Es wird vermutet, daß er an einer Berliner Mädchenschule unterrichtet hat. Jedenfalls hat er 1868 die Staatsprüfung für das Lehramt abgelegt und war Mitglied des Schellbachschen Seminars der Mathematiklehrer.

Wie *Ernst Lamla* in seiner *Geschichte des Mathematischen Vereins* 1861–1911 (Berlin 1911, S. 84) berichtet, war *Cantor* Mitglied und von 1864–65 sogar Vorsitzender dieses Vereins, der die Geselligkeit der Mathematiker und ihre wissenschaftliche Arbeit fördern wollte. In seinen späteren Jahren (vgl. S. 166) hat sich *Cantor* um den internationalen Zusammenschluß der Mathematiker bemüht. Er war also kein in seine Wissenschaft versponnener

Einsiedler, und wenn er sich dennoch später von manchen seiner früheren Freunde löste [8]), so hat das Gründe, die eher in der eigenwilligen Art seiner Forschung als in seinem Charakter zu suchen sind.

Besondere Freundschaft verband ihn in jenen Jahren mit dem um zwei Jahre älteren Kollegen *Hermann Amandus Schwarz*. Beide waren sich einig in der Verehrung ihres Lehrers *Weierstraß* und in der Sorge um das Votum *Kroneckers*, der nur allzu oft die Deduktionen von *Weierstraß* und seinen Schülern als ungesichert beanstandete [9]).

Vielleicht darf man diese frühen Jahre der beginnenden Forschungsarbeit als die glücklichsten im Leben *Cantors* bezeichnen. Jedenfalls strahlen einige uns erhaltene Briefe an seine Schwester *Sophie* eine Zufriedenheit aus, die ihm später im Kampf um die Anerkennung seiner Theorie nicht immer vergönnt war.

Im Frühjahr 1869 verbrachte er einige Wochen der Muße in Dietenmühle bei Wiesbaden. Er hat seine mathematischen Manuskripte bei sich, obwohl er dort nicht arbeiten wollte. Aber die Nähe dieser Papiere, „in welchen sich die Studien mancher Jahre widerspiegeln" tat ihm wohl, und er erwartete „bei ihrem Anblick Kraft, um neue, vielleicht gediegene und bessere anzufangen".

Es heißt dann weiter in seinem Brief an *Sophie* vom 7ten Februar 1869:

> Ich sehe doch immer mehr ein, wie sehr mir meine Mathematik ans Herz gewachsen ist oder vielmehr, daß ich eigentlich dazu geschaffen bin, um in dem Denken und Trachten in dieser Sphäre Glück, Befriedigung und wahrhaften Genuß zu finden. Das Arbeiten ist und bleibt für mich der eigentliche Kern meines Lebens, und meine Wünsche erstrecken sich nur so weit, daß ich mich sowohl durch körperliches Befinden wie auch durch die Verhältnisse stets in solchen Lagen befinden möchte, wo ich ungehemmt diesen Beschäftigungen nachgehen und durch sie einem Kreise der menschlichen Gesellschaft nützlich und angenehm werden kann. Du wirst Dir denken können, daß sich diese Hoffnungen zunächst an Halle knüpfen; dort werde ich eine Wirksamkeit haben, welche sich ganz und gar auf meinen Beruf erstreckt, und ich werde dort vielleicht von selbst Anerkennung und Verständnis meiner Bestrebungen finden.

Cantor habilitierte sich im Frühjahr 1869 in Halle, wieder mit einer zahlentheoretischen Arbeit: De transformatione formarum ternarium quadricarum. Vorher schon hatte er zwei bedeutsame Arbeiten über Zahlensysteme veröffentlicht, über die wir im nächsten Kapitel ausführlicher berichten.

---

[8]) Siehe dazu Kap. IX!
[9]) Man sehe dazu Brief Nr. 1!

Hermann A. Schwarz war schon seit 1867 Extraordinarius in Halle. Er erhielt aber schon im Frühjahr 1869 einen Ruf auf ein Ordinariat in Zürich. In den Briefbüchern *Cantors* finden sich eine Reihe von Orginalbriefen von *Schwarz* an *Cantor* aus dieser Zeit [10]). Sie sind ein schönes Zeugnis für die Produktivität der „Berliner Schule", der sie sich beide mit einem gewissen Stolz zurechneten [11]). Leider sind uns die Antwortbriefe *Cantors* nicht erhalten; es existieren aber noch (aus dem Nachlaß von *Schwarz*) einige Briefe des Hallenser Ordinarius *Heine* an *Schwarz*. *Cantor*, *Schwarz* und *Heine* waren an der Weiterführung der Weierstraßschen Ideen interessiert. Sie diskutierten über Fragen der Stetigkeit (gleichmäßige Stetigkeit, Stetigkeit für Funktionen von mehreren Veränderlichen) und über die Theorie der Fourier-Reihen.

Die siebziger Jahre bringen für *Cantor* einige Erfolge. Er wird bald außerordentlicher Professor in Halle, ordentliches Mitglied der Naturforschenden Gesellschaft zu Halle und korrespondierendes Mitglied der Göttinger Gesellschaft der Wissenschaften.

Leider wurden damals junge Professoren nur allzu bescheiden besoldet. Im Juli 1873 berichtet er seiner Schwester *Sophie* von einem Besuch des Hallenser Rektors, der den jungen Extraordinarius zum Bleiben überredete. Er bot ihm „für das nächste Jahr 300 Thaler, sage 300 Thaler"!

Das ist nicht viel, wenn man an die Gründung einer Familie denkt. *Cantor* hatte schon in Berlin seine spätere Gattin *Vally* als Freundin seiner Schwester *Sophie* kennengelernt. Sie hatte schon früh ihre Eltern verloren und war in Berlin bei ihrem wesentlich älteren Bruder Dr. *Paul Guttmann* erzogen worden. Sie war (wie ja viele Vorfahren *Cantors* aus der Familie *Böhm*) hoch musikalisch, und ihre Liebe zur Kunst bestimmte in den späteren Jahren die Atmosphäre des Hauses *Cantor*. Die Heirat fand im Sommer 1874 statt. Sie wurde aus tiefer Zuneigung geschlossen, und die heitere, der Kunst zugewandte Art von Frau *Vally* wurde eine glückliche Ergänzung zum ernsten, manchmal schwermütigen Temperament des großen Mathematikers.

1885 baute *Cantor* für seine Familie – er hatte vier Mädchen und zwei Jungen – ein – damals ganz im Grünen gelegenes Haus in der Händelstraße. Es wurde zum Mittelpunkt der vielen gesellschaftlichen Verpflichtungen, die

---

[10]) Ein Brief (vom 25. Februar 1870) ist in meinen *Denkweisen* [B 6] (S. 78 f.) veröffentlicht, im Anhang hier Brief Nr. 1. Siehe auch S. 130 ff.

[11]) Der Begriff „Berliner Schule" ist wohl zum ersten Male bei *Schwarz* in seinem Brief vom 1. April 1870 (Brief Nr. 1) an *Cantor* erwähnt. Er rechnet ihr offenbar alle die Mathematiker zu, die – wie *Schwarz* und *Cantor* – durch die von *Weierstraß* geschaffene Fundierung der Analysis beeinflußt sind.

damals für eine Professorenfamilie selbstverständlich waren. Im Jahre 1879 erhielt er ein neu eingerichtetes Ordinariat für Mathematik.

Aber damit haben wir in der Biographie *Cantors* schon vorgegriffen. Wir wollten über die Jahre des Werdens berichten und müssen uns jetzt seinen wissenschaftlichen Leistungen zuwenden, die seinen Namen auf der ganzen Welt bekannt gemacht haben. Wir beginnen mit dem Bericht über einige frühe Arbeiten, die aus mancherlei Gründen auch heute noch unser Interesse verdienen.

II. Frühe Arbeiten

1. Ein Überblick

Georg Cantor ist heute jedem Mathematiker als der Schöpfer der Mengenlehre bekannt. Man sollte aber nicht vergessen, daß wir ihm auch eine Reihe von bedeutsamen Arbeiten auf verschiedenen klassischen Gebieten der Mathematik verdanken. Ein vollständiges Verzeichnis seiner Publikationen findet sich im Anhang des Buches. Entsprechend unserer Zielsetzung [12]) wollen wir hier nicht eine Inhaltsangabe seiner sämtlichen Arbeiten geben. Wir wollen jene Leistungen herausstellen, die für die moderne Mathematik besonders bedeutsam sind.

Von seinen frühen Arbeiten halten wir für besonders wichtig

1. seine Theorie der reellen Zahlen,
2. seine Arbeiten über Zahlsysteme.

Man kann die Theorie der reellen Zahlen mit Hilfe der Dedekindschen Schnitten [13]) begründen, man kann Intervallschachtelungen oder Fundamentalfolgen benutzen. *Cantor* hat diesen letzten Weg gewählt ([W] S. 92 ff. und 184 ff.) und damit einen besonders bequemen Zugang zur Theorie der reellen Zahlen geschaffen. *Konrad Knopp* sagt im Vorwort seines Buches über „Unendliche Reihen" (S. 12), daß „im Jahre 1872 von *Cantor* und von *Dedekind* sozusagen das letzte Wort in der Sache gesprochen" sei, und daß kein modernes Werk über Analysis Anspruch auf Gültigkeit haben kann, wenn es nicht „von dem gereinigten Begriff der reellen Zahl seinen Ausgangspunkt nimmt".

Vielleicht kann man die Bedeutung der Cantorschen Leistung am besten durch den Hinweis auf die Tatsache unterstreichen, daß einer der wenigen Kritiker [14]) einer mengentheoretischen Fundierung der modernen Mathematik, *Paul Lorenzen*, in seiner Schrift „Differential und Integral" [C 30] die

---

[12]) Vgl. das Vorwort.
[13]) Man vergleiche dazu etwa die Darstellung von *G. Pickert* und *L. Görke* im Handbuch „Grundzüge der Mathematik" (Band I Kap. I) von *Behnke-Fladt-Süß*.
[14]) Vgl. dazu Kap. XV.

Theorie der reellen Zahlen nach der Cantorschen Methode der Fundamentalfolgen begründet. Es gibt heute so viele Darstellungen dieser Theorie in den Lehrbüchern, daß wir uns hier mit dem Hinweis auf diese frühe Leistung *Cantors* begnügen können.

2. Darstellung reeller Zahlen durch Reihen

Weniger bekannt sind heute die Arbeiten *Cantors* über die Darstellung reeller Zahlen vom Jahre 1869. Wir halten es für möglich, daß in Zukunft die Cantorschen Zahlsysteme für die modernen Rechenautomaten bedeutsam werden könnten und wollen deshalb über seine beiden Arbeiten in der von *Schlömilch* herausgegebenen Zeitschrift berichten.

In der ersten Arbeit „Über die einfachen Zahlsysteme" geht es um den Beweis der folgenden beiden Sätze:

Satz 1

Jede natürliche Zahl n ist genau dann auf genau eine Weise durch ein Zahlsystem

$$\{a_1, a_2, a_3, \ldots\} \quad (a_\nu < a_{\nu+1})$$

mit den Vielfachheiten β_ν darstellbar, wenn $\{a_\nu\}$ von der Form

$$\{1, b_1, b_1 b_2, b_1 b_2 b_3, \ldots\} \quad (b_k > 1) \tag{1}$$

ist und $\beta_\nu \leq b_\nu - 1$:

$$n = \sum_{\nu=1}^{N} \beta_\nu \cdot b_1 b_2 \ldots b_{\nu-1}, \quad (b_0 = 1). \tag{2}$$

Die Zahlen β_ν heißen die Ziffern von n im Zahlsystem (1).

Satz 2

Jede positive reelle Zahl r ist mit Hilfe eines Systems (1) darstellbar in der Form

$$r = c_0 + \frac{c_1}{b_1} + \frac{c_2}{b_1 b_2} + \frac{c_3}{b_1 b_2 b_3} + \ldots, \tag{3}$$

wobei

$$c_k \leq b_k - 1 \text{ für } k \geq 1; \, c_0 \text{ ganz}. \tag{3'}$$

Setzt man $b_k = 10$ bzw. $b_k = 2$ für alle k, so hat man die bekannte Darstellung reeller Zahlen durch das dekadische bzw. das Dualsystem. Die Cantorschen Sätze lassen aber auch die Darstellung durch andere Zahlsysteme (1) zu. Ein besonders wichtiges Beispiel liefert $b_k = k + 1$.

Man hat dann für natürliche Zahlen die (eindeutige!) Darstellung

$$n = \sum_{\nu=1}^{N} \beta_\nu \cdot \nu!, \quad \beta_\nu \leq \nu, \tag{2'}$$

für reelle (positive) Zahlen

$$r = c_0 + \sum_{\nu=1}^{\infty} \frac{c_\nu}{(\nu+1)!}. \tag{3''}$$

Die Reihen des Typs (3") sind als *Cantorsche Reihen* [15]) bekannt. Dem Beweis dieser Sätze schicken wir zwei Hilfssätze voraus.

Hilfssatz 1
Unendliche Produkte des Typs

$$\prod_{\nu=1}^{\infty} (1 + x^{a_\nu} + x^{2a_\nu} + \ldots + x^{\alpha_\nu a_\nu}) \tag{4}$$

mit

$$0 < a_1 < a_2 < \ldots, a_\nu \text{ ganz}, \alpha_\nu > 0 \text{ und ganz}, \tag{5}$$

sind für $0 < x < 1$ konvergent.

Beweis: Es sei

$$S_n = \prod_{\nu=1}^{n} p_\nu, \quad p_\nu = \sum_{m=0}^{\alpha_\nu} x^{m a_\nu}.$$

Dann ist

$$p_\nu < \sum_{m=0}^{\infty} x^{m a_\nu} = \sum_{m=0}^{\infty} (x^{a_\nu})^m = (1 - x^{a_\nu})^{-1} = p_\nu^*.$$

Also haben wir

$$S_n < \prod_{\nu=1}^{n} p_\nu^* = \left[\prod_{\nu=1}^{n} (1 - x^{a_\nu}) \right]^{-1}.$$

Nach bekannten Sätzen über unendliche Produkte [16]) ist aber Πp_ν^* konvergent, weil [wegen (5)] Σx^{a_ν} konvergiert. Es ist also

$$S_n < \left[\prod_{\nu=1}^{n} (1 - x^{a_\nu}) \right]^{-1}.$$

Für jedes $x \in (0,1)$ ist die monoton wachsende Folge $\{S_n\}$ beschränkt und daher konvergent.

---

[15]) Vgl. z. B. *Perron:* Irrationalzahlen, Berlin 1947, Kap. IV.
[16]) Siehe z. B. *Meschkowski:* Unendliche Reihen. BI-Taschenbuch 35, 1962, S. 129 ff.

Hilfssatz 2
Für $0 < x < 1$ ist

$$\lim_{n \to \infty} S_n = \prod_{\nu=1}^{\infty} (1 + x^{a_\nu} + x^{2a_\nu} + \ldots + x^{\alpha_\nu a_\nu}) = \\ = 1 + C_1 x + C_2 x^2 + \ldots \quad (6)$$

Dabei gibt C_n an, wie oft sich die Zahl n in der Form

$$n = \beta_1 a_1 + \beta_2 a_2 + \ldots + \beta_k a_k \quad (\beta_\varkappa = 0, 1, \ldots, \alpha_\varkappa) \quad (7)$$

darstellen läßt.

Die Konvergenz des unendlichen Produktes in (6) ist durch Hilfssatz 1 gesichert. Die Gültigkeit des Hilfssatzes 2 ergibt sich sofort aus der Bemerkung, daß wegen (5) der Koeffizient C_k der Potenzreihe in (6) durch endlich viele Faktoren des unendlichen Produktes bestimmt ist.

Wir wollen nun untersuchen, welche Eigenschaften ein Zahlsystem mit den Ungleichungen (5) haben muß, damit jede natürliche Zahl auf genau eine Weise in der Form (7) darstellbar sei. In diesem Fall muß ja $C_n = 1$ sein für alle natürlichen Zahlen n. Zahlsysteme dieser Art nennt Cantor *einfach*.

Für einfache Systeme wird aus (6)

$$\prod_{\nu=1}^{\infty} (1 + x^{a_\nu} + \ldots + x^{\alpha_\nu a_\nu}) = 1 + x + x^2 + \ldots$$

oder

$$\lim_{n \to \infty} \prod_{\nu=1}^{n} \frac{1 - x^{a_\nu (\alpha_\nu + 1)}}{1 - x^{a_\nu}} = \frac{1}{1-x}. \quad (8)$$

Damit sich auch die Zahl 1 in der Form (7) darstellen läßt, muß $a_1 = 1$ sein. Aus (8) wird dann

$$\lim_{n \to \infty} (1 - x^{\alpha_1 + 1}) \prod_{\nu=2}^{n} (1 + x^{a_\nu} + \ldots + x^{\alpha_\nu a_\nu}) = 1,$$

also

$$\lim_{n \to \infty} (1 - x^{\alpha_1 + 1} + x^{a_2} + x^{a_3} + \ldots - x^{\alpha_1 + 1 + \Sigma \alpha_\nu a_\nu}) = 1.$$

Wegen $a_2 < a_3 < a_4 < \ldots$ muß $\alpha_1 + 1 = a_2$ sein. Setzen wir die Ergebnisse für a_1 und α_1 in (8) ein, so folgt

$$\frac{1 - x^{a_2}}{1 - x} \cdot \frac{1 - x^{a_2(\alpha_2 + 1)}}{1 - x^{a_2}} (1 + x^{a_3} + \ldots)(1 + x^{a_4} + \ldots) \ldots = \frac{1}{1-x}$$

oder

$$(1 - x^{a_2(\alpha_2 + 1)})(1 + x^{a_3} + \ldots)(1 + x^{a_4} + \ldots) \ldots = 1.$$

Daraus wiederum folgt: $a_2(\alpha_2 + 1) = a_3$. Mit der Bezeichnung
$$a_{k+1} = a_k \cdot b_k \tag{9}$$
können wir unsere Ergebnisse so zusammenfassen:
$$a_2 = b_1, \quad \alpha_1 = b_1 - 1, \quad \alpha_2 = \frac{a_3}{a_2} - 1 = b_2 - 1.$$
Durch vollständige Induktion gewinnt man mit dieser Schlußweise allgemein:
$$a_k = b_1 b_2 \ldots b_{k-1}, \quad \alpha_k = b_k - 1. \tag{10}$$
Man kann danach tatsächlich das Zahlsystem $\{a_\nu\}$ in der Form (1) schreiben. Das ist eine notwendige Bedingung dafür, daß jede natürliche Zahl *eindeutig* durch eine Summe (7) darstellbar sei. Sie ist aber auch hinreichend: Die linke Seite von (8) sieht dann nämlich so aus:
$$\frac{1-x^{b_1}}{1-x} \cdot \frac{1-x^{b_1 b_2}}{1-x^{b_1}} \cdot \frac{1-x^{b_1 b_2 b_3}}{1-x^{b_1 b_2}} \cdot \ldots = \frac{1}{1-x} = \sum_{\nu=0}^{\infty} x^\nu.$$
Wir haben dann tatsächlich $C_n = 1$ für alle n [17]).

Als Beispiele zu Satz 1 notieren wir die „Faktoriellendarstellungen" für zwei natürliche Zahlen:
$$65 = 2 \cdot 4! + 2 \cdot 3! + 2 \cdot 2! + 1 \cdot 1!$$
$$1000 = 1 \cdot 6! + 2 \cdot 5! + 1 \cdot 4! + 2 \cdot 3! + 2 \cdot 2! + 0 \cdot 1! \tag{2'}$$
Der Beweis des Satzes 2 wird durch Angabe des Rechenschemas geführt, das zur Bestimmung der Koeffizienten c_k in der Darstellung (3) führt. Es sei [18])
$$[r] = c_0, \quad r - [r] = \varrho \quad (\varrho < 1)$$
und $\gamma_1 = \varrho \cdot b_1$ $[\gamma_1] = c_1$. Dann ist $c_1 < b_1$.

---

[17]) Man kann die Darstellung irgendeiner Zahl n leicht durch einen einfachen Algorithmus gewinnen. Ist etwa
$$b_1 \cdot b_2 \ldots b_k \leqq n < b_1 \cdot b_2 \ldots b_k \cdot b_{k+1},$$
so ist
$$n = \beta_k \cdot b_1 \cdot b_2 \ldots b_k + r_k$$
mit
$$\beta_k < b_{k+1}, \quad r_k < b_1 \cdot b_2 \ldots b_k.$$
Die Fortsetzung dieser Überlegung für den Rest r_k führt auf eine Darstellung
$$n = \sum_{k=1}^{K} \beta_k \cdot b_1 \cdot b_2 \ldots b_k.$$

[18]) $[x]$ ist die größte ganze Zahl, die nicht größer als x ist:
$$[x] \leqq x, \quad [x] + 1 > x.$$

Wir setzen nun

$$\gamma_1 = c_1 + \frac{\gamma_2}{b_2}, \qquad \frac{\gamma_2}{b_2} < 1,$$

$$\gamma_2 = c_2 + \frac{\gamma_3}{b_3}, \qquad c_2 = [\gamma_2],$$

. . .   . . .

. . .   . . . (11)

$$\gamma_k = c_k + \frac{\gamma_{k+1}}{b_{k+1}}, \quad c_k = [\gamma_k].$$

Dann ist

$$r = c_0 + \frac{c_1}{b_1} + \frac{c_2}{b_1 b_2} + \ldots + \frac{c_k}{b_1 b_2 \ldots b_k} + R_k, \quad (12)$$

wobei der Rest R_k gegen Null konvergiert:

$$R_k = \frac{\gamma_{k+1}}{b_1 b_2 \cdot \ldots \cdot b_k b_{k+1}} < \frac{1}{b_1 b_2 \cdot \ldots \cdot b_k} \xrightarrow[(k)]{} 0.$$

Deshalb folgt aus (12) tatsächlich für r die Darstellung (3). Wir können unseren Satz 2 noch durch folgenden *Zusatz* ergänzen:

Die durch eine Cantorsche Reihe (3) dargestellte Zahl r ist rational, wenn die Reihe abbricht oder wenn für fast alle k

$$c_k = b_k - 1 \quad (13)$$

ist.

Ist nämlich die Bedingung (13) für alle $k \geq N$ erfüllt, so haben wir

$$r = r_1 + \frac{b_k - 1}{b_1 b_2 \ldots b_k} + \frac{b_{k+1} - 1}{b_1 b_2 \ldots b_{k+1}} + \ldots \quad (14)$$

mit einer rationalen Zahl r_1. Aus (14) folgt aber

$$r = r_1 + \frac{1}{b_1 b_2 \ldots b_{k-1}} \Big[\Big(1 - \frac{1}{b_k}\Big) + \Big(\frac{1}{b_k} - \frac{1}{b_k b_{k+1}}\Big) +$$

$$+ \Big(\frac{1}{b_k b_{k+1}} - \frac{1}{b_k b_{k+1} b_{k+2}}\Big) + \ldots \Big],$$

also $r = r_1 + (b_1 b_2 \ldots b_{k-1})^{-1}$.

Wir wollen nun noch prüfen, unter welchen Voraussetzungen die Darstellung einer reellen Zahl r durch eine Cantorsche Reihe *eindeutig* ist. Hier gilt

Satz 3

Für irrationale Zahlen r ist die Darstellung durch Cantorsche Reihen (3) *(mit Koeffizienten, die die Bedingung* (3') *erfüllen) eindeutig. Die Darstellung rationaler Zahlen* $\varrho = p/q$ *ist eindeutig, wenn man für die Koeffizienten* c_k *(außer* (3')*) noch fordert, daß für unendliche viele Nummern k*

$$c_k \leq b_k - 2 \tag{15}$$

gilt und daß der Nenner q ein Teiler der Produkte

$$n^{(k)} = b_1 b_2 \ldots b_k \tag{16}$$

ist für $k \geq K$.

Diese letzte Bedingung ist für alle Nenner q erfüllt in dem wichtigen System $b_k = k+1$.

Beweisen wir zunächst die Eindeutigkeit der Darstellung für irrationale Zahlen! In diesem Fall ist (nach dem Beweis des Zusatzes) die Bedingung (15) gewiß erfüllt. Nehmen wir an, daß es für r zwei verschiedene Darstellungen

$$r = c_0 + \sum_{k=1}^{\infty} \frac{c_k}{b_1 b_2 \ldots b_k} = d_0 + \sum_{k=1}^{\infty} \frac{d_k}{b_1 b_2 \ldots b_k} \tag{17}$$

gäbe. Dabei sind die c_k die aus dem Algorithmus (11) gewonnenen Koeffizienten. Es ist insbesondere $c_0 = [r]$. Dann ist wegen (3')

$$\sum_{k=1}^{\infty} \frac{d_k}{b_1 \ldots b_k} < \sum_{k=1}^{\infty} \frac{b_k - 1}{b_1 \ldots b_k} = \left(1 - \frac{1}{b_1}\right) + \left(\frac{1}{b_1} - \frac{1}{b_1 b_2}\right) + \\ + \left(\frac{1}{b_1 b_2} - \frac{1}{b_1 b_2 b_3}\right) + \ldots = 1. \tag{18}$$

Es steht in (18) das Zeichen $<$ und nicht $\leq$, weil ja nicht für alle Nummern k

$$d_k = b_k - 1$$

gelten kann (sonst wäre r rational). Wegen (17) und (18) ist aber

$$d_0 = [r] = c_0.$$

Wir zeigen die Übereinstimmung der übrigen Koeffizienten durch vollständige Induktion. Es sei

$$c_\varkappa = d_\varkappa$$

für $\varkappa \leq k$. Dann folgt aus (17)

Das Bild der Universität Halle

$$c_{k+1} + \sum_{\nu=2}^{\infty} \frac{c_{k+\nu}}{b_{k+2} b_{k+3} \ldots b_{k+\nu}} = d_{k+1} + \sum_{\nu=2}^{\infty} \frac{d_{k+\nu}}{b_{k+2} b_{k+3} \ldots b_{k+\nu}}$$

und daraus schließt man wieder wie eben:

$$c_{k+1} = d_{k+1}.$$

Nehmen wir nun an, es gäbe für eine rationale [19]) Zahl $\varrho = p/q$, deren Nenner q ein Teiler von

$$n^{(k)} = b_1 b_2 \ldots b_k \tag{19}$$

ist, eine Darstellung

$$\frac{p}{q} = c_0 + \sum_{k=1}^{\infty} \frac{c_k}{n^{(k)}}. \tag{20}$$

Wir setzen dann

$$c_0 + \frac{c_1}{b_1} + \ldots + \frac{c_k}{n^{(k)}} = \frac{m^{(k)}}{n^{(k)}} \tag{21}$$

und haben offenbar

$$\frac{p}{q} - \frac{m^{(k)}}{n^{(k)}} > 0 \tag{22}$$

und

$$\frac{p}{q} - \frac{m^{(k)}}{n^{(k)}} \leq \frac{b_{k+1}-1}{n^{(k+1)}} + \frac{b_{k+2}-1}{n^{(k+2)}} + \ldots =$$
$$= \frac{1}{n^{(k)}} \left[\left(1 - \frac{1}{b_{k+1}}\right) + \left(\frac{1}{b_{k+1}} - \frac{1}{b_{k+1} b_{k+2}}\right) + \ldots \right] = \frac{1}{n^{(k)}}.$$

Wir gewinnen damit die Ungleichung

$$\frac{p}{q} - \frac{m^{(k)}}{n^{(k)}} \leq \frac{1}{n^{(k)}}. \tag{23}$$

Nach (22) und (23) ist dann

$$p \cdot n^{(k)} - q \cdot m^{(k)} > 0, \quad p \cdot n^{(k)} - q \cdot m^{(k)} \leq q. \tag{24}$$

---

[19]) Es sei $(p, q) = 1$. (p, q) bedeutet den größten gemeinsamen Teiler von p und q.

Es sei nun $n^{(s)}$ die kleinste der Zahlen (19), die durch q teilbar ist. $z = pn^{(s)} - qm^{(s)}$ ist dann nach (24) positiv, ganz und durch q teilbar. Nach der zweiten Ungleichung (24) ist außerdem $0 < z \leq q$. Das läßt nur den einen Schluß zu: $z = q$. Also ist

$$\frac{p}{q} = \frac{m^{(s)}}{n^{(s)}} + \frac{1}{n^{(s)}}.$$

Nach (21) können wir dafür auch schreiben:

$$\frac{p}{q} = c_0 + \frac{c_1}{b_1} + \ldots + \frac{c_s}{b_1 b_2 \ldots b_s} + \frac{1}{b_1 b_2 \ldots b_s}.$$

Damit haben wir für ϱ eine abbrechende Darstellung des Typs (20) gewonnen:

$$\varrho = \frac{p}{q} = c_0 + \frac{c_1}{b_1} + \ldots + \frac{c_s - 1}{b_1 b_2 \ldots b_{s-1}} + \frac{c_s + 1}{b_1 b_2 \ldots b_s}. \qquad (25)$$

mit $c' = c_s + 1 < b_s$. Wäre nämlich $c_s + 1 = b_s$, so könnte man aus (25)

$$\frac{p}{q} = \frac{m^{(s-1)}}{n^{(s-1)}}$$

folgern mit ganzen Zahlen $m^{(s-1)}$ und $n^{(s-1)}$. Wegen $(p, q) = 1$ wäre $q \mid n^{(s-1)}$. s sollte aber die kleinste Nummer sein, für die $q \mid n^{(s)}$ gilt.

Unser Ergebnis können wir so interpretieren: Gibt es für eine rationale Zahl $\varrho = p/q$ überhaupt eine Darstellung des Typs (20), so gibt es auch eine abbrechende Darstellung (25). Aus (25) gewinnt man aber auch sofort eine nicht abbrechende Reihe für ϱ:

$$\varrho = \frac{p}{q} = \sum_{\nu=0}^{s} \frac{c_\nu}{n^{(\nu)}} + \frac{b_{s+1} - 1}{n^{(s+1)}} + \frac{b_{s+2} - 1}{n^{(s+2)}} + \ldots . \qquad (26)$$

Freilich ist in (26) die zusätzliche Bedingung (15) für die Koeffizienten nicht erfüllt. Wenn wir an dieser Forderung festhalten, ist die Darstellung reeller Zahlen durch Cantorsche Reihen eindeutig, und wir gewinnen [20] eine endliche Reihe für rationale Zahlen, eine unendliche für irrationale.

Von besonderem Interesse ist die Darstellung reeller Zahlen durch die Fakultäten:

$$r = \sum_{n=0}^{N} c_n \cdot n! + \sum_{n=2}^{\infty} \frac{d_n}{n!}. \qquad (27)$$

---

[20] Die Aussage über die Endlichkeit der Darstellung für rationale Zahlen gilt unter der Voraussetzung, daß $q \mid n^{(k)}$ ist für fast alle k.

Hier haben wir eine abbrechende Reihe für alle rationalen Zahlen. Bei der Darstellung durch das Dezimalsystem sind dagegen die Zahlen mit einem Nenner $q = 2^a \cdot 5^b$ ausgezeichnet; nur für diese bricht die Reihe ab.

Die Zahl der „Ziffern" in der Darstellung (27) ist bei kleinen Zahlen größer als im Dezimalsystem. Ist dagegen r wesentlich größer als 10!, so kann die Darstellung durch (27) für manche praktischen Zwecke bequemer sein. Das entsprechende gilt für die Darstellung von $r - [r]$. Der Nachteil der Darstellung (27) gegenüber dem Dezimalsystem liegt natürlich in der Tatsache, daß die „Ziffern" hier größer werden; wir haben ja $d_n \leq n$.

Wir wollen abschließend eine offene Frage notieren, die unseres Wissens noch nicht untersucht wurde: Bei der Darstellung im Dezimalsystem sind die periodischen Brüche dadurch charakterisiert, daß sie zu rationalen Zahlen gehören. *Kann man Aussagen machen über die Menge derjenigen reellen Zahlen, für die die Cantorsche Reihe periodische Koeffizienten hat?* Zu dieser Menge gehört z. B. die transzendente Zahl

$$e = 2 + \frac{1}{2!} + \frac{1}{3!} + \frac{1}{4!} + \ldots$$

3. Darstellung durch unendliche Produkte

Zur Darstellung reeller Zahlen durch unendliche Produkte benutzt *Cantor* eine von *Euler* bewiesene Formel:

$$\frac{1}{1-x} = \prod_{\nu=0}^{\infty} (1 + x^{2^\nu}) = (1+x)(1+x^2)(1+x^4)\ldots \tag{28}$$

Das unendliche Produkt (28) konvergiert für $|x| < 1$. Zum Beweis hat man $(1-x)^{-1}$ nur so zu schreiben:

$$\frac{1}{1-x} = \frac{1+x}{1-x^2} = (1+x)(1+x^2)(1-x^4)^{-1} = \ldots$$
$$= (1+x)(1+x^2)\ldots(1+x^{2^\nu})(1-x^{2^{\nu+1}})^{-1}.$$

Bildet man auf beiden Seiten den Grenzwert $\lim_{\nu \to \infty}$, so folgt daraus die Eulersche Gleichung (28).

Mit Hilfe von (28) beweist *Cantor* nun seinen Satz über die Produktdarstellung:

Satz 4
Jede reelle Zahl $A > 1$ ist eindeutig darstellbar in der Form
$$A = \left(1 + \frac{1}{a_1}\right)\left(1 + \frac{1}{a_2}\right)\left(1 + \frac{1}{a_3}\right)\ldots, \tag{29}$$
wobei die a_ν natürliche Zahlen sind mit der Eigenschaft
$$a_{\nu+1} \geq a_\nu^2, \quad \nu = 1, 2, 3, \ldots \tag{30}$$
Zum Beweis dieses Satzes werden wir zunächst
$$1 < A < 2 \tag{31}$$
voraussetzen: Später können wir uns von der zusätzlichen Vorschrift $A < 2$ befreien. Zeigen wir zuerst die Eindeutigkeit der Darstellung!

Aus (29) folgt
$$A > 1 + \frac{1}{a_1} = \frac{a_1 + 1}{a_1}. \tag{32}$$

Nach (30) und (28) ist weiter
$$A \leq \left(1 + \frac{1}{a_1}\right)\left(1 + \frac{1}{a_1^2}\right)\left(1 + \frac{1}{a_1^4}\right)\ldots = \frac{1}{1 - \frac{1}{a_1}} = \frac{a_1}{a_1 - 1}. \tag{32'}$$

Nach (32) und (32') haben wir für A die Ungleichungen
$$a_1 \leq \frac{A}{A-1} < a_1 + 1, \tag{33}$$
also
$$a_1 = \left[\frac{A}{A-1}\right]. \tag{34}$$

Damit ist a_1 eindeutig bestimmt. Wir merken noch an:

Wegen $A < 2$ ist
$$\frac{A}{A-1} = 1 + \frac{1}{A-1} > 2.$$

Nach (34) ist deshalb
$$a_1 \geq 2. \tag{34'}$$

Wir setzen nun
$$A_\nu = \left(1 + \frac{1}{a_\nu}\right)\left(1 + \frac{1}{a_{\nu+1}}\right)\ldots, \quad \nu = 1, 2, 3, \ldots, \quad A_1 = A. \tag{35}$$

Dann ist
$$\frac{A_\nu \cdot a_\nu}{1+a_\nu} = A_{\nu+1} = \left(1+\frac{1}{a_{\nu+1}}\right)\left(1+\frac{1}{a_{\nu+2}}\right)\ldots \tag{36}$$

Nach (36) ist $A_{\nu+1}$ durch A_ν bestimmt. Die Koeffizienten $a_{\nu+1}$ ($\nu = 1, 2, 3, \ldots$) findet man durch eine Abschätzung, wie wir sie bereits für a_1 durchgeführt haben. Man gewinnt damit

$$a_{\nu+1} = \left[\frac{A_\nu+1}{A_\nu+1-1}\right]. \tag{37}$$

Damit sind die Zahlen a_ν in der Darstellung (29) eindeutig festgelegt. Wir zeigen jetzt, daß für die durch (37) und (36) festgelegten Zahlen a_ν die Ungleichungen (30) und die Gleichung (29) gelten. Es ist doch

$$a_2 = \left[\frac{A_2}{A_2-1}\right], \quad A_2 = \frac{A \cdot a_1}{a_1+1}, \tag{38}$$

also

$$a_2 = \left[\frac{A \cdot a_1}{a_1(A-1)-1}\right]. \tag{39}$$

Aus (31), (32) und (38) folgt also auch für A_2:

$$1 < A_2 < 2. \tag{40}$$

Setzen wir jetzt

$$a_1 = \left[\frac{A}{A-1}\right] = \frac{A}{A-1} - \alpha,$$

so ist $0 \leq \alpha < 1$ und

$$A = \frac{a_1+\alpha}{a_1+\alpha-1}.$$

Daraus folgt wegen (39):

$$a_2 = \left[\frac{a_1(a_1+\alpha)}{1-\alpha}\right] \geq a_1^2.$$

Analog zeigt man unter Benutzung von (36) und (37):

$$a_{k+1} \geq a_k^2, \quad 1 < A_k < 2, \quad k = 1, 2, 3, \ldots \tag{41}$$

Wir zeigen nun, daß für die so eindeutig bestimmten Zahlen a_k die Produktdarstellung (29) gilt. Es sei

$$P_n = \left(1+\frac{1}{a_1}\right)\left(1+\frac{1}{a_2}\right)\ldots\left(1+\frac{1}{a_n}\right).$$

Dann wird nach (35):
$$A = A_1 = P_n A_{n+1}. \tag{42}$$
Nach (37) ist
$$a_{n+1} \leq \frac{A_{n+1}}{A_{n+1} - 1} < a_{n+1} + 1,$$
d. h.
$$1 + \frac{1}{a_{n+1}} < A_{n+1} \leq 1 + \frac{1}{a_{n+1} - 1}. \tag{43}$$
Wegen $a_1 \geq 2$ und (41) ist $\lim_{n \to \infty} a_n = \infty$, also nach (43)
$$\lim_{n \to \infty} A_{n+1} = 1.$$
Nach (42) ist dann tatsächlich
$$A = \lim_{n \to \infty} P_n.$$
Damit ist (29) bewiesen [21]. Die Konvergenz des unendlichen Produktes folgt übrigens schon aus der Tatsache, daß wegen (41) $\Sigma\, a_\nu^{-1}$ konvergiert.

Wir wollen uns nun von der zusätzlichen Voraussetzung $A < 2$ befreien. Ist A speziell eine Potenz von 2, $A = 2^k$, so hat man in $A = (1 + 1/1)^k$ eine triviale Darstellung des Typs (29). Ist A eine andere reelle Zahl > 2, so gibt es eine natürliche Zahl m, so daß für $A \cdot 2^{-m} = A'$ die Ungleichung $1 < A' < 2$ gilt. Dann haben wir für A' eine Darstellung
$$A' = \prod_{n=1}^{\infty} \left(1 + \frac{1}{b_n}\right),$$
und für A gilt
$$A = \prod_{\mu=1}^{\infty} \left(1 + \frac{1}{a_\mu}\right)$$
mit $a_\mu = 1$ für $\mu = 1, 2, \ldots, m$, $\quad a_{m+n} = b_n$.

---

[21]) Bei *Cantor* fehlt die Voraussetzung $A \neq 2$. Tatsächlich ist sein Algorithmus ohne diese Voraussetzung nicht immer durchführbar. Für $A = 2$ wird $A_2 = 1$, und man kann a_2 nicht nach (37) berechnen. *Cantor* hat das aber offenbar gewußt. Er gibt ([W] S. 46) als Beispiel die Darstellung für $\sqrt{5}$ so an:
$$\sqrt{5} = 2\left(1 + \frac{1}{9}\right)\left(1 + \frac{1}{161}\right)\left(1 + \frac{1}{51841}\right)\cdots$$

Für die Darstellung rationaler Zahlen gilt nun insbesondere

Satz 5

Für rationale Zahlen $A = p/q > 1$ hat die Darstellung (29) die spezielle Form

$$A = \prod_{\nu=1}^{n-1}\left(1 + \frac{1}{a_\nu}\right) \prod_{\mu=0}^{\infty}\left(1 + \frac{1}{k^{2^\mu}}\right). \qquad (44)$$

Das heißt: Von einer gewissen Nummer n an wird $a_n = k$, $a_{n+1} = k^2$ usw.

Zum Beweise setzen wir

$$A = \frac{p}{q} = \frac{p_1}{q_1} \qquad (45)$$

mit $(p_1, q_1) = 1$, und

$$p_\nu \cdot a_\nu = \delta_\nu \cdot p_{\nu+1}, \quad q_\nu \cdot (a_\nu + 1) = \delta_\nu \cdot q_{\nu+1}, \quad \nu = 1, 2, 3, \ldots \qquad (46)$$

wobei

$$\delta_\nu = (p_\nu \, a_\nu, q_\nu \cdot (a_\nu + 1)). \qquad (47)$$

Die natürlichen Zahlen $p_{\nu+1}$ und $q_{\nu+1}$ sind durch (46) und (47) definiert; sie sind offenbar teilerfremd: $(p_{\nu+1}, q_{\nu+1}) = 1$ für alle Nummern ν. Nach (46) ist wegen (36):

$$\frac{p_{\nu+1}}{q_{\nu+1}} = \frac{p_\nu}{q_\nu} \cdot \frac{a_\nu}{a_\nu + 1} = A_{\nu+1} \qquad (48)$$[22]

Wir untersuchen jetzt die Zahlenfolge

$$\{d_\nu\} = \{p_\nu - q_\nu\}. \qquad (49)$$

Wir wollen nachweisen, daß sie die folgenden Eigenschaften hat:

(I) $d_\nu > 0$ für alle ν,

(II) $(d_\nu, d_{\nu+1}) = 1$,

(III) $d_{\nu+1} \leq d_\nu$.

Zu I: Das folgt aus (48) wegen $A_\nu > 1$ (vgl. (41)).

Zu II: Aus (46) folgt

$$\delta_\nu (p_{\nu+1} - q_{\nu+1}) = a_\nu (p_\nu - q_\nu) - q_\nu. \qquad (50)$$

---

[22] Die 2. Gleichung ergibt sich durch einen einfachen Induktionsschluß.

Nehmen wir nun an, es gäbe einen (von 1 verschiedenen) gemeinsamen Teiler für d_ν und $d_{\nu+1}$:

$$r_\nu > 1, \quad r_\nu \mid p_{\nu+1} - q_{\nu+1}, \quad r_\nu \mid p_\nu - q_\nu.$$

Dann wäre wegen (50) auch $r_\nu \mid q_\nu$: wegen $r_\nu \mid p_\nu - q_\nu$ könnten wir folgern: $r_\nu \mid p_\nu$. Aus der Definition (46) konnten wir aber bereits schließen, daß $(p_\nu, q_\nu) = 1$ ist für alle Nummern ν.

Zu III: Nach (37) ist wegen (48):

$$a_\nu = \left[\frac{p_\nu}{p_\nu - q_\nu}\right] \leq \frac{p_\nu}{p_\nu - q_\nu}, \quad a_\nu(p_\nu - q_\nu) \leq p_\nu.$$

Nach (50) und (49) folgt daraus aber:

$$\delta_\nu \cdot d_{\nu+1} \leq d_\nu, \quad d_{\nu+1} \leq d_\nu.$$

Damit sind die Eigenschaften (I) bis (III) der Folge $\{d_\nu\}$ bewiesen. Danach muß für ein gewisses n $d_n = 1$ sein. Wäre nämlich für die nach (III) monoton nicht steigende Folge etwa $d_k = d_{k+1} > 1$, so wäre $(d_k, d_{k+1}) = d_k > 1$, im Gegensatz zu (II). Die Folge muß also echt abnehmen und für eine gewisse Nummer n die 1 erreichen. Dann ist

$$p_n = q_n + 1, \quad p_{n+1} = q_{n+1} + 1, \ldots$$

und, wenn wir $p_n = k$ setzen, $q_n = k - 1$:

$$A_n = \frac{k}{k-1}.$$

Nach (42) ist dann

$$A = A_1 = P_{n-1} \cdot A_n = P_{n-1} \cdot \frac{k}{k-1}. \tag{51}$$

Aus dem Eulerschen Hilfssatz (28) für $x = k^{-1}$

$$\frac{k}{k-1} = \left(1 + \frac{1}{k}\right)\left(1 + \frac{1}{k^2}\right)\ldots$$

und (51) folgt dann Satz 5.

Wir fügen den Sätzen über die Produktdarstellung noch eine Aussage[23] über die Darstellung reeller Zahlen zwischen 0 und 1 hinzu:

---

[23] Sie steht nicht bei *Cantor*.

Satz 6

Jede reelle Zahl r mit $0 < r < 1$ ist darstellbar durch ein unendliches Produkt

$$r = \prod_{\nu=1}^{\infty}\left(1 - \frac{1}{b_\nu}\right) \tag{52}$$

mit natürlichen Zahlen b_ν, die den Ungleichungen

$$b_{\nu+1} - 1 \geqq (b_\nu - 1)^2, \quad b_\nu \geqq 2 \tag{53}$$

genügen.

Zum Beweise stellen wir $R = r^{-1}$ nach Satz 4 dar:

$$R = \prod_{\nu=1}^{\infty}\left(1 + \frac{1}{a_\nu}\right) \tag{54}$$

mit

$$a_{\nu+1} \geqq a_\nu^2 \geqq 1. \tag{55}$$

Wir setzen nun

$$b_\nu = 1 + a_\nu \tag{56}$$

und beachten, daß

$$\left(1 + \frac{1}{a_\nu}\right)\left(1 - \frac{1}{a_\nu + 1}\right) = \frac{a_\nu + 1}{a_\nu} \cdot \frac{a_\nu + 1 - 1}{a_\nu + 1} = 1$$

ist. Danach haben wir

$$\left(1 + \frac{1}{a_\nu}\right)\left(1 - \frac{1}{b_\nu}\right) = 1,$$

also

$$\lim_{n\to\infty}\prod_{\nu=1}^{n}\left(1 - \frac{1}{b_\nu}\right) = \left[\lim_{n\to\infty}\prod_{\nu=1}^{n}\left(1 + \frac{1}{a_\nu}\right)\right]^{-1},$$

und die Ungleichungen (53) folgen aus (55).

III. Die Anfänge der Mengenlehre

1. Abzählbare Mengen

Im Jahre 1872 traf *Georg Cantor* bei einer Reise in die Schweiz mit dem Braunschweiger Mathematiker *Richard Dedekind* zusammen. Diese zufällige Begegnung war für beide Forscher bedeutsam. Es entstand zwischen den beiden ein Schriftwechsel, der uns heute zugänglich ist [24]) und die Entstehung der grundlegenden Ergebnisse der Mengenlehre erkennen läßt.
Am 29. November 1873 schreibt *Cantor* an *Dedekind* einen Brief, in dem er die bedeutsame Frage nach der Möglichkeit einer eindeutigen [25]) Zuordnung zwischen der Menge (n) der natürlichen und der Menge (x) der reellen Zahlen stellt:

> „Man nehme den Inbegriff aller positiven ganzzahligen Individuen n und bezeichne ihn mit (n); ferner denke man sich etwa den Inbegriff aller positiven reellen Zahlgrößen x und bezeichne ihn mit (x); so ist die Frage einfach die, ob sich (n) dem (x) so zuordnen lasse, daß zu jedem Indiviuum des einen Inbegriffs ein und nur eines des anderen gehört? Auf den ersten Anblick sagt man sich, nein, es ist nicht möglich, denn (n) besteht aus discreten Theilen, (x) aber bildet ein Continuum; nur ist mit diesem Einwande nichts gewonnen und so sehr ich mich auch zu der Ansicht neige, daß (n) und (x) keine eindeutige Zuordnung gestatten, kann ich doch den Grund nicht finden und um den ist mir zu thun, vielleicht ist er ein sehr einfacher."

Cantor weiß, daß man (n) der Menge (*Cantor* schreibt hier noch: „dem Inbegriff") (p/q) aller positiven rationalen Zahlen eineindeutig zuordnen kann. Es sei

> „nicht schwer zu zeigen, daß sich (n) nicht nur diesem Inbegriffe, sondern noch dem allgemeineren
> $(a_{n_1}, n_2, \ldots n_\nu)$
> eindeutig zuordnen läßt, wo $n_1, n_2, \ldots n_\nu$ unbeschränkte positive ganzzahlige Indices in beliebiger Zahl ν sind."

---

[24]) Einige besonders wichtige Briefe finden sich in *Cantors* gesammelten Werken ([A 41] bzw. [W] S. 443–451), die anderen in der Veröffentlichung [B 8] von *E. Noether* und *J. Cavaillès* (zitiert im folgenden mit [CD]).

[25]) Bei *Cantor* ist von eindeutiger Zuordnung die Rede. Gemeint ist offenbar die *umkehrbar eindeutige* (eineindeutige) Zuordnung.

Der Nachweis, daß die Menge der rationalen Zahlen abzählbar sei, wird heute meist in den einführenden Vorlesungen den Studenten der ersten Semester vorgetragen. *Cantor* selbst hat die Abzählung der positiven rationalen Zahlen z. B. in einem Brief [26]) an *F. Goldscheider* vom 18. Juni 1886 durchgeführt. Er gibt da Beispiele für wohlgeordnete Mengen und erwähnt dabei

„die Menge aller positiven rationalen Zahlen in folgender Anordnung:
$$\left(\frac{1}{1}, \frac{1}{2}, \frac{2}{1}, \frac{1}{3}, \frac{3}{1}, \frac{1}{4}, \frac{2}{3}, \frac{3}{2}, \frac{4}{1}, \frac{1}{5}, \frac{5}{1}, \frac{1}{6}, \frac{2}{5}, \frac{3}{4}, \frac{4}{3}, \frac{5}{2}, \frac{6}{1}, \dots\right).$$
Das Gesetz der Anordnung ist hier dieses, daß von zwei in der irreduciblen Form genommenen Rationalzahlen m/n und m'/n', die erstere einen niederen oder höheren Rang als die andere erhält, je nachdem $m + n$ kleiner oder größer als $m' + n'$; ist aber $m + n = m' + n'$ so richtet sich die Rangbezeichnung nach der Größe von m und m'."

Die Antwortbriefe *Dedekinds* liegen uns leider nicht mehr vollständig vor. So müssen wir seine Auffassung den Antworten *Cantors* entnehmen. *Dedekind* sieht sich nicht imstande, die Frage seines Briefpartners zu beantworten. *Cantor* berichtet in seinem Brief vom 2. Dezember 1873, daß er sich dieses Problem schon vor Jahren gestellt habe und sich „stets im Zweifel darüber befunden habe, ob die Schwierigkeit, welche sich mir bot, eine subjektive sei oder ob sie an der Sache hafte".

Die Antwort *Dedekinds* zeigt ihm, daß die Schwierigkeiten offenbar in der Sache liegen.

Interessant ist uns heute, daß beide Briefpartner die Fragestellung nicht für besonders wichtig hielten. *Cantor* schreibt (in dem schon zitierten Brief vom 2. Dezember 1873):

„Übrigens möchte ich hinzufügen, daß ich mich nie ernstlich mit ihr beschäftigt habe, weil sie kein besonders practisches Interesse für mich hat und ich trete Ihnen ganz bei, wenn Sie sagen, daß sie aus diesem Grunde nicht viel Mühe verdient. Es wäre nur schön, wenn sie beantwortet werden könnte; z. B., vorausgesetzt daß sie mit *nein* beantwortet würde, wäre damit ein neuer Beweis des Liouvilleschen Satzes geliefert, daß es transcendente Zahlen gibt."

Später ist *Cantor* von der Bedeutung seiner Untersuchungen durchaus (und wir meinen: mit Recht) überzeugt gewesen. Im Jahre 1873 meinte er aber noch, daß die Fragestellung „nicht viel Mühe verdient". Ihm waren seine Untersuchungen über die reellen Zahlen, die Fourierschen Reihen und die Zahlsysteme wichtiger.

---

[26]) Der vollständige Brief ist in [B 6] abgedruckt (S. 83 ff.).

Aus den Aufzeichnungen *Dedekinds* ([CD] S. 18) erfahren wir, daß *Richard Dedekind* in seiner Antwort auf den Brief vom 29. November den Satz „ausgesprochen und vollständig bewiesen" habe, daß „sogar der Inbegriff aller algebraischen Zahlen sich dem Inbegriffe (n) der natürlichen Zahlen zuordnen läßt".

Algebraische Zahlen: Das sind jene Zahlen, die Wurzeln einer algebraischen Gleichung

$$a_0 + a_1 x + a_2 x^2 + \ldots + a_n x^n = 0 \tag{1}$$

mit *ganzzahligen* Koeffizienten a_ν sind. Dedekind legt Wert auf die Feststellung, daß sein Beweis über die Abzählbarkeit *alle* algebraischen Zahlen umfaßt, nicht nur die reellen [27]. Er definiert den Begriff der *Höhe h* einer algebraischen Zahl x durch

$$h = n - 1 + |a_0| + |a_1| + \ldots + |a_n|. \tag{2}$$

Dabei sind die a_ν die Koeffizienten der zur algebraischen Zahl x gehörenden Gleichung (1).

Da die Koeffizienten a_ν ganze Zahlen sind, gehören zu jeder Höhe h offenbar nur endlich viele algebraische Zahlen. Man kann sie also numerieren („abzählen"), d. h. eineindeutig auf die Menge der natürlichen Zahlen abbilden.

Dabei kann man (nach dem Vorschlag von *Dedekind*) *alle* algebraischen Zahlen umfassen (auch die komplexen) oder aber (wie es *Cantor* in seiner Arbeit [28]) in Crelles Journal 77 tut), sich auf die *reellen* algebraischen Zahlen beschränken. Diese Beschränkung wird bedeutsam, wenn man die von *Cantor* bewiesene (siehe S. 29 ff.) Tatsache dazunimmt, daß die Menge aller reellen Zahlen *nicht* abzählbar ist. Es ergibt sich dann ein neuer Beweis für die Existenz transzendenter [29]) Zahlen und darüber hinaus die Einsicht, daß die Menge der transzendenten Zahlen nicht abgezählt werden kann.

Die bisherigen Ergebnisse des Briefwechsels zwischen *Cantor* und *Dedekind* kann man als Ergänzungen jener Paradoxien des Unendlichen deuten, die schon *Bolzano* in seiner Schrift [C 6] vom Jahre 1852 zusammengestellt

---

[27]) *Cantor* beschränkt sich in seiner ersten mengentheoretischen Publikation ([W] S. 116) auf die reellen algebraischen Zahlen.

[28]) [W] S. 115 ff. Man kann vermuten, daß der Beweis für die Abzählbarkeit der algebraischen Zahlen unabhängig voneinander von *Dedekind* und *Cantor* gefunden worden ist.

[29]) Reelle Zahlen, die nicht algebraisch sind, heißen *transzendent*.

hatte. Die Menge [30]) N der natürlichen Zahlen ist in der Menge Ra der rationalen Zahlen echt enthalten, und Ra wiederum ist ein echter Teil der Menge Ar der reellen algebraischen Zahlen. Trotzdem kann man Ra und Ar eineindeutig auf N abbilden! Das Unendliche ist also „ein weites Feld", und man muß sich hüten, die für endliche Mengen und für Zahlen üblichen Schlußweisen auf unendliche Mengen zu übertragen. Die Cantorsche Schlußweise präzisiert zwar die bekannten Paradoxien (und gibt neue dazu), aber sie scheint doch eine Resignation in bezug auf eine „Mathematik des Unendlichen" zu bestätigen.

2. Die Nichtabzählbarkeit der Menge der reellen Zahlen

Aber dann gelang *Cantor* der Beweis, daß die Menge Re der reellen Zahlen nicht abzählbar ist. Die eineindeutige Zuordnung erwies sich damit als ein Mittel, Unterscheidungen im Unendlichen festzustellen. Wir dürfen diesen wichtigen Beweis als die Grundlegung der Mengenlehre ansehen. Auch *Dedekind* erkannte die Bedeutung der Cantorschen Deduktion. Er notiert darüber ([CD] S. 18):

> „Die von mir ausgesprochene Meinung, daß die erste Frage [31]) nicht zu viel Mühe verdiene, weil sie kein besonders praktisches Interesse habe, ist durch den von *Cantor* gelieferten Beweis für die Existenz transcendenter Zahlen (Crelle Bd. 77) schlagend widerlegt."

Es ist heute üblich, den Cantorschen Satz mit Hilfe des „Diagonalverfahrens" [32]) zu beweisen. Sein erster Beweis ([W] S. 117) war noch etwas umständlicher. Wir haben uns zwar vorgenommen, die Cantorschen Ergebnisse in einer modernen und leicht lesbaren Form darzustellen; wir wollen aber für die frühen Arbeiten *Cantors* zur Mengenlehre von diesem Grundsatz abweichen. Wenn es heute üblich wird, die *ganze* Mathematik als „Mengenlehre" zu deuten [33]), so sollte man den „Geburtstag" der Mengenlehre entsprechend würdigen. Die erste Fassung des Cantorschen Beweises findet

---

[30]) *Cantor* spricht anfangs vom „Inbegriff" (n) der natürlichen, (x) der reellen Zahlen. Wir benutzen hier und später große lateinische Buchstaben für *Mengen* („Inbegriffe").

[31]) Die Frage nach der eineindeutigen Abbildung von Re auf N.

[32]) Vgl. dazu S. 85 f. Den Beweis der Nichtabzählbarkeit des Kontinuums nach dem Diagonalverfahren findet man z. B. in meinen „Wandlungen des mathematischen Denkens", S. 31.

[33]) Näheres darüber Kap. XV.

sich nicht in seinen gesammelten Werken. Sie steht in *Cantors* Brief an *Dedekind* vom 7. Dezember 1873 ([CD] S. 14–15). Wir zitieren:

„Man nehme an, es könnten alle positiven Zahlen $\omega < 1$ in die Reihe gebracht werden:

$$\omega_1, \omega_2, \omega_3, \ldots, \omega_n, \ldots \tag{I}$$

Auf ω_1 folgend sei ω_α das nächst größere Glied, auf dieses folgend ω_β das nächst größere, u. s. f. Man setze: $\omega_1 = \omega_1^1$, $\omega_\alpha = \omega_1^2$, $\omega_\beta = \omega_1^3$ u. s. f. und hebe aus (I) die unendliche Reihe aus:

$$\omega_1^1, \omega_1^2, \omega_1^3, \ldots, \omega_1^n, \ldots$$

In der übrig bleibenden Reihe werde das erste Glied mit ω_2^1, das nächst folgende größere mit ω_2^2 bezeichnet, u. s. f. so hebe man die zweite Reihe aus:

$$\omega_2^1, \omega_2^2, \omega_2^3, \ldots, \omega_2^n, \ldots$$

Wird diese Betrachtung fortgesetzt, so erkennt man, daß die Reihe (I) sich in die unendlich vielen zerlegen läßt:

$$\omega_1^1, \omega_1^2, \omega_1^3, \ldots, \omega_1^n, \ldots \tag{1}$$
$$\omega_2^1, \omega_2^2, \omega_2^3, \ldots, \omega_2^n, \ldots \tag{2}$$
$$\omega_3^1, \omega_3^2, \omega_3^3, \ldots, \omega_3^n, \ldots \tag{3}$$

in jeder von ihnen wachsen aber die Glieder fortwährend von links nach rechts zu; es ist:

$$\omega_k^\lambda < \omega_k^{\lambda+1}.$$

Man nehme nun ein Intervall $(p \ldots q)$ so an, daß kein Glied der Reihe (1) in ihm liegt; also etwa innerhalb $(\omega_1^1 \ldots \omega_1^2)$; nun könnten auch etwa sämtliche Glieder der zweiten Reihe, oder der dritten außerhalb $(p \ldots q)$ liegen; es muß jedoch einmal eine Reihe kommen, ich will sagen die k^{te}, bei welcher nicht alle Glieder außerhalb $(p \ldots q)$ liegen; (denn sonst würden die innerhalb $(p \ldots q)$ liegenden Zahlen nicht in (I) enthalten sein, gegen die Voraussetzung); dann kann man ein Intervall $(p' \ldots q')$ innerhalb $(p \ldots q)$ fixieren, so daß die Glieder der k^{ten} Reihe alle außerhalb desselben liegen; von selbst verhält sich dann $(p' \ldots q')$ in gleicher Weise in bezug auf die vorhergehenden Reihen; im weiteren Verlaufe muß jedoch eine k'^{te} Reihe erscheinen, deren Glieder nicht sämtlich außerhalb $(p' \ldots q')$ liegen und man nehme dann innerhalb $(p' \ldots q')$ ein drittes Intervall $(p'' \ldots q'')$ an, so daß alle Glieder der k'^{ten} Reihe außerhalb desselben liegen.

So sieht man, daß es möglich ist, eine unendliche Reihe von Intervallen zu bilden: $(p \ldots q), (p' \ldots q'), (p'' \ldots q'') \ldots$,
von denen jedes die folgenden einschließt und die zu unseren Reihen sich wie folgt verhalten:

Die Glieder der 1ten, 2ten, ... $\overline{k-1}^{\text{ten}}$ Reihe liegen außerhalb $(p \ldots q)$.
Die Glieder der k^{ten} ... $\overline{k'-1}^{\text{ten}}$ Reihe liegen außerhalb $(p' \ldots q')$.
Die Glieder der k'^{ten} ... $\overline{k''-1}^{\text{ten}}$ Reihe liegen außerhalb $(p'' \ldots q'')$.
Es läßt sich nun stets *wenigstens* eine Zahl, ich will sie η nennen, denken, welche im Innern eines jeden dieser Intervalle liegt; von dieser Zahl η, welche offenbar $\gtrless {0 \atop 1}$, sieht man rasch, daß sie in keiner unserer Reihen enthalten sein kann. So würde man von der Voraussetzung ausgehend, daß alle Zahlen $\gtrless {0 \atop 1}$ in (I) enthalten seien, zu dem entgegengesetzten Resultate gelangt sein, daß eine bestimmte Zahl $\eta \gtrless {0 \atop 0}$ nicht unter (I) zu finden sei; folglich ist die Voraussetzung eine unrichtige gewesen."

Dedekind beglückwünscht seinen Briefpartner am nächsten Tag schon zu seinem schönen Erfolg und macht einige Vorschläge zur Vereinfachung des Beweises. Sie sind „fast wörtlich" von *Cantor* in seine Veröffentlichung in Crelles Journal ([W] S. 117) übernommen worden.

3. Die Abbildung des Quadrats auf die Strecke

Nach seinen ersten Erfolgen stellte sich *Cantor* neue, kühnere Probleme. In seinem Brief an *Dedekind* vom 5. Januar 1874 stellte er die folgende Frage:

„Läßt sich eine Fläche (etwa ein Quadrat mit Einschluß der Begrenzung) auf eine Linie (etwa eine gerade Strecke mit Einschluß der Endpunkte) eindeutig beziehen, so daß zu jedem Puncte der Fläche ein Punct der Linie und umgekehrt zu jedem Puncte der Linie ein Punct der Fläche gehört?

Mir will es im Augenblick noch scheinen, daß die Beantwortung dieser Fragen, – obgleich man auch hier zum *Nein* sich so gedrängt sieht, daß man den Beweis dazu fast für überflüssig halten möchte, – große Schwierigkeiten hat."

Der Beweis, an den *Cantor* denkt, ist offenbar eine exakte Begründung für ein *Nein* als Antwort auf die gestellte Frage. Den Beweis hält er „fast für überflüssig", und ein Berliner Kollege bestärkt ihn in dieser Ansicht ([CD] S. 21, Brief vom 18. Mai 1874):

„... Wenn Sie gelegentlich mir darauf antworten wollten, so wäre es mir lieb, von Ihnen zu hören, ob Sie an der im Januar Ihnen mitgetheilten Frage hinsichtlich der Zuordnung einer Fläche und einer Linie dieselbe Schwierigkeit finden, wie ich, oder ob ich damit einer Täuschung mich hingegeben habe; in Berlin wurde mir von meinem Freunde, dem ich dieselbe Schwierigkeit vorlegte, die Sache gewissermaßen als absurd erklärt, da es sich von selbst verstünde, daß zwei unabhängige Veränderliche sich nicht auf eine zurückführen lassen."

Erst nach drei Jahren, am 20. Juni 1877, findet sich im Briefwechsel mit *Dedekind* wieder ein Hinweis auf die Fragestellung vom Januar 1874. Diesmal aber bietet *Cantor* seinem Freunde einen Beweis für ein *Ja!* Obgleich er „*jahrelang das Gegenteil für richtig gehalten*" habe, liefert er jetzt seinem Briefpartner den Beweisansatz für ein *Ja* als Antwort für die folgende (allgemeinere) Frage:

„Seien $x_1, x_2, \ldots x_\varrho$ ϱ unabhängige veränderliche reelle Größen, von denen jede alle Werthe annehmen kann die ≥ 0 und ≤ 1. Sei y eine $\varrho + 1^{te}$ veränderliche reelle Größe mit dem gleichen Spielraum $\left(y \begin{smallmatrix} \geq 0 \\ \leq 1 \end{smallmatrix} \right)$.

Ist es alsdann möglich die ϱ Größen $x_1, x_2, \ldots x_\varrho$ der einen y so zuzuordnen, daß zu jedem bestimmten Wertsystem $(x_1, x_2, \ldots x_\varrho)$ ein bestimmter Werth y und auch umgekehrt zu jedem bestimmten Werth y ein und nur ein bestimmtes Werthsystem $(x_1, x_2, \ldots x_\varrho)$ gehört?"

Für $\varrho = 2$ haben wir damit wieder das alte Problem: *Kann man die Menge der Punkte eines Quadrates* (etwa mit den Koordinaten x_1 und x_2, $0 \leq x_\nu \leq 1$) *auf die Menge der Punkte einer Strecke* (etwa mit den Koordinaten y, $0 \leq y \leq 1$) *umkehrbar eindeutig abbilden?*

Das *Ja* auf diese Frage begründet *Cantor* denkbar einfach. Wenn wir uns auf den Fall $\varrho = 2$ beschränken und die Koordinaten x_ν ($\nu = 1, 2$) und y durch Dezimalbrüche

$$x_\nu = 0, a_1^{(\nu)} a_2^{(\nu)} a_3^{(\nu)} \ldots, \quad \nu = 1, 2; \quad y = 0, b_1 b_2 b_3 \ldots$$

darstellen, so lautet sein Vorschlag:

Man nehme die folgende Zuordnung vor:

$$\begin{Bmatrix} 0, a_1^{(1)} a_2^{(1)} a_3^{(1)} \ldots \\ 0, a_1^{(2)} a_2^{(2)} a_3^{(2)} \ldots \end{Bmatrix} \longleftrightarrow 0, a_1^{(1)} a_1^{(2)} a_2^{(1)} a_2^{(2)} a_3^{(1)} a_3^{(2)} \ldots$$

man setze also [34]:

$$b_{2n-1} = a_n^{(1)}, b_{2n} = a_n^{(2)}. \tag{4}$$

Dedekind nennt in seiner Antwort den Cantorschen Beweis eine „interessante Schlußfolgerung" und macht einen Einwand, von dem er annimmt, daß *Cantor* ihn vielleicht werde entkräften können. Er weist zunächst darauf hin, daß die Darstellung der reellen Zahlen durch Dezimalbrüche ja nicht eindeutig sei. Für rationale Zahlen (mit den Nennern $2^a \cdot 5^b$) hat man die Darstellung durch einen endlichen oder durch einen unendlichen Bruch, z. B.

---

[34] Auf diese Weise wird z. B. dem Quadratpunkt P mit den Koordinaten $(1/3; \sqrt{2} - 1) = (0,333 \ldots; 0,4142 \ldots)$ der Punkt Q mit der Koordinate $y = 0,34313432 \ldots$ zugeordnet.

$3/10 = 0{,}3 = 0{,}29999\ldots$ Hier kann man sich helfen, indem man grundsätzlich die Darstellung durch den *unendlichen* Dezimalbruch wählt. Dann ist die Zuordnung der Zahlen zu den Brüchen eineindeutig.

Aber nun entsteht folgende Schwierigkeit. Es sei Q der Punkt unserer Strecke mit der Koordinate

$$y = 0{,}2304070707\ldots$$

Versucht man, diesem Punkt Q einen Punkt P des Quadrats zuzuordnen, so kommt man auf den Punkt mit den Koordinaten

$$x_1 = 0{,}2, \quad x_2 = 0{,}347777\ldots$$

Der Dezimalbruch 0,2 ist aber als endlicher Bruch nicht „zulässig". Schreiben wir statt dessen $x_1 = 0{,}199999\ldots$ Zu *diesem* x_1 (und $x_2 = 0{,}3477\ldots$) gehört aber

$$y^* = 0{,}13949797\ldots$$

Der Punkt P der der Koordinate $y = 0{,}230407707\ldots$ wird also bei der von *Cantor* vorgeschlagenen Zuordnung überhaupt nicht erfaßt. Das Gleiche gilt offenbar für alle jene Punkte mit Koordinaten y, bei denen in $y = 0, b_1 b_2 b_3 \ldots b_{k+2n} = 0$ ist für irgendein k und $n = 0, 1, 2, 3, \ldots$ (oder auch $b_{k+2n+1} = 0$ für $n = 0, 1, 2, 3, \ldots$).

Cantor gibt seinem Freunde (auf einer Postkarte vom 23. Juni 1877) sofort Recht mit seinem Einwand. Aber er erkennt auch, daß er „gewissermaßen mehr" als in seiner Absicht lag erreicht habe. Er hat ja eine umkehrbare eindeutige Abbildung zwischen der Menge [35]) P der Punkte des Quadrats und *einer Teilmenge* Q' der Menge Q der Punkte einer Strecke hergestellt. Dabei ist die Menge $Q - Q'$ der „Ausnahmepunkte" [36]) offenbar abzählbar. Später hat *Cantor* in seiner „Mengenlehre" allgemeine Sätze bewiesen über die eineindeutige Zuordnung unendlicher Mengen. Daraus ergibt sich dann sehr leicht, daß eine eineindeutige Abbildung zwischen P und Q möglich sein muß, wenn sie zwischen P und Q' hergestellt werden kann. Vorläufig ist aber die „allgemeine Mannigfaltigkeitslehre" noch nicht entwickelt. Man muß also mit dem speziellen Problem fertig werden und aus der gegebenen Abbildung zwischen P und Q' eine solche zwischen P und Q herstellen.

Noch viel einfacher kommt man zum Ziel, wenn man den ursprünglichen Ansatz *Cantors* ein wenig variiert. Da die von *Dedekind* herausgefundenen

---

[35]) Mit großen lateinischen Buchstaben ($P, Q, R \ldots$) bezeichnen wir *Mengen*. Für die *Punkte* steht P, Q, ...

[36]) $Q - Q'$ ist die Menge der Punkte, die zwar zu Q, nicht aber zu Q' gehören. Vgl. S. 36.

Schwierigkeiten durch die Nullen in der Dezimalbruchentwicklung zustande kommen, muß man sie „unschädlich" machen. Das kann so geschehen: Man faßt die Ziffern im Dezimalbruch zu „Zifferblöcken" zusammen. Die etwa auftretenden Nullen bilden mit den nachfolgenden Ziffern einen „Block". Im übrigen sind alle Ziffern für sich selbst ein Zifferblock. Wir charakterisieren die Blöcke durch eingefügte Striche:

0, | 3 | 04 | 0005 | 6 | 7 | 8 | 09 | 5 | ...

Nimmt man jetzt nach dem auf S. 32 geschilderten Verfahren die Zuordnung der Zifferblöcke (statt der Ziffern) vor, so kann man die gewünschte eineindeutige Zuordnung von P und Q erhalten.

In der Geschichte der Wissenschaft wird aber sehr oft nicht der *einfachste* Weg zuerst gefunden. So war es auch hier. *Cantor* wollte sein Ziel durch Fortsetzung des eingeschlagenen Weges erreichen. Er hatte die Menge P auf eine Teilmenge Q' von Q abgebildet [37]. Wenn es jetzt noch gelang, Q' auf Q selbst abzubilden, dann war das Problem gelöst.

Zunächst entschloß sich *Cantor*, von der Darstellung durch Dezimalzahlen zu der durch *Kettenbrüche* überzugehen [38]. Es ist bekannt, daß man jede irrationale Zahl x, die der Ungleichung $0 < x < 1$ genügt, auf genau eine Weise durch einen unendlichen Kettenbruch

$$x = (a_1, a_2, a_3 \ldots) = \cfrac{1}{a_1 + \cfrac{1}{a_2 + \cfrac{1}{a_3 + \cdots}}} \qquad (5)$$

darstellen kann mit natürlichen Zahlen a_ν. In Analogie zu (3) kann man nun einem Punkte P des Quadrates ($0 \leq x_1 \leq 1$, $0 \leq x_2 \leq 1$) mit *irrationalen* Koordinaten einen Punkt Q der Strecke $0 \leq y \leq 1$ (wieder mit irrationalen Koordinaten) zuordnen:

$$\left\{ \begin{matrix} (a_1^{(1)}, a_2^{(1)} \ldots) \\ (a_1^{(2)}, a_2^{(2)} \ldots) \end{matrix} \right\} \leftrightarrow (a_1^{(1)}, a_1^{(2)}, a_2^{(1)}, a_2^{(2)} \ldots) \qquad (6)$$

---

[37] Abbildung soll im folgenden immer eineindeutige Abbildung bedeuten, wenn es nicht ausdrücklich anders gesagt wird.

[38] Da die Menge der „Ausnahmepunkte" für die Darstellung durch unendliche Dezimalbrüche (im Sinne von S. 32) abzählbar ist, hätte *Cantor* die Einführung der Kettenbrüche nicht nötig gehabt. Über die Kettenbrüche s. z. B. *Perron: Irrationalzahlen.*

Man erhält dann also den Kettenbruch $y = (b_1, b_2, b_3 \ldots)$ durch die Zuordnung (4).

Es sei $J(0;1)$ die Menge der irrationalen Zahlen zwischen 0 und 1. Wenn es gelingt, $J(0;1)$ auf die Menge $Re(0;1)$ aller reellen Zahlen zwischen 0 und 1 abzubilden, dann ist auch die Abbildung des Quadrats auf die Strecke gesichert.

Zur bequemen Formulierung seiner Aussagen führt *Cantor* den Begriff der *Mächtigkeit* von Mengen [39]) ein. Zwei Mengen A und B heißen *äquivalent* oder von *gleicher Mächtigkeit*, wenn es eine eineindeutige Abbildung zwischen den Elementen von A und B gibt, im Zeichen: $A \sim B$. Sind N, Ra, Ar die Mengen der natürlichen, der rationalen bzw. der (reellen) algebraischen Zahlen, so gilt nach den bisherigen Ergebnissen

$N \sim Ra, \quad N \sim Ar.$

Aus der Definition der Äquivalenz ergibt sich sofort, daß diese Relation *symmetrisch*, *reflexiv* und *transitiv* ist; d. h. es gilt [40])

$$A \sim B \Leftrightarrow B \sim A; \quad A \sim A; \qquad (7)$$
$$(A \sim B) \wedge (B \sim C) \Rightarrow A \sim C.$$

Es sei nun $\{\varepsilon_n\}$ eine monoton wachsende Folge irrationaler Zahlen, für die

$$0 < \varepsilon_n < \varepsilon_{n+1} < 1, \quad \lim_{n \to \infty} \varepsilon_n = 1 \qquad (8)$$

ist; als ein Beispiel erwähnt *Cantor* die Folge der Zahlen $\varepsilon_n = 1 - \sqrt{2} \cdot 2^{-n}$. Wieder sei $J(0;1)$ die Menge der irrationalen Zahlen zwischen 0 und 1, J^* die Menge der irrationalen Zahlen zwischen 0 und 1, die *nicht* zur Folge $\{\varepsilon_n\}$ gehören. Wir haben dann [41])

$$J(0;1) = J^* \cup \{\varepsilon_n\}. \qquad (9)$$

Es sei weiter $\{\varphi_n\}$ die Folge der rationalen Zahlen zwischen 0 und 1 (*einschl.* 0 und 1) in der üblichen auf Seite 90 erwähnten Abzählung, also

$\varphi_1 = 0, \quad \varphi_2 = 1, \quad \varphi_3 = \tfrac{1}{2}, \quad \varphi_4 = \tfrac{1}{3}, \quad \varphi_5 = \tfrac{2}{3}, \quad \varphi_6 = \tfrac{1}{4}, \ldots$

---

[39]) *Cantor* spricht in seiner ersten Arbeit von *Inbegriffen*, später von *Mannigfaltigkeiten*, dann von *Mengen*. Wir führen gleich diese heute übliche Bezeichnung ein.

[40]) Über die Bedeutung der logischen Zeichen $\Rightarrow$, usw. siehe z. B. das Mathematische Begriffswörterbuch des Verfassers, BI-Hochschultaschenbuch 99–99 a.

[41]) $A \cup B$ ist die Vereinigungsmenge von A und B. Sie umfaßt genau die Elemente, die zu A oder B gehören.

Dann kann man durch die Zuordnung

$$\varphi_n \leftrightarrow \varepsilon_n \tag{10}$$

eine eineindeutige Zuordnung der beiden Folgen $\{\varphi_n\}$ und $\{\varepsilon_n\}$ vollziehen. Zu der Vereinigungsmenge

$$J_* = J^* \cup \{\varphi_n\}$$

gehören dann alle reellen Zahlen des (abgeschlossenen) Intervalls [42]) [0; 1] mit Ausnahme der Punkte der Folge $\{\varepsilon_n\}$. Es gilt dann

$$J_* = J^* \cup \{\varphi_n\} \sim J(0;1) = J^* \cup \{\varepsilon_n\}. \tag{11}$$

Zum Nachweis dieser Äquivalenz (11) haben wir nur die Elemente von J^* sich selber, die der Folge $\{\varphi_n\}$ denen der Folge $\{\varepsilon_n\}$ nach (10) zuzuordnen.

Die Menge der irrationalen Zahlen zwischen 0 und 1 ist also äquivalent der Menge aller Zahlen zwischen 0 und 1 ohne die „Ausnahmezahlen" ε_n.

Zur bequemen Formulierung der weiteren Schritte führen wir einige Bezeichnungen ein, die sich heute in der modernen Mengenlehre durchgesetzt haben.

$$a \in A \tag{12}$$

bedeutet: *a ist Element der Menge A*. $a \notin A$ heißt entsprechend: *a gehört nicht zur Menge A*. $A \times B$ ist *die Menge der Paare* (a, b) *mit* $a \in A$, $b \in B$. Ist z. B. A die Menge der Zahlen 1 und 2, B die der Zahlen 3 und 4, also

$$A = \{1, 2\}, \quad B = \{3, 4\},$$

so ist

$$A \times B = \{(1, 3), (1, 4), (2, 3), (2, 4)\}.$$

Entsprechend bedeutet $J(0;1) \times J(0;1)$ die Menge der Paare irrationaler Zahlen (a, b) mit $0 < a < 1$, $0 < b < 1$.

Schließlich bezeichnen wir noch mit $A - B$ die *Menge der Elemente, die zwar zu A, nicht aber zu B gehören*. Mit den Symbolen der formalen Logik kann man diese Definition so schreiben:

$$A - B = \{x \,/\, x \in A \wedge x \notin B\}. \tag{13}$$

Das liest man so: $A - B$ ist die Menge der Elemente x, für die $x \in A$ richtig, $x \in B$ aber falsch ist.

Mit dieser Terminologie können wir für J_* auch schreiben

$$J_* = [0;1] - \{\varepsilon_n\}. \tag{14}$$

---

[42]) $[a; b]$ ist die Menge aller reellen Zahlen, die den Ungleichungen $a \leq x \leq b$ genügen.

Nach (11) und der Definition für J^* gehören ja zu J^* in der Tat gerade alle reellen Zahlen zwischen 0 und 1 (einschließlich 0 und 1) mit Ausnahme der „Ausnahmezahlen" ε_n.

Cantor beweist nun die wichtige Äquivalenz

$$J^* \sim [0; 1]. \tag{15}$$

Sie besagt, daß die Menge der reellen Zahlen zwischen 0 und 1 „mit abzählbar vielen Ausnahmezahlen" der Menge ohne Ausnahmezahlen eineindeutig zugeordnet werden kann.

Nehmen wir für den Augenblick einmal dieses Ergebnis vorweg. Dann können wir weiter so schließen: Aus (15), (11) und (7) folgt

$$[0; 1] \sim J(0; 1): \tag{16}$$

Die Menge der reellen Zahlen zwischen 0 und 1 ist der Menge der irrationalen Zahlen zwischen 0 und 1 äquivalent. Durch die Zuordnung (6) ist aber die Äquivalenz der Menge der Quadratpunkte mit irrationalen Koordinaten und der Menge der Streckenpunkte mit irrationalen Koordinaten gesichert. Wir können sie als eine Aussage über die Koordinaten auch so formulieren:

$$J(0; 1) \times J(0; 1) \sim J(0; 1). \tag{17}$$

Aus (17) und (16) folgt aber sofort

$$[0; 1] \times [0; 1] \sim [0; 1]. \tag{18}$$

Die Menge der Punkte des (abgeschlossenen) Quadrats $0 \leq x_1 \leq 1, 0 \leq x_2 \leq 1$ ist der Menge der Punkte der abgeschlossenen Strecke $0 \leq y \leq 1$ äquivalent.

Um unseren Beweisgang zu schließen, haben wir nur noch (15) zu beweisen.

Zum Beweis von (15) konstruiert nun *Cantor* eine Zuordnung eines abgeschlossenen Intervalles $[a; b]$ auf ein halboffenes [43]) Intervall $[a; b]$. Es genügt offenbar, die Möglichkeit einer solchen Abbildung für das Intervall $[0; 1]$ nachzuweisen. Dazu betrachten wir die Funktion $x \to y(x)$:

$$\begin{aligned} y(x) &= -x + 2 - 2^{-n} - 2^{-n-1} \quad \text{für } 1 - 2^{-n} \leq x < 1 - 2^{-n-1}, \\ y(1) &= 1. \qquad\qquad\qquad\qquad\qquad n = 0, 1, 2, \ldots \end{aligned} \tag{19}$$

---

[43]) $x \in (a; b] \Leftrightarrow a < x \leq b$,
       $x \in (a; b) \Leftrightarrow a < x < b$,
       $x \in [a; b) \Leftrightarrow a \leq x < b$.

Offenbar ist (vgl. Abb. 1)
$$y(0) = \tfrac{1}{2}, \quad y(\tfrac{1}{2}) = \tfrac{3}{4}, \quad y(\tfrac{3}{4}) = \tfrac{7}{8}, \ldots,$$
und für *kein* x des Intervalles $[0;1]$ wird $y(x) = 0$. Die Umkehrfunktion $y \to x(y)$ ist dann durch

$$\begin{aligned} x(y) &= -y + 2 - 2^{-n} - 2^{-n-1} \quad &\text{für } 1 - 2^{-n} < y \leq 1 - 2^{-n-1} \\ x(1) &= 1 \quad &n = 0, 1, 2, \ldots, \end{aligned} \quad (19')$$

gegeben. $y \to x(y)$ bildet $(0;1]$ auf $[0;1]$ ab, und $x \to y(x)$ leistet die umgekehrte Zuordnung. Durch eine geeignete lineare Transformation gewinnt man entsprechend

$$(a;b] \sim [a;b]. \tag{20}$$

Ist c ein äußerer Punkt von $[a;b]$, so folgt aus (20) weiter:
$$(a;c) = (a;b] \cup (b;c) \sim [a;b] \cup (b;c) = [a;c),$$
also
$$(a;c) \sim [a;c). \tag{20'}$$

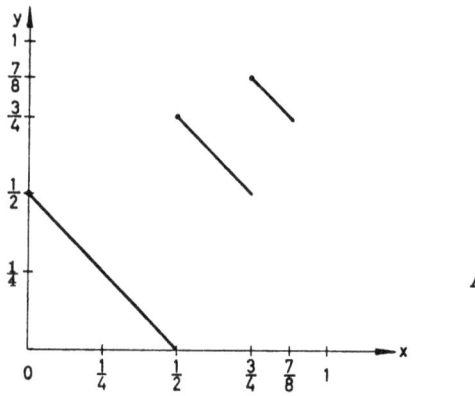

Abb. 1

Jedes offene Intervall $(a;c)$ ist dem entsprechenden halboffenen Intervall $[a;c)$ äquivalent.

Mit diesen Ergebnissen können wir leicht die noch offene Äquivalenz (15) beweisen. Die Menge J_* setzt sich ja nach der Definition (14) aus einer Folge von Intervallen und der Zahl 1 zusammen:

$$J_* = 1 \cup [0; \varepsilon_1) \cup (\varepsilon_1; \varepsilon_2) \cup (\varepsilon_2; \varepsilon_3) \cup \ldots \tag{21}$$

Nach (20') ist aber $(\varepsilon_\nu; \varepsilon_{\nu+1}) \sim [\varepsilon_\nu; \varepsilon_{\nu+1})$ für alle Nummern ν und daraus folgt dann in der Tat (15).

Damit ist bewiesen:

Die Menge der Punkte des Quadrats $(0 \leq x_1 \leq 1, 0 \leq x_2 \leq 1)$ ist äquivalent der Menge der Punkte der Strecke $(0 \leq y \leq 1)$.

Natürlich kann man die Überlegungen leicht auf n Dimensionen verallgemeinern. Cantor formuliert sein Ergebnis ([W] S. 132) so:

Sind $x_1, x_2, \ldots, x_n$ n voneinander unabhängige, veränderliche reelle Größen, von denen jede alle Werte, die ≥ 0 und ≤ 1 sind, annehmen kann, und ist t eine andere Veränderliche mit dem gleichen Spielraum $(0 \leq t \leq 1)$, so ist es möglich, die eine Größe t dem System der n Größen $x_1, x_2, \ldots, x_n$ so zuzuordnen, daß zu jedem bestimmten Wert von t ein bestimmtes Wertsystem $x_1, x_2, \ldots, x_n$ und umgekehrt zu jedem bestimmten Wertsystem $x_1, x_2, \ldots, x_n$ ein gewisser Wert von t gehört.

Daraus folgt die noch allgemeinere Fassung:

Zwei stetige Mannigfaltigkeiten, die eine von n, die andere von m Dimensionen, wo $n \gtreqless m$, haben gleiche Mächtigkeit.

Nach einigen Monaten, am 23. Oktober 1877, teilt *Cantor* seinem Freund *Dedekind* einen wesentlich kürzeren Beweis für den entscheidenden Satz seiner Deduktion mit. Er beweist die Äquivalenz (16) jetzt einfacher so:

Es sei $\{\eta_\nu\}$ irgendeine Folge irrationaler Zahlen des Intervalles [0; 1], z. B. $\{\eta_\nu\} = \{2^{\frac{1}{2}-\nu}\}$, H die Menge der Irrationalzahlen des Intervalles [0; 1], die *nicht* zur Folge $\{\eta_\nu\}$ gehören, $\{\varphi_\nu\}$ wieder die Folge der rationalen Zahlen des Intervalles [0; 1] in der üblichen Abzählung. Dann ist doch

$$[0; 1] = H \cup \{\eta_\nu\} \cup \{\varphi_\nu\}, \qquad (22)$$
$$J(0; 1) = H \cup \{\eta_\nu\} =$$
$$= H \cup \{\eta_{2\nu}\} \cup \{\eta_{2\nu+1}\}. \qquad (22')$$

Aus (22) und (22') folgt nun in der Tat (16).

In seiner Veröffentlichung in Crelles Journal hat *Cantor* beide Versionen seines Beweises mitgeteilt. Er hat auf die umständlichere Fassung nicht verzichtet, weil die dabei benutzten Hilfssätze „an sich von Interesse sind".

Cantor ist sich durchaus darüber im klaren, daß er etwas „Unglaubliches" [44] bewiesen hat. Er berichtet am Schluß seines Briefes vom 25. Juni 1878 an

---

[44]) In seiner *Cantor*-Biographie schreibt *Zermelo*: ([W] S. 458) *Cantor* habe an *Dedekind* am 20. Juni 1877 seinen Beweis mitgeteilt und hinzugefügt: „Je le vois, mais je ne le crois pas". In der Ausgabe des Briefwechsels von *Cantor*-*Dedekind* ([CD]) findet sich dieser Satz allerdings nicht.

Dedekind über die Haltung mehrerer Kollegen. Etwa zwei Monate davor hatte in Göttingen die Hundertjahrfeier für *Gauß* stattgefunden, und *Cantor* hatte diese Gelegenheit benutzt, um anderen Mathematikern die (zu diesem Zeitpunkt noch offene!) Frage vorzulegen [45]:

„Läßt sich ein stetiges Gebilde von ϱ Dimensionen, wo $\varrho > 1$, auf ein stetiges Gebilde von einer Dimension eindeutig beziehen, so daß jedem Puncte des einen ein und nur ein Punct des anderen entspricht?"

Keiner sagt Ja!

„Die meisten, welchen ich diese Frage vorgelegt wunderten sich darüber, daß ich sie habe stellen können, da es sich ja von selbst verstünde, daß zur Bestimmung eines Punctes in einer Ausgedehntheit von ϱ Dimensionen immer ϱ unabhängige Coordinaten gebraucht werden. Wer jedoch in den Sinn der Frage eindrang, mußte bekennen, daß es zum mindesten eines Beweises bedürfe, warum sie mit dem „selbstverständlichen" Nein zu beantworten sei. Wie gesagt gehörte ich selbst zu denen, welche es für das Wahrscheinlichste hielten, daß jene Frage mit einem Nein zu beantworten sei, – bis ich vor ganz kurzer Zeit durch ziemlich verwickelte Gedankenreihen zu der Überzeugung gelangte, daß jene Frage ohne alle Einschränkung zu bejahen ist. Bald darauf fand ich den Beweis, welchen sie heute vor sich sehen."

Cantors Satz ist also ein schönes Beispiel für eine mathematische Paradoxie, für eine wahre Aussage also, die dem Ungeschulten falsch zu sein scheint. Und in bezug auf die Probleme der Mengenlehre waren damals alle Mathematiker bestenfalls „Anfänger". Die Mengenlehre ist reich an den für die Bildung des Menschen so bedeutsamen Paradoxien. In einer Zeit, in der die Philosophen und Theologen oft Paradoxien und Antinomien [46] verwechseln, ist die mathematisch saubere Darstellung eines Paradoxons besonders verdienstlich.

4. Die Wirkung

Richard *Dedekind* war von der Cantorschen Beweisführung sehr beeindruckt. Er fand keine Lücke im Beweis und beglückwünschte seinen Briefpartner herzlich. Freilich war er nicht ganz einverstanden mit der Konsequenz, die

---

[45] [CD] S. 33.

[46] Die Begriffe Antinomie und Paradoxie werden gelegentlich synonym gebraucht. Damit beraubt man sich aber wichtiger Aussagemöglichkeiten. Vgl. dazu Kap. III (Die Bildungsfunktion der Paradoxie) in meinem Buche *Mathematik als Bildungsgrundlage*.

man aus dem Cantorschen Satz für den Dimensionsbegriff ziehen könnte. *Cantor* hatte bemerkt ([CD] S. 34):

„... wird der Unterschied, welcher zwischen Gebilden von *verschiedener* Dimensionszahl liegt, in ganz anderen Momenten gesucht werden müssen, als in der für charakteristisch gehaltenen Zahl der unabhängigen Coordinaten."

Dedekind sagt in seiner Antwort zum Dimensionsproblem:

„Ich glaube nun vorläufig an den folgenden Satz: „Gelingt es, eine gegenseitige eindeutige und vollständige Correspondenz zwischen den Puncten einer stetigen Mannigfaltigkeit A von a Dimensionen einerseits und den Puncten einer stetigen Mannigfaltigkeit B von b Dimensionen andererseits herzustellen, so ist diese Correspondenz selbst, wenn a und b ungleich sind, nothwendig eine durchweg unstetige."

Er weist darauf hin, daß die eineindeutige Zuordnung im Cantorschen Beweis durch *unstetige* Funktionen vollzogen wird:

„... die Ausfüllung der Lücken zwingt sie, eine grauenhafte, Schwindel erregende Unstetigkeit in der Correspondenz eintreten zu lassen, durch welche Alles in Atome aufgelöst wird, so daß jeder noch so kleine stetig zusammenhängende Theil des einen Gebietes in seinem Bilde als durchaus zerrissen, unstetig erscheint."

Am 12. Juli 1877 reicht *Cantor* seine Arbeit mit dem Titel „Ein Beitrag zur Mannigfaltigkeitslehre" dem Crelleschen Journal ein. Damals brauchte ein Autor im allgemeinen nicht lange auf die Publikation einer vorgelegten Arbeit zu warten, und so war *Cantor* verärgert, als die Arbeit im November immer noch nicht erschienen war. Er fand (in einem Brief an *Dedekind*), daß sich die Drucklegung in einer für ihn „auffallenden und unerklärlichen Weise" verzögere und daß die Redaktion später vorgelegte Arbeiten vorziehe. Er erwägt, seine Arbeit in einem Sonderdruck bei Vieweg herauszubringen. Aber es gelingt *Dedekind*, ein Zurückziehen der Arbeit zu verhindern. Unter Hinweis auf eigene Erfahrungen mahnt *Dedekind* zur Geduld, und schließlich erfolgt dann doch noch der Druck im Crelle-Journal, wenn auch erst im Jahre 1878.

Später hat *Cantor* erwähnt, daß sein Lehrer *Weierstraß* sich für die Publikation eingesetzt habe.

Es ist wahrscheinlich (aber wohl heute nicht mehr sicher nachweisbar), daß die Verzögerung der Veröffentlichung seinen Grund im Widerstand *Kroneckers* gegen die Cantorschen Ideen hatte.

IV. Beiträge zur Topologie

1. Die Cantorschen Definitionen

In der dritten These seiner Doktor-Dissertation stellt *Cantor* die Bedeutung der richtigen Problemstellung heraus:

> In re mathematica ars proponendi quaestionem pluris facienda est quam solvendi [47]).

Wir wollen hinzufügen, daß für den Aufbau einer mathematischen Theorie auch die zweckmäßig formulierten Definitionen von großer Bedeutung sind. Viele der heute in der Topologie gebräuchlichen Definitionen gehen auf *Georg Cantor* zurück. Das wird nicht in jedem Lehrbuch dieser heute so bedeutsamen Disziplin der Mathematik klar: Manche Autoren sind an geschichtlichen Reminiszenzen nicht interessiert. Wenn aber jemand wie z. B. *Kuratowski* den Ursprung der eingeführten Begriffe notiert, dann wird er erstaunlich oft den Namen *Cantor* zu zitieren haben.

Es ist keineswegs selbstverständlich, daß ein Forscher sich mit seinen Begriffsbildungen durchsetzt. Man vergleiche etwa die Definitionen *Cantors* mit denen von *Richard Dedekind*. Der Freund und Briefpartner *Cantors* war gewiß ein hervorragender Gelehrter, dessen Schrift über das Wesen der Zahlen heute in 10. Auflage vorliegt [48]). Aber nicht seine Definition der „Ähnlichkeit" von Mengen hat sich durchgesetzt, sondern die Cantorsche. *Dedekind* nennt zwei Mengen *ähnlich*, wenn man sie eineindeutig aufeinander abbilden kann. Wir folgen heute *Cantor* und nennen solche Mengen *äquivalent*. Den Begriff der *Ähnlichkeit* kennen wir freilich auch heute noch in der Mengenlehre. Aber wir nennen mit *Cantor* zwei Mengen ähnlich, wenn eine eineindeutige Zuordnung zwischen den Mengen möglich ist, *die die Ordnung erhält* (vgl. dazu S. 90ff.).

Dedekind nennt (S. 4) das System der gemeinsamen Elemente von einer Menge von Mengen $(A, B, C \ldots)$ die *Gemeinheit* dieser Mengen; wir benutzen heute mit *Cantor* die Bezeichnung *Durchschnitt*.

Es lag nahe, daß *Cantor* sich nach dem Beweis des Paradoxons über die Quadratabbildung dem Dimensionsproblem zuwenden würde. In der Tat ver-

---

[47]) In der Mathematik ist die Kunst des Fragestellens wichtiger als die des Lösens.
[48]) *Dedekind, R.*: Was sind und was sollen die Zahlen? [C 13].

suchte er, mit seiner Arbeit „Über einen Satz aus der Theorie der stetigen Mannigfaltigkeiten" die Dedekindsche Vermutung (vgl. S. 41) zu beweisen, die man kurz so formulieren kann: *Jede Abbildung zwischen Punktmengen verschiedener Dimension ist unstetig.*

Sein Beweis ist nicht in allen Punkten stichhaltig [49]). Der erste vollständige Beweis für diesen Satz wurde von *Brouwer* geliefert (Math. Ann. 70, 1910, S. 161–165).

Halten wir uns an die weiteren Arbeiten *Cantors* über die „Punktmannigfaltigkeiten", die wichtige topologische Definitionen enthalten. Er formuliert seine Begriffe für lineare Punktmannigfaltigkeiten [50]), „welche also entweder eine kontinuierliche, endliche oder unendliche gerade Strecke bilden oder doch mit allen ihren Punkten in einer solchen als Teile enthalten sind", später auch für Punktmengen des n-dimensionalen Raumes. Es ist aber nicht schwer, seine Definitionen für metrische oder allgemeine topologische Räume [51]) zu verallgemeinern.

Die *Ableitung P′ einer linearen Punktmenge P* ist ([W] S. 139) die Mannigfaltigkeit aller derjenigen Punkte, welche die Eigenschaft eines Grenzpunktes von P besitzen, wobei es nicht darauf ankommt, ob der Grenzpunkt zugleich ein Punkt von P ist oder nicht.

Der Begriff des Grenzpunktes (Häufungspunktes) findet sich in der bekannten Form schon in einer frühen Arbeit *Cantors* über die trigonometrischen Reihen ([W] S. 99). *Kuratowski* schreibt auch diese Definition *Cantor* zu; sie dürfte aber schon bei seinem Lehrer *Weierstraß* vorkommen. Dagegen verdanken wir gewiß *Cantor* die Begriffe der *abgeschlossenen*, der *dichten* und der *in sich dichten* Menge:

Eine Menge heißt *abgeschlossen* [52]), wenn sie alle ihre Grenzpunkte (Häufungspunkte) enthält. Für eine abgeschlossene Menge P ist also stets die Ableitung P' in P als Teilmenge enthalten.

Eine in einem Intervall $[a; b]$ enthaltene lineare Punktmenge P heißt in $[a; b]$ *dicht*, wenn jedes Teilintervall von $[a; b]$ noch Punkte von P enthält [53]).

---

[49]) Vgl. dazu die Bemerkungen *Zermelos* ([W] S. 138).
[50]) [W] S. 139.
[51]) Siehe dazu z. B. *Kuratowski*: Topologie, Vol. I [C 26].
[52]) [W] S. 226, 140, 228.
[53]) Natürlich kann man auch diese von *Cantor* für Intervalle gegebene Definition leicht auf n-dimensionale Räume verallgemeinern.

Eine Menge M heißt *in sich dicht*, wenn jeder Punkt von M auch Häufungspunkt von M ist.

Als Beispiele wollen wir die folgenden Mengen betrachten:

[0; 1] die Menge der reellen Zahlen x mit $0 \leq x \leq 1$,
Ra [0; 1]: die Menge der Punkte mit rationalen Koordinaten im Intervall [0; 1] der Zahlengeraden,
K (1): die Menge der Punkte P (x, y) mit $x^2 + y^2 < 1$,
K [1]: die Menge der Punkte P (x, y) mit $x^2 + y^2 \leq 1$,
F: die Menge der Punkte der x-Achse mit den Koordinaten $\{1, \frac{1}{2}, \frac{3}{4}, \frac{7}{8}, \frac{15}{16}, \ldots\}$.

Von diesen Mengen sind K [1] und [0; 1] abgeschlossen und in sich dicht; Ra [0; 1] ist dicht in [0; 1] und in sich dicht, aber nicht abgeschlossen. K (1) ist in sich dicht, aber nicht abgeschlossen. F schließlich ist abgeschlossen, aber nicht in sich dicht.

Wir wollen von den Cantorschen Definitionen noch die des *inneren* Punktes erwähnen ([W] S. 135): Ein Punkt P heißt *innerer Punkt* einer Punktmenge M des n-dimensionalen Raumes R_n, wenn es eine Kugel mit dem Mittelpunkt P gibt, deren sämtliche Punkte zu M gehören. Für lineare Punktmengen tritt das symmetrische Intervall an die Stelle der Kugel. Eine Menge M des R_n heißt *offen*, wenn alle seine Punkte *innere* Punkte von M sind. Für den R_1 sind die offenen Intervalle Beispiele für offene Mengen, für den R_2 die Kreisscheiben $x^2 + y^2 < r^2$.

2. Bezeichnungen

Zur bequemen Formulierung von Aussagen der Mengenlehre führen wir einige Bezeichnungen ein, die sich heute durchgesetzt haben. *Cantor* selbst hat in einigen Fällen (z. B. für die Vereinigungsmenge) noch andere Zeichen benutzt [54].

$$A = \{x \,/\, P(x)\} \tag{1}$$

bedeutet: A ist die Menge derjenigen Elemente x, für die die Aussage $P(x)$ richtig ist. Bedeutet z. B. Ra wieder die Menge der rationalen Zahlen, so ist durch

$$A = \{x \,/\, x \in Ra \wedge 0 < x < 1\} \tag{1'}$$

---

[54] $a \in A$ ist auf S. 36 definiert. Die Definition der logischen Zeichen findet man z. B. in meinem *Mathematischen Begriffswörterbuch*.

die Menge der rationalen Zahlen zwischen 0 und 1 definiert. Statt (1') kann man auch schreiben:

$$x \in A \Leftrightarrow x \in Ra \wedge 0 < x < 1. \tag{1''}$$

Die Aussage „A ist Teilmenge von B" schreiben wir kürzer so: $A \subset B$. Es gilt also

$$A \subset B \Leftrightarrow (a \in A \Rightarrow a \in B). \tag{2}$$

Es erweist sich als zweckmäßig, in der Mengenlehre auch die „leere Menge" $\emptyset$ zuzulassen, die Menge also, die keine Elemente enthält. Sie findet sich schon bei *Cantor* selbst mit dem Zeichen 0 („eine Menge, die es eigentlich gar nicht gibt"). Nach der Definition (2) ist $\emptyset$ Teilmenge jeder Menge, weil ja die Prämisse $a \in \emptyset$ in jedem Fall falsch ist. Nach der Definition der Implikation ist dann $a \in B$ wahr für beliebiges B.

Im Abschnitt III 3 haben wir schon die Vereinigungsmenge $A \cup B$ eingeführt. Wir wollen diese Definition jetzt verallgemeinern. Es sei A_t eine Menge von Mengen; dabei ist $t \in T$ Element einer gegebenen Menge T, und für jedes t soll eine Menge A_t erklärt sein [55]. Dann ist die Vereinigungsmenge $\bigcup_t A_t$ so erklärt:

$$\bigcup_t A_t = \{a \,/\, \bigvee_t a \in A_t\}. \tag{3}$$

Zu A_t gehören also alle die Elemente, die zu *irgendeiner* der Mengen A_t gehören. Entsprechend ist der Durchschnitt $\bigcap_t A_t$ definiert:

$$\bigcap_t A_t = \{a \,/\, \bigwedge_t a \in A_t\}. \tag{4}$$

Zum Durchschnitt gehören danach jene Elemente, die *allen* Mengen A_t angehören. Für endliche viele Mengen A_ν ($\nu = 1, 2, \ldots, n$) kann man statt (4) auch schreiben:

$$\bigcap_{\nu=1}^{n} A_\nu = A_1 \cap A_2 \cap \ldots \cap A_n. \tag{4'}$$

Analog haben wir für die Vereinigungsmenge:

$$\bigcup_{\nu=1}^{n} A_\nu = A_1 \cup A_2 \cup \ldots \cup A_n. \tag{3'}$$

---

[55] Beispiel: „A_t sei die Menge der Kreisscheiben, für die $(x - t)^2 + y^2 < 1$ gilt."

Mit Hilfe der jetzt eingeführten Symbole können wir die Cantorschen Definitionen formalisieren. Es sei wieder P' die Ableitung einer Punktmenge P (vgl. S. 43). Dann ist eine *abgeschlossene* Menge P charakterisiert durch

$$P' \subset P. \tag{5}$$

Für eine *in sich dichte* Menge P gilt dagegen

$$P \subset P' \tag{6}$$

oder $P \cap P' = P$.

Wir notieren weiter die folgenden leicht zu begründenden Formeln für die Ableitung von Punktmengen:

$$(P')' = P'' = P', \tag{7}$$

$$(A \cup B)' = A' \cup B'. \tag{8}$$

Die Vereinigungsmenge

$$P \cup P' = \overline{P} \tag{9}$$

nennt man die *Abschließung* von P. Jede Ableitung einer Punktmenge P ist offenbar gleich ihrer Abschließung. Nach (9) und (7) ist ja

$$\overline{P'} = P' \cup P'' = P' \cup P' = P'. \tag{10}$$

3. Perfekte Mengen

Besonders wichtig sind die Mengen, die zugleich abgeschlossen und *in sich dicht* sind (wie etwa K [1] und [0; 1]). Solche Mengen nennt Cantor *perfekt* ([W] S. 193).

Für perfekte Mengen gilt also $P' \subset P$ und $P \subset P'$, also $P = P'$.

Ein oft zitiertes Beispiel einer perfekten Menge hat *Cantor* in einer Anmerkung seiner Arbeit „Über unendliche lineare Punktmannigfaltigkeiten, Nr. 5" ([W] S. 207) angegeben. Diese heute als *Cantorsche Menge* bezeichnete Punktmannigfaltigkeit definiert *Cantor* so:

> Als ein Beispiel einer perfekten Punktmenge, die in keinem noch so kleinen Intervall überall dicht ist, führe ich den Inbegriff aller reellen Zahlen an, die in der Formel
>
> $$z = \frac{c_1}{3} + \frac{c_2}{3^2} + \frac{c_3}{3^3} + \ldots$$
>
> enthalten sind, wo die Koeffizienten c_ν nach Belieben die beiden Werte 0 oder 2 anzunehmen haben und die Reihe sowohl aus einer endlichen, wie aus einer unendlichen Anzahl von Gliedern bestehen kann.

Man gewinnt eine anschauliche Vorstellung von dieser Cantorschen Menge, wenn man aus dem abgeschlossenen Intervall [0; 1] zunächst das offene Intervall ($\frac{1}{3}$; $\frac{2}{3}$) entfernt, dann aus den verbleibenden Intervallen [0; $\frac{1}{3}$] und [$\frac{2}{3}$; 1] wieder die „Mittelstücke" ($\frac{1}{9}$; $\frac{2}{9}$) und ($\frac{7}{9}$; $\frac{8}{9}$), usf. Nach dem zweiten Schritt hat man dann die in Abb. 2 dargestellte Menge erhalten.

Abb. 2

$\quad$ 0 $\quad$ $\frac{1}{9}$ $\quad$ $\frac{2}{9}$ $\quad$ $\frac{1}{3}$ $\qquad$ $\frac{2}{3}$ $\quad$ $\frac{7}{9}$ $\quad$ $\frac{8}{9}$ $\quad$ 1

Diesen Prozeß denke man sich ad infinitum fortgesetzt: Jeweils wird aus allen (abgeschlossenen!) vorhandenen Teilintervallen das offene mittlere Drittel entfernt. Was dabei übrig bleibt, ist die *Cantorsche Menge*.

Um das einzusehen, stellen wir die reellen Zahlen des Intervalles [0; 1] als „triadischen Bruch"

$$z = \frac{c_1}{3} + \frac{c_2}{3^2} + \frac{c_3}{3^3} + \ldots = 0; c_1 c_2 c_3 \ldots, \quad c_\nu = 0, 1, 2 \tag{11}$$

dar.

Für die Zahlen $\frac{1}{3}$ und $\frac{2}{3}$ sind dann zwei verschiedene Darstellungen (11) möglich:

$$\frac{1}{3} = \begin{Bmatrix} 0; 1000\ldots \\ 0; 0222\ldots \end{Bmatrix}, \quad \frac{2}{3} = \begin{Bmatrix} 0; 1222\ldots \\ 0; 2000\ldots \end{Bmatrix}. \tag{12}$$

Für die Punkte des offenen Intervalles ($\frac{1}{3}$; $\frac{2}{3}$) ist offenbar stets die erste Stelle $c_1 = 1$. Die Zahlen der beiden abgeschlossenen Teilintervalle [0; $\frac{1}{3}$] und [$\frac{2}{3}$; 1] sind dadurch charakterisiert, daß $c_1 = 0$ bzw. $c_1 = 2$ ist. Auch die Eckpunkte *können* so dargestellt werden:

$$0 = 0, \quad \frac{1}{3} = 0;0222\ldots, \quad \frac{2}{3} = 0;2, \quad 1 = 0;22222\ldots$$

Die beim nächsten Schritt entfernten Intervalle ($\frac{1}{9}$; $\frac{2}{9}$) und ($\frac{7}{9}$; $\frac{8}{9}$) enthalten Zahlen, für die die Darstellung durch Trialbrüche (11) $c_2 = 1$ liefert. Aber diese Intervalle wurden ja entfernt, und ebenso die Mittelstücke aller weiteren entstehenden abgeschlossenen Intervalle.

Die Menge G der entfernten offenen Intervalle enthält gerade diejenigen Punkte, bei denen eine Darstellung als Trialbruch ohne die Ziffer 1 unmöglich ist; die Restmenge (die Cantorsche Menge C) ist dagegen dadurch ausgezeichnet, daß jeder Punkt durch einen Trialbruch *ohne die Ziffer 1* dargestellt werden kann.

Die Cantorsche Menge C ist *abgeschlossen*. Das folgt sofort daraus, daß kein Punkt der offenen Komplementärmenge [56]) $C^* = [0; 1] - C$ Häufungspunkt der Menge C sein kann. Sie ist aber auch *in sich dicht*. Jeder Trialbruch $0; c_1 c_2 c_3 \ldots$ mit den Ziffern 0 oder 2 ist offenbar Grenzwert einer konvergenten Folge solcher Brüche. Die Menge C ist also eine *perfekte Menge*. Sie ist zwar in sich, aber nicht im Intervall $[0; 1]$ dicht, auch nicht in irgendeinem Teilintervall von $[0; 1]$. Trotzdem gilt der Satz:

Die Cantorsche Menge C kann eineindeutig auf das Intervall $[0; 1]$ abgebildet werden.

Zur Konstruktion dieser Abbildung betrachten wir die für die Trialbrüche (11) definierte Funktion

$$z \to \varphi(z) = \frac{1}{2}\left(\frac{c_1}{2} + \frac{c_2}{2^2} + \ldots + \frac{c_n}{2^n} + \ldots\right). \tag{13}$$

Man erkennt leicht, daß $\varphi(z)$ die gleichen Werte annimmt an den Endpunkten eines jeden der bei der Konstruktion von C entfernten *offenen* Intervalle. Es ist z. B.

$$\varphi\left(\frac{1}{3}\right) = \frac{1}{2}\left(\frac{2}{4} + \frac{2}{8} + \ldots\right) = \varphi\left(\frac{2}{3}\right) = \frac{1}{2} \cdot \frac{2}{2} = \frac{1}{2},$$

$$\varphi\left(\frac{1}{9}\right) = \frac{1}{2}\left(\frac{2}{8} + \frac{2}{16} + \ldots\right) = \varphi\left(\frac{2}{9}\right) = \frac{1}{2} \cdot \frac{2}{4} = \frac{1}{4}.$$

Wir definieren nun eine Funktion $z \to f(z)$ für $0 \leq z \leq 1$ durch folgende Vorschrift:

$f(z) = \varphi(z)$ für $z \in C$,
$f(z) = c_j$ für $z \notin C$.

Die Zahl c_j ist eine Konstante für jedes der offenen Teilintervalle der Komplementärmenge C^*; sie ist gleich dem Wert von $\varphi(z)$ an den *Eckpunkten* des offenen Intervalles. Wir haben also z. B. $f(z) = \frac{1}{2}$ für $z \in (\frac{1}{3}; \frac{2}{3})$, $f(z) = \frac{1}{4}$ für $z \in (\frac{1}{9}; \frac{2}{9})$ usf. Abb. 3 zeigt den Graphen dieser Funktion; es sind nur die konstanten Werte für die offenen Intervalle von C^* eingezeichnet.

Die so definierte Funktion $f: y = f(z)$ bildet die Cantorsche Menge C stetig und monoton auf das Intervall $[0; 1]$ ab. Um das einzusehen, bemerken wir

---

[56]) Unter der *Komplementärmenge* C^* einer Menge C i. b. a. eine C umfassende Menge M versteht man die Menge derjenigen Elemente von M, die nicht zu C gehören:
$$C^* = \{x \mid x \in M \land x \notin C\}.$$

zunächst, daß jede reelle Zahl y mit $0 \leq y \leq 1$ als Bild eines Punktes x der Cantorschen Menge C auftritt. Sei nämlich y durch einen Dualbruch dargestellt:

$$y = \frac{a_1}{2} + \frac{a_2}{2^2} + \frac{a_3}{2^3} + \ldots$$

Dabei sind die Zahlen a_ν die Ziffern 0 oder 1. Wir erweitern die Brüche dieser Darstellung so:

$$y = \frac{1}{2}\left(\frac{2\,a_1}{2} + \frac{2\,a_2}{2^2} + \frac{2\,a_3}{2^3} + \ldots\right) = \frac{1}{2}\left(\frac{c_1}{2} + \frac{c_2}{2^2} + \frac{c_3}{2^3} + \ldots\right)$$

Dann sind die c_ν die Ziffern 0 oder 2. Unsere Zahl y gehört danach als Bild zu dem Trialbruch

$$z = \frac{c_1}{3} + \frac{c_2}{3^2} + \frac{c_3}{3^3} + \ldots,$$

nach der gegebenen Definition für $y = f(x)$.

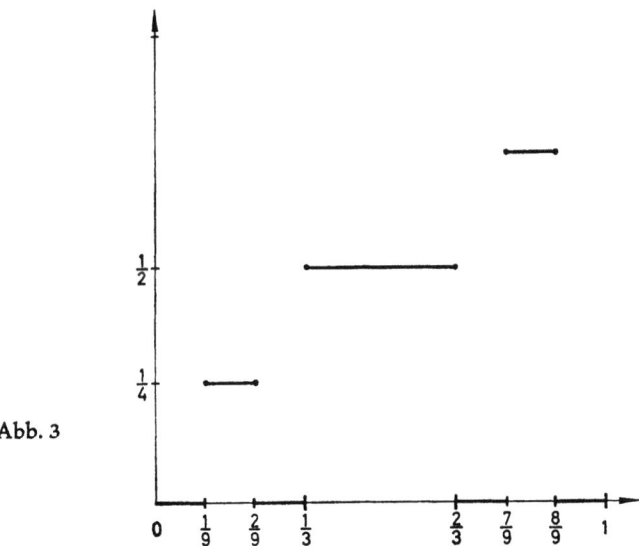

Abb. 3

Die Abbildung ist eindeutig und offenbar monoton und stetig. Sie ist aber nicht *umkehrbar eindeutig*, da ja den Endpunkten der Intervalle von C^* die gleichen Bilder zukommen; es ist z. B. $f(\frac{1}{9}) = f(\frac{2}{9})$.

Es sei nun $\{[u_\nu; v_\nu]\}$ die Folge der Intervalle von C^*, also
$$\{u_\nu\} = \{\tfrac{1}{3}, \tfrac{1}{9}, \tfrac{7}{9}, \tfrac{1}{27}, \ldots\}, \{v_\nu\} = \{\tfrac{2}{3}, \tfrac{2}{9}, \tfrac{8}{9}, \tfrac{2}{27}, \ldots\},$$
Dann ist jetzt $C - \{v_\nu\} = C_1$ eine Teilmenge von C, die durch f eindeutig auf das Intervall $[0; 1]$ abgebildet wird. Wir haben also
$$C_1 \sim [0; 1],$$
und nach den im Abschnitt III 3 benutzten Methoden [57]) zeigt man dann leicht, daß auch
$$C \sim [0; 1]$$
gilt. Damit ist unser Satz bewiesen.

Von *Sierpinski* stammt ein zweidimensionales Analogon zur Cantorschen Menge C. Man gehe aus von einem gleichseitigen Dreieck und zerlege es durch Verbindung der Seitenmitten in 4 kongruente gleichseitige Dreiecke (Abb. 4). Das Innere des mittleren Dreiecks wird entfernt (in Abb. 4 schraffiert), und für jedes der verbleibenden Dreiecke wird die Entfernung des „Mittelstückes" wiederholt. Bei Fortsetzung des Verfahrens ad infinitum verbleibt eine perfekte Menge [58]).

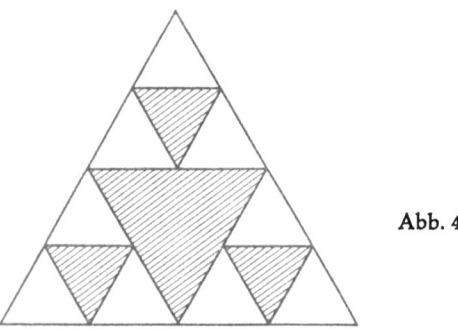

Abb. 4

Eine andere interessante perfekte Menge erhält man in der Theorie der analytischen Funktionen bei dem Versuch, einen n-fach zusammenhängenden Bereich ($n \geq 3$) auf einen *Vollkreisbereich* abzubilden [59]). Das ist ein

---

[57]) Man kann auch mit Hilfe des auf S. 74 bewiesenen Satzes von *Cantor-Bernstein* so schließen: Es ist
$$C_1 \subset C \subset [0; 1], \quad C_1 \sim [0; 1],$$
also auch $C \sim [0; 1]$.

[58]) Näheres darüber findet man bei *Alexandroff* [C 2], S. 217.

[59]) Siehe dazu *Hurwitz-Courant*: Funktionentheorie, 4. Aufl. Berlin usw. 1964, S. 532 f.

Bereich $B^{(n)}$ der komplexen Ebene, der von n Kreisen begrenzt wird. Beim Beweis für die Existenz einer solchen Abbildung macht man von der Tatsache Gebrauch, daß ein solcher Vollkreisbereich von unendlich hoher Spiegelungsfähigkeit ist. Spiegelt man einen solchen Bereich an seinen n Kreisen $K_1, K_2, \ldots, K_n$ und fügt man die Spiegelbilder dem Bereich $B^{(n)}$ hinzu, so entsteht ein neuer Bereich $B_1^{(n)}$, der von $n\,(n-1)$ Kreisen $K_{\mu\nu}$ ($\mu = 1, 2, 3, \ldots, n;\ \nu = 1, 2, 3, \ldots, n;\ \mu \neq \nu$) begrenzt wird (Abb. 5, hier $n = 3$).

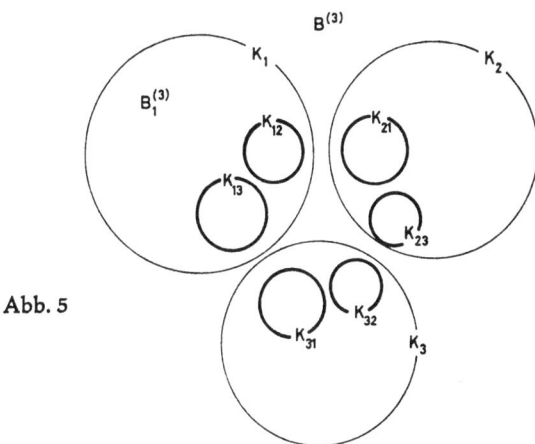

Abb. 5

$D_1^{(n)}$ sei der Komplementärbereich von $B_1^{(n)}$. Die Fortsetzung dieses Verfahrens führt auf Bereiche $B_\varrho^{(n)}$ mit den Komplementen $D_\varrho^{(n)}$. Der Durchschnitt aller Komplemente $D_\varrho^{(n)}$ ($\varrho = 1, 2, 3, \ldots$) ist dann wieder eine *perfekte* Menge D.

Für die Cantorsche Menge C haben wir gezeigt, daß sie dem Intervall $[0; 1]$ äquivalent ist. Allgemein gilt der schon von *Cantor* ([W] S. 216 f.) bewiesene Satz [60]:

Perfekte nicht leere Mengen sind nicht abzählbar.

Der Einfachheit wegen führen wir den Beweis in der Ebene. Er kann leicht für den n-dimensionalen Raum verallgemeinert werden. Nehmen wir an, eine perfekte Menge P sei abzählbar:

$$P = \{p_1, p_2, p_3, \ldots\}. \tag{14}$$

---

[60] Die leere Menge ist die Menge ohne Elemente. Auch sie ist trivialerweise perfekt.

Wir wollen zeigen, daß es immer einen Häufungspunkt $p \in P$ geben muß, der nicht in der Abzählung (14) aufgeführt ist. Es sei nun K_1 der Kreis um p_1 mit dem Radius $r_1 = 1$. p_{i_1} sei der Punkt mit kleinster Nummer $i_1 > 1$, der im Innern von K_1 liegt. Eine solche Nummer muß es geben, da unsere Menge perfekt, p_1 also Häufungspunkt von P ist.

Es sei $\sigma_1 = d(p_1, p_{i_1})$ der Abstand von p_1 und p_{i_1} und

$$r_2 = \text{Min}\left(\tfrac{1}{2}\sigma_1, \tfrac{1}{2}(r_1 - \sigma_1)\right),$$

K_2 der Kreis um p_{i_1} mit dem Radius r_2.

K_2 liegt dann ganz im Innern von K_1, und die Punkte $p_1, p_2, \ldots p_{i_1-1}$ liegen dann sämtlich außerhalb von K_2. Außerdem ist

$$r_2 < \tfrac{1}{2}.$$

Es sei nun weiter p_{i_2} die erste Zahl der Folge (14), die eine Nummer $i_2 > i_1$ hat und im Innern von K_2 liegt. Da auch p_{i_1} Häufungspunkt ist, muß es unendlich viele Punkte der Folge (14) im Innern von K_2 geben. K_3 sei nun der Kreis um den Mittelpunkt p_{i_2} mit dem Radius

$$r_3 = \text{Min}\left(\tfrac{1}{2}\sigma_2, \tfrac{1}{2}(r_2 - \sigma_2)\right),$$

wobei

$$\sigma_2 = d(p_{i_1}, p_{i_2});$$

dann ist

$$r_3 < \tfrac{1}{4}.$$

Die Fortsetzung dieses Verfahrens führt auf eine Folge $\{K_n\}$ von Kreisen mit den Mittelpunkten $p_{i_{n-1}}$ und mit den Radien r_n, die der Ungleichung

$$r_n < \frac{1}{2^{n-1}}$$

genügen für $n = 1, 2, 3, \ldots$ ($p_{i_0} = p_1$). Jeder Kreis K_n liegt im Innern aller Kreise K_{n-1}, aber alle Punkte p_ν mit $\nu < i_{n-1}$ liegen außerhalb von K_n. Das kann man leicht durch vollständige Induktion beweisen.

Daraus folgt, daß die Punkte p_{i_n} gegen einen Grenzwert konvergieren:

$$\lim_{n \to \infty} p_{i_n} = p.$$

p müßte als Häufungspunkt einer perfekten Menge P zu P gehören. Es müßte also $p = p_k$ sein für irgendeine natürliche Zahl k. Das ist aber unmöglich: Für $i_{n-1} > k$ liegt doch p_k außerhalb von K_n, kann also nicht Grenzwert der Folge p_{i_n} sein. Damit ist gezeigt, daß man eine perfekte Menge niemals abzählen kann.

4. Das Kontinuum

Nikolaus von Cues sagt in seiner Schrift „Von der wissenden Unwissenheit" [61]) über die Linie:

> Die endliche Linie ist teilbar, die unendliche unteilbar, weil das Unendliche, in dem das Größte mit dem Kleinsten zusammenfällt, keine Teile hat. Die endliche Linie aber hat keinen Teil, der nicht selbst wieder Linie ist, da man ja in der Ausdehnung nicht auf ein Kleinstes kommt, über das hinaus es nichts Kleineres gibt... Die endliche Linie ist daher in ihrer Eigenschaft als Linie unteilbar...

Betrachtungen dieser Art über die Probleme des Unendlichen waren den antiken und mittelalterlichen Denkern immer wieder Anlaß zu metaphysischen Deduktionen. So heißt es bei *Nikolaus von Cues* weiter:

> ..., wie die unendliche Linie, die der Grund der endlichen ist, unteilbar und folglich unveränderlich und immerwährend ist, so ist auch der Grund aller Dinge, nämlich Gott, ewig und unveränderlich.

Auch bei *Thomas von Aquino* findet sich schon die These, daß das Kontinuum weder aus unendlich vielen, noch aus einer endlichen Anzahl von Teilen, sondern aus *gar keinen* Teilen bestehe [62]).

Cantor sagt zu dieser Feststellung ([W] S. 191):

> diese letztere Meinung scheint mir weniger eine Sacherklärung als das stillschweigende Bekenntnis zu enthalten, daß man der Sache nicht auf den Grund gekommen ist und es vorzieht, ihr vornehm aus dem Wege zu gehen... Jeder arithmetische Determinationsversuch dieses *Mysteriums* wird als ein unerlaubter Eingriff angesehen und mit gehörigem Nachdruck zurückgewiesen; schüchterne Naturen empfangen dabei den Eindruck, als ob es sich bei dem Kontinuum nicht um einen *mathematisch-logischen Begriff*, sondern vielmehr um ein *religiöses Dogma* handle.

Obwohl *Cantor* für die Mysterien des Religiösen durchaus aufgeschlossen war, will er im Rahmen einer mathematischen Mengenlehre eine saubere Definition des Begriffes „Kontinuum" versuchen, der bei Philosophen und Mathematikern schon so viel Verwirrung angerichtet hatte.

Schon vor ihm hatte sich *Bolzano* in seinen *Paradoxien des Unendlichen* um eine solche Begriffsbildung bemüht. Auch er kritisiert die Denkweise jener

---

[61]) *Nikolaus von Cues:* Die Kunst der Vermutung. Auswahl aus den Schriften. Bremen 1957, S. 96–97.

[62]) *Thomas von Aquino*, Opuscula, XLII de natura generis, cap. 19 et 20; LII de natura loci; XXXII de natura materiae et de dimensionibus interminatis.

Philosophen, die Widersprüche im Begriff einer „stetigen Ausdehnung eines Continuums" zu finden glauben (§ 38).

> „Sehr wohl erkannte man, daß alles Ausgedehnte seinem Begriffe nach aus Theilen zusammengesetzt sein müsse; erkannte ferner, daß sich das Dasein des Ausgedehnten nicht ohne einen Zirkel aus der Zusammensetzung solcher Theile, die schon selbst ausgedehnt sind, erklären lasse; wollte jedoch nichts desto weniger auch einen Widerspruch in der Voraussetzung finden, daß es aus Theilen, die keine Ausdehnung haben, sondern schlechterdings einfach sind (Puncten in Zeit, Raum, Atomen, d. i. einfachen Substanzen im Weltall auf dem Gebiete der Wirklichkeit), entstehe.
>
> Wurde gefragt, was man an dieser letzteren Erklärung anstößig finde: so hieße es bald, daß eine Eigenschaft, die allen Theilen mangelt, auch nicht dem Ganzen zukommen könne; bald, daß doch je zwei Puncte wie in der Zeit so auch im Raume, und eben so auch je zwei Substanzen noch immer eine Entfernung von einander haben, somit nie ein *Continuum* bilden.
>
> Es bedarf aber wahrlich nicht vieler Überlegung, um das Ungereimte in diesen Einwürfen zu erkennen. Eine Beschaffenheit, die allen Theilen mangelt, soll auch dem Ganzen nicht zukommen dürfen? Gerade umgekehrt! Jedes Ganze hat und muß gar manche Eigenschaften haben, welche den Theilen mangeln. Ein Automat hat die Beschaffenheit, gewisse Bewegungen eines lebenden Menschen fast täuschend nachzuahmen, die einzelnen Theile aber, die Federn, Räderchen u. s. w. entbehren dieser Eigenschaft."

Und nun gibt er seine eigene Erklärung für den umstrittenen Begriff:

> „Versuchen wir nämlich, uns den Begriff, den wir mit den Benennungen ‚eine *stetige Ausdehnung* oder ein *Continuum*' bezeichnen, zu einem deutlichen Bewußtsein zu bringen: so können wir nicht umhin zu erklären, dort, aber auch nur dort sei ein Continuum vorhanden, wo sich ein Inbegriff von einfachen Gegenständen (von Puncten in der Zeit oder im Raume oder auch von Substanzen) befindet, die so gelegen sind, daß jeder einzelne derselben für jede auch noch so kleine Entfernung wenigstens Einen Nachbar in diesem Inbegriff habe."

Cantor ist mit dieser Bolzanoschen Definition nicht einverstanden. Sie drückt nur *eine* Eigenschaft des Kontinuums aus. Nimmt man z. B. aus einer Geraden eine endliche Anzahl von Punkten weg, so bleibt eine Menge übrig, die immer noch die Bolzanosche Definition des Kontinuums erfüllt. *Cantor* definiert, um den Begriff des Kontinuums präzis fassen zu können, zunächst den Begriff der *zusammenhängenden Menge*:

Eine Menge T des R_n heißt eine *zusammenhängende Punktmenge*, wenn für je zwei Punkte t und t' derselben bei vorgegebener beliebig kleiner Zahl ε eine endliche Anzahl Punkte $t_1, t_2, \ldots t_\nu$ von T auf mehrfache Art vorhanden sind, so daß die Entfernungen $\overline{t\,t_1}, \overline{t_1\,t_2}, \overline{t_2\,t_3}, \ldots, \overline{t_{\nu-1}\,t_\nu}, \overline{t_\nu\,t'}$, sämtlich kleiner sind als ε. Die auf S. 46 definierte perfekte Cantorsche Menge C ist offenbar nicht zusammenhängend. Wählt man z. B. $\varepsilon = \tfrac{1}{4}$, dann kann man die im Intervall $(0; \tfrac{1}{3})$ gelegenen Teile der Menge nicht mit denen des Intervalls $(\tfrac{2}{3}; 1)$ durch eine Punktreihe $t_1, t_2, \ldots, t_\nu$ verbinden, die zu C gehört und für die stets $\overline{t_{\mu-1}\,t_\mu} < \tfrac{1}{4}$ ist. Das Entsprechende gilt für die in Abb. 5 dargestellte perfekte Menge.

Jetzt kann Cantor erklären:

Ein Kontinuum im R_n ist eine perfekte zusammenhängende Menge.

Nach dieser Definition ist jedes offene oder abgeschlossene Intervall ein Kontinuum, ebenso die Kreisscheiben $x^2 + y^2 < r^2$, die Halbgeraden und die Geraden, aber auch die eineindeutigen stetigen Bilder dieser Punktmengen.

Mit dieser Definition hat Cantor den vagen Begriff des Kontinuums zum Gegenstand einer fundierten mathematischen Theorie gemacht. Wir wollen anmerken, daß man heute die Begriffe *zusammenhängend* und *Kontinuum* meist etwas anders definiert als Cantor.

Ein topologischer Raum heißt zusammenhängend [63]), wenn er nicht darstellbar ist als Vereinigung zweier nichtleerer, disjunkter und offener Teilmengen von T.

Nach der Cantorschen Definition ist die Menge der Punkte der reellen Achse mit $x < 0$ und $x > 0$ zusammenhängend, nach der modernen Definition nicht. Für die Definition des Kontinuums ist dieser Unterschied unwesentlich, da ja „Geraden mit Löchern" nicht perfekt sind.

Auch die Definition des Kontinuums wird heute oft anders gefaßt. Nach *Alexandroff* ist z. B. ein Kontinuum eine nichtleere *kompakte zusammenhängende Menge*.

Der Begriff *kompakt* findet sich bei Cantor noch nicht. Man nennt heute eine Menge M kompakt, wenn jede unendliche Teilmenge in R_n wenigstens einen Häufungspunkt besitzt.

Im euklidischen Raum R_n ist eine Menge offenbar genau dann kompakt, wenn sie beschränkt ist. Nach dieser Definition ist die (unendliche) Gerade kein Kontinuum, wohl aber nach der Cantorschen Fassung des Begriffs.

Jedem Mathematiker ist es geläufig, daß die Begriffe seiner Disziplin (leider!) nicht von allen Autoren in der gleichen Weise definiert werden. Es gibt

---

[63]) Zur Definition des topologischen R. Siehe z. B. *Alexandroff* [C 2].

vielerlei Überschneidungen in der Terminologie, die den Anfänger verwirren können. Das ist ärgerlich, aber kaum gänzlich zu vermeiden. Interessant ist für uns heute, daß *Cantor* ([W] S. 194) die Bolzanosche Definition für „nicht richtig" erklärt (weil er „Geraden mit Löchern" zuläßt). Man fragt sich: Können denn Definitionen „falsch" sein? Sie können unzweckmäßig sein, aber woher nimmt *Cantor* die Legitimation, die Bolzanosche Fassung als „nicht richtig" zu bezeichnen?

Hier müssen wir durch den Formalismus des 20. Jahrhunderts geschulten Mathematiker uns daran erinnern, daß für *Cantor* (und die meisten seiner Zeitgenossen) die Aussagen der Mathematik ein solides ontologisches Fundament hatten. Sie waren Aussagen über die platonische Welt der Ideen, aber sie hatten auch ihre Entsprechung in der physikalischen Welt. Und gerade der Begriff des Kontinuums war von physikalischer Bedeutung. Damals wußte man noch nichts von einer diskreten Struktur der Materie, und deshalb war *Cantor* die mathematische Erfassung des Aktual-Unendlichen auch für die Beschreibung der physikalischen Vorgänge bedeutsam. In einem Brief an den Kardinal *Franzelin* ([W] S. 400) schreibt *Cantor* über die Existenz des „infinitum creatum":

> Ein anderer Beweis zeigt a posteriori, daß die Annahme eines Transfinitum in natura naturata eine bessere, weil vollkommenere Erklärung der Phänomene, im besonderen der Organismen und der psychischen Erscheinungen ermöglicht als die entgegengesetzte Hypothese.

Cantor wollte deshalb nur eine solche Definition des Kontinuums gelten lassen, die für die „Erklärung der Phänomene" wirklich geeignet war.

Im Jahre 1885 hat er am Schluß seiner Arbeit in den Acta VII ([W] S. 276) eine Hypothese über die „Mengen von Körper- resp. Äthermonaden" ausgesprochen. Es heißt dort [64]):

> ... daß die Mächtigkeit der Körpermaterie diejenige ist, welche ich in meinen Untersuchungen die erste Mächtigkeit [65]) nenne, daß dagegen die Mächtigkeit der Äthermaterie die zweite ist.

Tatsächlich liegt ja der Äther-Hypothese die Vorstellung einer kontinuierlichen Verteilung dieser geheimnisvollen schwerelosen „Masse" zugrunde. *Cantor* war also durchaus im Recht, wenn er hier ein Anwendungsfeld seiner Theorien sah.

---

[64]) Vgl. auch den Brief an *Mittag-Leffler*. Nr. 10 im Anhang.

[65]) Die „erste Mächtigkeit" ist die der abzählbaren Mengen, die zweite die des Kontinuums.

5. Der Satz von Cantor-Bendixson

Die modernen Lehrbücher der Topologie enthalten manche Sätze über Punktmengen, die auf Begriffsbildungen und Lehrsätze in den Arbeiten *Cantors* zurückgehen.

So finden wir bei *Kuratowski* [66]) den folgenden *Satz von Cantor:*

Es sei $F_1, F_2, F_3 \ldots$ eine absteigende Folge abgeschlossener nicht leerer Mengen in einem kompakten Raum [67]) *Raum R:*

$$F_1 \supset F_2 \supset F_3 \supset \ldots$$

Dann ist der Durchschnitt dieser Mengen nicht leer:

$$F_1 \cap F_2 \cap F_3 \cap \ldots \neq \emptyset.$$

Diese aus der Definition des kompakten Raumes leicht zu beweisende Tatsache kommt *in dieser Form* noch nicht bei *Cantor* vor; er hat ja den Begriff des kompakten Raumes noch nicht benutzt. Es findet sich aber in seiner Arbeit Math. Ann. 17 (1880) ein Hinweis auf ein Beispiel einer absteigenden Folge, für die die Aussage des von *Kuratowski* angegebenen Satzes zutrifft ([W] S. 148).

Eine Reihe von Hilfssätzen *Cantors* in seinen Arbeiten „Über unendliche lineare Punktmannigfaltigkeiten" sind von dem Stockholmer Mathematiker *Ivar Bendixson* zu einem Abschluß gebracht worden, der unter dem Namen „Satz von *Cantor-Bendixson*" zitiert wird [68]). Wir notieren diesen Satz in einer modernen, auf beliebige separierbare [69]) Räume verallgemeinerten Form [70]):

Satz von Cantor-Bendixson

Jeder separierbare Raum ist die Vereinigung von zwei disjunkten Mengen, von denen die eine perfekt und die andere abzählbar ist.

---

[66]) *Kuratowski* [C 26] I, S. 91.
[67]) Vgl. die Definition auf S. 55!
[68]) Vgl. [W] S. 224.
[69]) Ein Raum heißt *separierbar*, wenn er eine abzählbare dichte Teilmenge enthält.
[70]) *Kuratowski* [C 26] II S. 162.

V. Die mathematische Denkweise im 19. Jahrhundert

1. Der Wahrheitsbegriff

Wenn wir die Auseinandersetzungen *Cantors* mit den Problemen des Unendlichen verstehen wollen, müssen wir die Denkweise seiner Zeit in Rechnung stellen. Es ist insbesondere nützlich zu wissen, was vor *Cantor* über das Unendliche gelehrt wurde.

Am 4. Juli 1867 hielt E. *Kummer* die Festrede zur *Leibniz*-Feier der Preußischen Akademie der Wissenschaften in Berlin. *Cantor* war damals Doktorand bei *Kummer* und *Weierstraß*, und es ist durchaus möglich, daß er an dem Festakt teilgenommen hat. Jedenfalls vertritt *Kummer* in dieser Ansprache Ansichten, die wir (anders formuliert) später auch bei *Cantor* finden. Er sagt am Schluß seines Vortrages [71]) über die Leibnizsche Reihe

$$\frac{\pi}{4} = 1 - \frac{1}{3} + \frac{1}{5} - \frac{1}{7} + - \ldots :$$

In der ersten Veröffentlichung hat *Leibniz* dem fertigen Resultate, welches wie bereits gesagt worden als unendliche Reihe in den einzelnen Gliedern nur die ungeraden Zahlen enthält, die Worte hinzugefügt: *numero deus impari gaudet!* Gott freut sich der ungeraden Zahlen! Wir erkennen aus dieser Äußerung zunächst, daß *Leibniz* selbst die neue unendliche Reihe in ihrer einfachen und dabei unendlich mannigfaltigen Form mit Staunen und mit Verwunderung angeschaut hat, und daß dieselbe auf ihn in ähnlicher Weise gewirkt hat, wie der Anblick des Meeres in seiner Unbegrenztheit, oder der Anblick einer großartigen Gebirgsgegend auf einen Menschen wirkt. Solcher Eindrücke wird auch jeder Mathematiker sich bewußt sein, denn in dem Reiche des Mathematischen herrscht eine eigenthümliche Schönheit, welche sowohl mit der Schönheit der Kunstwerke, als vielmehr mit der Schönheit der Natur übereinstimmt und welche auf den sinnigen Menschen, der das Verständnis dafür gewonnen hat, ganz in ähnlicher Weise einwirkt, wie diese. Daß aber *Leibniz* ausruft *Gott freut sich über die ungeraden Zahlen* hat einen noch tieferen Sinn, denn es spricht sich hierin das Bewußtsein darüber aus, daß das Reich des Mathematischen mit seinem ganzen unendlich mannigfaltigen Inhalte nicht menschliches Machwerk ist, sondern ebenso als Gottes Schöpfung uns objectiv entgegentritt wie die äußere Natur. Auch ist die Freude Gottes an

---

[71]) Veröffentlicht in den *Sitzungsberichten* der Pr. Ak. der Wiss.

den ungeraden Zahlen bei *Leibniz* vollkommen dieselbe religiöse Anschauung, welche in der Schöpfungsgeschichte der Bibel ausgesprochen ist, wo Gott seine Schöpfungen betrachtet und findet, daß sie gut sind.

Diese Sätze machen deutlich, daß die Auffassung *Platons* vom Wesen der mathematischen Wahrheit auch im 19. Jahrhundert noch durchaus lebendig war. Aussagen der Mathematik sind danach nicht nur Deduktionen in einem „formalen System". Sie sind ewige Wahrheiten, und es ist nicht verfehlt, von einer mathematischen Formel auf den Ursprung alles Seins zu schließen. Aus dem Glauben an die eine absolute Wahrheit sind auch die Thesen verständlich, die *Kummer* 25 Jahre zuvor, am 26. Oktober 1842, anläßlich seiner Antrittsvorlesung als ordentlicher Professor in Breslau verteidigt hat. Er sieht Antinomien in der Mathematik, wo wir Heutigen keine mehr finden. Dies sind seine Thesen [72]):

Theses

I. Etiam mathesi, cui contradictio maxime aliena videtur esse, multa inesse contendo, quae et affirmari et negari possint et debeant; ex. gr.:

1. Lineae parallelae punctum intersectionis habent, et non habent.
2. Linea asymptota curvam tangit, et non tangit.
3. Parabola habet duos focos, nec non unum solum.
4. Series infinita ejusque summa sibi aequales sunt, et non aequales.
5. Ratio $x : x + 1$ unitati aequalis fieri potest, et non potest.
6. Linea tangens cum curva unum solum punctum commune habet, nec minus duo puncta.
7. Lineae curvae partes minimae rectae sunt, et non sunt.
8. Differentialia sunt quanta, et non sunt.
9. Triangulum est quadrangulum, et non est.
10. Linea recta est ellipsis, et non est.

II. Quae scientia demonstrat, et quae experientia docet in rebus mechanicis, nullo modo sibi contradicere possunt.

III. Incrementa maxima, quae analysis tempore proxime sequenti capiet, in doctrina integralium definitorum posita esse contendo.

Nehmen wir uns die erste „Antinomie" vor: Man bezeichnet doch in der euklidischen Geometrie zwei Geraden einer Ebene als parallel, wenn sie *keinen* Punkt gemeinsam haben, und aus dem Parallelenaxiom folgt, daß es durch einen Punkt zu einer Geraden genau eine Parallele gibt. Führt man

---

[72]) Thesen von *E. E. Kummer*, anläßlich seiner Antrittsvorlesung in Breslau, 26. Oktober 1842. Thema seines Vortrages: De Residuis Cubicis Disquisitiones Nonnullae Analyticae.

aber „uneigentliche" Punkte ein, wie das in der projektiven Geometrie üblich ist, so wird jeder Schar von Parallelen in der Ebene ein gemeinsamer uneigentlicher Punkt zugeordnet, und es gibt dann natürlich keine „Nichtschneidenden" mehr. Aber mit der Einführung der uneigentlichen Punkte haben wir auch das axiomatische Fundament der Geometrie verändert. Im System der euklidischen Geometrie gibt es Parallelen, in der projektiven nicht. Das ist ein klarer Tatbestand, und man sieht nirgendwo eine Antinomie.

Das wird aber anders, wenn man davon ausgeht, daß die Aussagen der Geometrie etwas mit der Wirklichkeit zu tun haben, mit *einer* wohlbestimmten Wirklichkeit. Das kann der physikalische Raum oder auch der eine Raum des platonischen „Ideenhimmels" sein. Die Axiome sind ja nur (nach der klassischen Auffassung) Abstraktionen, Aussagen über „von selbst" einleuchtende Fakten dieser Wirklichkeit. Wenn man von einer solchen „Realität" ausgeht, dann werden freilich die beiden verschiedenen Aussagen über die Parallelen zu Widersprüchen.

Die These I 8 zeigt übrigens, daß man damals auch mit dem Problem der Infinitesimalrechnung noch nicht fertig war. Widersprüche dieser Art sind ja später durch die Weierstraßsche Fundierung der Analysis ausgeräumt worden. Wir haben *Kummer* zum Zeugen für die mathematische Denkweise des 19. Jahrhunderts aufgerufen. Es ist nicht schwer, weitere Äußerungen jener Zeit zusammenzutragen, die ihn bestätigen. Man könnte etwa an *Johann Bolyai* erinnern [73]), der die Mißerfolge der Geometer bei den Beweisversuchen für das Parallelenaxiom eine „ewige Sonnenfinsternis" nannte, eine „ewige Wolke an der jungfräulichen Wahrheit". Dieses uns heute so eigenartige Pathos zeigt doch, daß *Johann Bolyai* die Sätze der Geometrie für Aussagen über die Welt der (platonischen) Ideen hielt, und das Vorliegen eines wichtigen ungelösten Problems bedeutete, daß der Blick des Forschers für die absolut gültigen Wahrheiten noch nicht völlig frei war.

Auch *Cantor* hat sich später ausdrücklich auf *Platon* bezogen. Er sagt ([W] S. 204, Anmerkung) über den Begriff der „Mannigfaltigkeit" oder der „Menge":

> Ich glaube hiermit etwas zu definieren, was verwandt ist mit dem platonischen εἶδος oder ιδέα, wie auch mit dem, was *Platon* in seinem Dialoge „Philebos oder das höchste Gut" μιχτόν nennt... Daß diese Begriffe Pythagoreischen Ursprungs sind, deutet *Platon* selbst an.

---

[73]) Zitiert z. B. in *Meschkowski* [C 32].

Wir finden auch bei *Cantor*, vor allem in seinen Briefen [74]), mancherlei Belege für jene Einstellung zur Mathematik, die aus den zitierten Äußerungen *Kummers* spricht.

Aber gerade die Untersuchungen *Cantors* über die Probleme des Unendlichen trugen später wesentlich dazu bei, daß die Mathematik des 20. Jahrhunderts sich von der Denkweise *Platons* und von jeder metaphysischen Fundierung löste. Es ist die Tragik seines Lebens, daß er – am Widerstand mancher Kollegen – diese Entwicklung ahnte, aber sich nicht mehr ernstlich damit auseinandersetzen, auch nicht mehr die erkenntnistheoretische Bedeutung dieser Wendung übersehen konnte.

Aber bleiben wir bei der Vorgeschichte der Mengenlehre! Um *Cantor* zu würdigen, müssen wir dem Werk jenes Forschers gerecht werden, der wenige Jahrzehnte vor *Cantor* die *Paradoxien des Unendlichen* studierte: Bernard Bolzano.

2. Bernard Bolzano

A. Kolman, der Biograph *Bolzanos* (1781–1848), schreibt dem Prager Theologen und Mathematiker die Begründung der Mengenlehre zu. Tatsächlich finden sich in seinen *Paradoxien des Unendlichen* [C 6] mancherlei Hinweise auf mengentheoretische Fragestellungen. Trotzdem: Wir sehen die Verdienste dieses begabten Außenseiters der mathematischen Forschung auf anderem Gebiet. Er hat mit seiner *Functionenlehre* den Grund für die moderne Analysis gelegt. In der genannten Schrift findet sich die erste saubere Definition des Begriffes *Stetigkeit*:

> Nach der richtigen Erklärung ... versteht man unter der Redensart, daß eine Function $f(x)$ für alle Werthe von x, die innerhalb oder außerhalb gewisser Grenzen liegen, nach dem Gesetz der Stetigkeit sich ändere, nur so viel, daß, wenn x irgend ein solcher Werth ist, der Unterschied $f(x + \omega) - f(x)$ kleiner als jede gegebene Größe gemacht werden könne, wenn man ω so klein als man nur immer will annehmen kann [75]).

Wir danken *Bolzano* weiter den ersten *„Rein analytischen Beweis des Lehrsatzes, daß zwischen zwey Werthen, die ein entgegengesetztes Resultat gewähren, wenigstens eine reelle Wurzel der Gleichung liege"* [76]). Nimmt man noch hinzu, daß in den *Paradoxien* sich einige gut fundierte Bemerkungen über die Konvergenz von unendlichen Reihen finden (§ 18 und § 32), so ist

---

[74]) Vgl. z. B. die Briefe 14, 15, 17.
[75]) Zitiert nach *A. Kolman: Bernard Bolzano*, [C 25], S. 51.
[76]) Veröffentlicht als Anhang zur Biographie von *Kolman*.

schon dadurch seine Bedeutung für die Fundierung der modernen Analysis ausreichend begründet.

Demgegenüber erscheinen seine Aussagen über mengentheoretische Fragestellungen weniger bedeutsam. Es ist das Verdienst der Schrift über die *Paradoxien des Unendlichen* [77]), daß hier die Hilflosigkeit der Mathematiker auch des 19. Jahrhunderts gegenüber infinitesimalen Problemen herausgestellt wurde. Bolzano macht hier gute Einwände gegen einige allzu primitive Auffassungen. So zitiert er (§ 15) die folgende Frage über den Begriff des Unendlichen:

"Wenn jede Zahl," dürfte man sagen, "ihrem Begriffe nach eine bloß endliche Menge ist, wie kann die Menge *aller* Zahlen eine unendliche sein? Wenn wir die Reihe der natürlichen Zahlen:

1, 2, 3, 4, 5, 6, ...

betrachten: so werden wir gewahr, daß die Menge der Zahlen, die diese Reihe, angefangen von der ersten (der Einheit) bis zu irgend einer z. B. der Zahl 6, enthält, immer durch diese letzte selbst ausgedrückt wird. Somit muß ja die Menge *aller* Zahlen genau so groß als die letzte derselben und somit selbst eine Zahl, also nicht unendlich sein."

Bolzano antwortet darauf mit Recht:

Das Täuschende dieses Schlusses verschwindet auf der Stelle, sobald man sich nur erinnert, daß in der Menge aller Zahlen in der natürlichen Reihe derselben *keine die letzte* stehe; daß somit der Begriff einer letzten (höchsten) Zahl ein gegenstandsloser, weil einen Widerspruch in sich einschließender Begriff sei. Denn nach dem, in der Erklärung jener Reihe (§ 8) angegebenen Bildungsgesetze derselben hat jedes ihrer Glieder wieder ein folgendes. Dies Paradoxon wäre denn also durch diese einzige Bemerkung schon als gelöst zu betrachten.

Weitere Paradoxien entstehen dann, wenn man die für endliche Mengen gültigen Gesetzlichkeiten auf unendliche zu übertragen versucht. *Bolzano* registriert nicht nur viele solcher „Widersprüche", er macht bei der Diskussion dieser Probleme auch einige wichtige Bemerkungen über die Eigenschaften unendlicher Mengen. Mit den Ausführungen im § 20 seiner Schrift kommt er tatsächlich in die Nähe der Überlegungen, die später das Fundament der Cantorschen Mengenlehre bilden. Es heißt dort:

---

[77]) Diese Schrift wurde nach dem Tode des Verfassers 1850 von *F. Prihonsky* herausgegeben. Er sagt im Vorwort, daß er das „nicht immer lesbare, hier und da sogar incorrecte Manuscript" verbessert habe. Man kann die Möglichkeit nicht ausschließen, daß diese „Verbesserung" nicht immer im Sinne des Autors lag.

zwei Mengen, die beide unendlich sind, können in einem solchen Verhältnisse zueinander stehen, daß es *einerseits* möglich ist, jedes der einen Menge gehörige Ding mit einem der andern zu einem Paare zu verbinden mit dem Erfolge, daß kein einziges Ding in beiden Mengen ohne Verbindung zu einem Paar bleibt, und auch kein einziges in zwei oder mehreren Paaren vorkommt; und dabei ist es doch *andererseits* möglich, daß die eine dieser Mengen die andere als einen bloßen *Theil* in sich faßt, so daß die Vielheiten, welche sie vorstellen, wenn wir die Dinge derselben alle als gleich, d. h. als Einheiten betrachten, die *mannigfaltigsten Verhältnisse* zu einander haben.

Zur Begründung gibt *Bolzano* ein Beispiel einer eineindeutigen Abbildung der beschriebenen Art. In der modernen Sprache können wir seine Ausführungen so darstellen: Er bildet das Intervall [0; 5] durch die Funktion $y : y = \frac{12}{5} x$ auf das Intervall [0; 12] ab, stellt also damit eine umkehrbar eindeutige Zuordnung zwischen einer unendlichen Menge und einer diese echt umfassenden Menge her.

Die Einsicht, daß das möglich ist, ist die wichtigste Erkenntnis über unendliche Mengen, die wir *vor Cantor* registrieren können. Erst *Georg Cantor* hat aber die Möglichkeit solcher Zuordnungen benutzt, um mit Hilfe des Begriffes der Mächtigkeit (oder Kardinalzahl) Unterscheidungen unter den mancherlei Typen des Unendlichen zu schaffen. Man kann *Bolzano* als einen der Begründer der modernen Analysis bezeichnen; der Aufbau einer *Mengenlehre* ist aber erst *Georg Cantor* gelungen.

Seine Theorie (von der wir in den Kapiteln III und IV erst die Anfangsgründe besprochen haben) macht „aktual" unendliche Mengen zum Gegenstand einer mathematischen Theorie. Es gelingen ihm dabei Definitionen, die man als Verallgemeinerungen des Zahlbegriffs für unendliche Mengen ansehen kann (Kap. VI und VII!).

Damit greift er in einen uralten Streit über das Wesen des Unendlichen und die Möglichkeit seiner Erfassung durch gesicherte Theorien ein. Kann man unendliche Mengen *in actu* vorgegeben hinnehmen? Oder muß man sich (in einer zuverlässigen mathematischen Theorie) auf das *Potential-Unendlich* beschränken, auf die Möglichkeit also, zu einer beliebig großen und endlichen Menge immer noch (ohne Ende) weitere Objekte hinzuzufügen?

Wir werden noch über die verschiedenen Standpunkte der Mathematiker zu berichten haben. Es ist aber aus dem bisher entwickelten Teil der Cantorschen Theorien klar, daß er ein Verfechter des Aktual-Unendlichen sein muß. Wenn man z. B. das Kontinuum als eine vorgegebene Menge von Punkten versteht, dann hat man die vorsichtige Haltung aufgegeben, die im Unendlichen (einer mathematischen Theorie) immer nur die Möglichkeit einer unbegrenzten Vermehrung des Endlichen sieht. Er muß dabei mit dem Widerstand solcher Kollegen rechnen, die aus den „Paradoxien" *Bolzanos* den Schluß zogen, daß Vorsicht auch für den Mathematiker ein Zeichen von Weisheit sei.

3. Das Aktual-Unendliche [78])

Im Jahre 1878 erschien die Schrift von C. *Gutberlet: Das Unendliche, metaphysisch und mathematisch betrachtet.* Der Verfasser, ein katholischer Philosoph, ist der Begründer des *Philosophischen Jahrbuches der Görres-Gesellschaft.* Er sagt im Vorwort seiner Arbeit, daß „eine 15-jährige gleichzeitige Lehrtätigkeit" seine „Aufmerksamkeit fortwährend auf die innigen Beziehungen zwischen Mathematik und Metaphysik hingedrängt" habe. Die Mathematik bot ihm „ungesucht Beweismittel für spekulative Sätze".

Es ist kaum anzunehmen, daß die Mehrzahl der zeitgenössischen Mathematiker solche Nutzanwendung ihrer Wissenschaft gebilligt hätte. Die Bemerkungen über das „Unendlich Kleine" (S. 83) lassen außerdem erkennen, daß der Autor mit der Arbeitsweise der Weierstraßschen Schule nicht vertraut war. Trotzdem war diese Schrift für *Cantor* eine willkommene Hilfe in der Diskussion über die Grundlagenfragen, weil *Gutberlet* das „Aktual-Unendliche" verteidigte (S. 11–12):

> Wenn also behauptet wird: Eine Menge, Ausdehnung, Aufeinanderfolge kann nicht actual, sondern nur potential unendlich sein, so ist dies ein Widerspruch, und es müßte vielmehr heißen: Nur dann kann eine Größe potential unendlich genannt werden, wenn sie eine Grundlage in einem entsprechenden actualen Unendlichen habe.
>
> Denn warum kann man nach jeder Gränze, die man sich in der unendlichen Ausdehnung gesetzt hat, immer wieder weiter gehen? Weil hinter jeder angebbaren Ausdehnung immer noch Ausdehnung ist. Ebenso kann man über jede gedachte Zahl noch eine größere Menge sich nur deshalb denken, weil die Menge tatsächlich keine Gränzen, kein Ende hat, also wirklich unendlich ist. Der Geist schafft ja beim Weiterdenken keine neue Ausdehnung, keine größere Menge, sondern erkennt sie bloß als objektiv möglich an... Der Gedanke der unbegränzten Zurückschiebbarkeit der Gränzen wäre falsch, wenn nicht etwas im Hintergrund stände, was thatsächlich und schon vor unserem Verschieben der Gränze ohne Ende, ohne Gränze wäre; wäre solches nicht schon gegeben, so müßte entweder bei jedem neuen Weitergehen der Geist erst das setzen, machen, was er neu hinzunimmt, oder was dasselbe ist, da noch eine weitere Realität denken, wo keine ist. Beides ist falsch.

---

[78]) Vgl. hierzu im Anhang (Nr. 11) die Briefbuchnotiz *Cantors* aus dem Jahre 1886.

Gutberlet steht mit dieser Ansicht gegen die Meinung einer Reihe bedeutender Mathematiker. *Gauß* z. B. schrieb im Jahre 1831 über die Problematik des Unendlichen [79]:

> So protestiere ich gegen den Gebrauch einer unendlichen Größe als einer vollendeten, welches in der Mathematik niemals erlaubt ist.

Der Protest des „Fürsten der Mathematiker" dürfte seinen Grund in der Meinung haben, daß eine gesicherte mathematische Theorie über das (aktual) Unendliche nicht möglich sei und daß jeder Versuch in einem Gewirr von Widersprüchen enden müsse. Schon *Descartes* hatte jede Beschäftigung mit dem Unendlichen abgelehnt mit der Begründung [80]:

> Nur der, welcher seinen Geist für unendlich hält, kann glauben, hierüber nachdenken zu müssen.

Es gab freilich auch angesehene Mathematiker, die anders dachten. *Leibniz* schreibt in einem Brief [81]:

> Je suis tellement pour l'infini actual, qu'au lieu d'admettre que la nature l'abhorre, comme l'on dit vulgairement, je tiens qu'elle l'affecte partout, pour mieux marquer la perfection de son auteur. Ainsi je crois qu'il n'y a aucune partie de la matière, qui ne soit, je ne dis pas divisible, mais actuellement divisée; et par conséquent la moindre particule doit être considérée comme un monde plein d'une infinité de créatures différentes.

Auch *Bolzano* denkt so. Er hat den ersten Satz dieses *Leibniz*-Zitates auf den Titel seiner *Paradoxien des Unendlichen* gesetzt. Aber vielleicht ist gar nicht *Bolzano*, sondern sein Herausgeber *Prihonsky* für dieses Motto verantwortlich? Jedenfalls entspricht der Satz von *Leibniz* durchaus den Ansichten von *Bolzano* selbst. Setzt er sich doch (§ 1) das Ziel, „den *Schein* des Widerspruches, der an diesen mathematischen Paradoxien haftet, als das was er ist, als bloßen Schein zu erkennen".

Aber kehren wir zurück zu *Gutberlet!* Er verteidigt die Existenz des Aktual-Unendlichen, lehnt aber doch ab, von unendlichen *Zahlen* zu sprechen (S. 18):

> ... daß von einer unendlichen Zahl zu sprechen, sehr incorrect ist; denn Zahl bedeutet eine bestimmte angebbare Menge von Einheiten; es ist aber dem Zusammenhang aller möglichen Einheiten eigen, daß sie nicht in eine bestimmte Klasse etwa der Tausende, Millionen, gesetzt werden kann. Man muß also besser unendliche Menge sagen ... Denn nur eine Zahl kann der Rechnung und dem Messen unterworfen werden, nicht aber eine in jeder Hinsicht unbegrenzte und unbestimmbare Menge.

---

[79]) *Gauß* an *Schumacher*, 12. Juli 1831.
[80]) Zitat nach *Hahn*: Gibt es Unendliches? ([D 6] S. 93).
[81]) *Leibniz*: Opera omnia studio Ludov. Dutens. Tom. II. part. 1, S. 243.

Für *Cantor* war die Schrift des Philosophen eine willkommene Hilfe. Nach *Cantors* Tode, im Jahre 1919, hat *Gutberlet* in der Besprechung eines Buches über seine Partnerschaft mit dem Begründer der Mengenlehre berichtet [82]:

> Da er sich wegen dieses kühnen Unternehmens von allen Seiten angegriffen sah, suchte er Sukkurs bei mir, dem einzigen, der, wir er glaubte, mit seiner Auffassung übereinstimmte. Da er von edler Gesinnung war, teilte er nicht die Verachtung, mit welcher die ungläubige Wissenschaft die christlichen Philosophen behandelt. Es war auch nicht die bloße Not, welche ihn zu mir führte, sondern, wie er sagte, habe er darum eine katholikenfreundliche Gesinnung, weil seine Mutter katholisch war. Er befragte mich über die Lehre der Scholastiker in betreff dieser Frage. Ich konnte ihn besonders auf den hl. Augustin und auf den P. Franzelin, den späteren Kardinal, hinweisen. Dieser mein hochverehrter Lehrer verteidigte die aktual unendliche Menge in der Erkenntnis Gottes, gestützt auf die ausdrückliche Lehre des hl. Augustin, und er war es, der mir den Anstoß zu jener Schrift gegeben, und mich bei den heftigen Angriffen damit beruhigte, daß ich nur die Lehre des hl. Augustin vortrage. An den Kardinal wandte sich *Cantor* selbst [83]), und Äußerungen desselben teilt er, ohne ihn zu nennen, in einem Aufsatze der „Zeitschrift für Philosophie und philosophische Kritik" mit.

Zwischen den beiden Gelehrten entwickelte sich ein lebhafter Gedankenaustausch. *Cantor* besuchte *Gutberlet* und konnte ihm „wichtige Aufschlüsse über mathematische Verhältnisse" vermitteln. *Cantor* war auf „Succurs" durchaus angewiesen, aber er stimmte der Schrift von *Gutberlet* nicht vorbehaltlos zu. Er war erfreut über die Verteidigung des Aktual-Unendlichen, aber er war nicht einverstanden, wenn er die unendliche „Zahl" aufgab, um die unendliche „Menge" zu retten.

Er findet [84]), daß den Gegnern des Transfiniten „kein größerer Gefallen geschehen kann als mit dieser Wendung". Er hebt aber rühmend die (auf S. 64 zitierten) Äußerungen *Gutberlets* hervor, die auf die Abhängigkeit jedes Potential-Unendlichen von einem existierenden Aktual-Unendlich hinweisen.

Die hier zitierten Bemerkungen *Cantors* wurden 1887 geschrieben, zu einer Zeit also, in der seine Theorie der Kardinal- und Ordinalzahlen schon vorlag. Es ist durchaus verständlich (das müßte *Cantor* doch seinem Partner zugute halten!), daß *Gutberlet* in den siebziger Jahren eine solche für alle Mathematiker verblüffende Möglichkeit zur Ausweitung des Zahlbereichs nicht gesehen hat.

---

[82]) Phil. Jahrbuch d. Görres-Ges. 32, 1919, S. 364 ff.
[83]) Vgl. z. B. [W] S. 399 ff.
[84]) [W] S. 394.

Die (mathematisch nicht besonders ergiebige) Schrift *Gutberlets* war für die weitere Entwicklung *Cantors* von großer Bedeutung: Er fand hier einen Bundesgenossen, der ihn auf die Auseinandersetzung mit infinitesimalen Problemen in der Scholastik und in der modernen katholischen Literatur hinwies. In dem Maße, in dem seine Schwierigkeiten mit konservativen Fachgenossen wuchsen, suchte er Kontakt mit katholischen Denkern. Davon zeugen viele seiner Briefe [85]), aber auch seine in manchen Publikationen erkennbare Neigung, mathematische Fragestellungen mit metaphysischen zu verbinden.

4. Kronecker und die Weierstraßsche Schule

Um die wissenschaftliche Haltung *Cantors* in seinen Reifejahren zu verstehen, muß man seine Stellung zur Weierstraßschen Schule und zu *Kronecker* würdigen.

Man weiß: Durch *Weierstraß* und seine Schüler wurde (etwa im 7. Jahrzehnt des 19. Jahrhunderts) eine korrekte Begründung der Infinitesimalrechnung erreicht, nachdem schon *Bolzano* wichtige Vorarbeiten geleistet hatte. Erst jetzt war es möglich, den „infinitären Cholera-Bazillus der Mathematik" [86]), das ungesicherte Rechnen mit „unendlich kleinen Größen", wirksam zu bekämpfen.

Aber der Berliner Zahlentheoretiker *Leopold Kronecker* (1823–1891) war auch mit dem Weierstraßschen Anspruch auf wissenschaftliche Strenge noch nicht zufrieden. Er hielt viele Sätze der Weierstraßschen Theorie für ungesichert und war überhaupt gegen den Gebrauch irrationaler Zahlen. Er spricht immer nur von den *„sogenannten* irrationalen Zahlen" und glaubt, daß man auf sie verzichten könne [87]):

> Und ich glaube auch, daß es dereinst gelingen wird, den gesamten Inhalt aller dieser mathematischen Theorien zu „arithmetisieren", d. h. einzig und allein auf den im engsten Sinne genommenen Zahlbegriff zu gründen, also die Modifikationen und Erweiterungen dieses Begriffes (namentlich die Hinzunahme der irrationalen und kontinuierlichen Größen) wieder abzustreifen, welche zumeist durch die Anwendungen auf Geometrie und Mechanik veranlaßt worden sind.

Es ist verständlich, daß *Kronecker* bei dieser Einstellung die Arbeiten *Cantors* ablehnte. Die Gegnerschaft *Kroneckers* lag wie ein Schatten über der

---

[85]) Man beachte die Briefe im Anhang.
[86]) So schreibt *Cantor* an *Vivanti*, vgl. [B 7] S. 505.
[87]) *Kronecker*, Werke III, S. 253.

Arbeit seiner Reifejahre, und manche Freunde *Cantors* führen seine späteren Depressionen auf diese Spannung mit dem allmächtigen *Kronecker* zurück.

In seinen frühen Jahren stand *Cantor* fest im Kreis der Schüler des großen *Carl Weierstraß*. Besonders enge Freundschaft verband ihn in jener Zeit mit *Hermann Amandus Schwarz*. Der spätere Nachfolger von *Weierstraß* war nur zwei Jahre älter als *Cantor*. Sie haben beide (*Schwarz* 1865, *Cantor* 1867) in Berlin promoviert und waren dann in Halle tätig: *Schwarz* von 1867–1869 als Extraordinarius, *Cantor* vom Frühjahr 1869 bis zum Ende seines Lebens 1918.

Als *Schwarz* 1869 als Ordinarius nach Zürich berufen wurde, unterhielt er mit *Cantor* einen lebhaften Briefwechsel. Eine größere Zahl seiner Briefe an den in Halle verbliebenen Freund sind erhalten, leider keine der Antworten *Cantors* [88]).

In diesen Briefen geht es immer wieder um die Frage, ob der von beiden anerkannte Meister *Weierstraß* ihre Deduktionen für streng halte. So heißt es am 6. Juni 1870:

> Aus Deinem Briefe vom 30ten März entnehme ich mit großem Vergnügen, daß Herr *Weierstraß* Deinen Beweis incl. meinen Beweis des Hülfssatzes für vollkommen streng anerkannt hat.

Dagegen gelingt es den beiden *Weierstraß*-Schülern nicht, die Zustimmung *Kroneckers* zu gewinnen. Im gleichen Brief schreibt *Schwarz* weiter:

> Herr Prof. *Kronecker* erklärte in seinem an mich gerichteten Briefe (3./6. 70) die Bolzanoschen Schlüsse als offenbare Trugschlüsse; er sagte, mein Schwiegervater [89]), *Borchardt* und *Heine* befinden sich auf seiner Seite. Es ist mir lieb, daß Du, *Thomé* und ich auf *Weierstraß*' Seite stehen.

Er zitiert später noch *Kronecker* (aus dem genannten Brief) wörtlich:

> Ich bin sogar überzeugt, daß man Funktionen wird aufstellen können, die so unvernünftig sind, daß sie trotz des Zutreffens von *Weierstraß*' Voraussetzungen *keine* obere Grenze haben... All solche allgemeinen Sätze haben ihre Schlupfwinkel, wo sie nicht mehr gelten [90]).

---

[88]) Die Briefe von *H. A. Schwarz* fanden sich in einem der beiden erhaltenen Briefbücher *Cantors*. Der Brief vom 25. Februar 1870 (mit dem Beweis des Satzes, daß eine Funktion mit der Ableitung 0 eine konstante Funktion ist) ist in meinen *Denkweisen* [B 6] veröffentlicht. Vgl. auch die Briefe 1 und 21 des Anhangs.

[89]) *E. E. Kummer*.

[90]) Solche „Schlupfwinkel" sind bis heute nicht bekannt. Wohl aber gibt es Beispiele von Fällen, in denen die in den Weierstraßschen Beweisen geforderten Entscheidungen nicht effektiv vollzogen werden können. Vgl. dazu meine *Wandlungen des mathematischen Denkens*, [C 31], S. 50 ff.

David Hilbert hat später [91]) die starre Ablehnung *Kroneckers* als *Dogmatismus* bezeichnet. Seinem Mißtrauen ist ja in der Tat kaum beizukommen: Er weist keinen Fehler in den Deduktionen nach und gibt auch keine Funktionen mit „Schlupfwinkeln" an.

Cantor mußte also mit dem Widerstand *Kroneckers* rechnen. Um so wichtiger war ihm die Partnerschaft von *Weierstraß* und die seiner Schüler.

---

[91]) Über die Grundlagen der Logik und Arithmetik, 1905.

VI. Kardinalzahlen

1. Definition

In seiner 1874 veröffentlichten Arbeit über die Abzählbarkeit der algebraischen Zahlen spricht Cantor vom *Inbegriff* (ω) dieser Zahlen. In späteren Arbeiten nennt er die Objekte seiner Forschung *Mannigfaltigkeiten*. Die Bezeichnung *Menge* taucht zunächst nebenher auf und steht erst 1885 in der Überschrift seiner Arbeit. Später hat sich diese Bezeichnung durchgesetzt.

Seine zusammenfassende Darstellung *Beiträge zur Begründung der transfiniten Mengenlehre* (1895 und 1897) beginnt er mit einer Definition des Mengenbegriffs ([W] S. 282):

> Unter einer „Menge" verstehen wir jede Zusammenfassung M von bestimmten wohlunterschiedenen Objekten m unserer Anschauung oder unseres Denkens (welche die „Elemente" von M genannt werden) zu einem Ganzen.

Schon früher, 1882, hat er gefordert ([W] S. 150), daß die Menge *wohldefiniert* sein müsse:

> Eine Mannigfaltigkeit (ein Inbegriff, eine Menge) von Elementen, die irgendwelcher Begriffssphäre angehören, nenne ich wohldefiniert, wenn auf Grund ihrer Definition und infolge des logischen Prinzips vom ausgeschlossenen Dritten es als intern bestimmt angesehen werden muß, sowohl ob irgend ein derselben Begriffssphäre angehöriges Objekt zu der gedachten Mannigfaltigkeit als Element gehört oder nicht, wie auch, ob zwei zur Menge gehörige Objekte, trotz formaler Unterschiede in der Art des Gegebenseins einander gleich sind oder nicht.

Es ist wohl im Sinne Cantors [92]), wenn wir fordern, daß die Zusammenfassung in jedem Falle „wohldefiniert" sei in dem eben beschriebenen Sinne.

Es fällt auf, daß der Begriff der Menge sehr weit gespannt ist: Beliebige „Objekte der Anschauung oder des Denkens" sind als Elemente zugelassen, wenn die Zusammenfassung nur „wohldefiniert" und die Elemente „wohlunterschieden" sind.

---

[92]) Später, bei der Diskussion der Antinomien, haben die Vertreter der Mengenlehre Wert auf die „Wohldefiniertheit" gelegt, vgl. S. 149.

Auch *R. Dedekind* hat den Mengenbegriff (er spricht von „Systemen") so weit gefaßt. Er will [93]) beweisen, daß es unendliche Systeme gibt und zeigt das an der „Gesamtheit *S* aller Dinge, welche Gegenstand" seines „Denkens" sein können.

Wir werden noch ausführlich darüber sprechen (Kap. XIII und XIV): Die moderne Mathematik lehnt aus gewichtigen Gründen solche allgemeinen Begriffsbildungen ab. Wenn man Widersprüche vermeiden will, muß man die Möglichkeit der Mengenbildung durch vernünftige Vorschriften einschränken.

Auch die wichtige Definition des Begriffes *Kardinalzahl* hat seine Wandlungen durchgemacht. Schon bei *Cantor* selbst finden wir verschiedene Fassungen der Erklärung.

In der zusammenfassenden Arbeit *Beiträge zur Begründung der transfiniten Mengenlehre* (1895) heißt es ([W] S. 282):

„Mächtigkeit" oder „Kardinalzahl" von M nennen wir jenen Allgemeinbegriff, welcher mit Hilfe unseres aktiven Denkvermögens dadurch aus der Menge M hervorgeht, daß von der Beschaffenheit ihrer verschiedenen Elemente *m* und von der Ordnung ihres Gegebenseins abstrahiert wird.

Cantor bezeichnet die zur Menge M gehörende Mächtigkeit oder Kardinalzahl mit $\overline{\overline{M}}$ und erläutert weiter:

Da aus jedem einzelnen Element *m*, wenn man von seiner Beschaffenheit absieht, eine „Eins" wird, so ist die Kardinalzahl $\overline{\overline{M}}$ selbst eine bestimmte aus lauter Einsen zusammengesetzte Menge, die als intellektuelles Urbild oder Projektion der gegebenen Menge M in unserem Geiste Existenz hat.

Zwei Mengen haben nach dieser Erklärung genau dann die gleiche Kardinalzahl, wenn sie (im Sinne der Definition von S. 35) *äquivalent* sind. Wir haben also

$$M \sim N \Leftrightarrow \overline{\overline{M}} = \overline{\overline{N}}. \tag{1}$$

Nach der hier gegebenen Erklärung der Kardinalzahl als einer Menge von Einsen ergibt sich eine Äquivalenz zwischen der Menge M selbst und ihrer Kardinalzahl ([W] S. 284):

$$M \sim \overline{\overline{M}}. \tag{2}$$

In der späteren Lehrbuchliteratur über die Mengenlehre finden wir meist jene Definition des Begriffes Kardinalzahl, die *Cantor* in seiner Rezension

---

[93]) *Was sind und was sollen die Zahlen?*, [C 13] S. 14.

einer Schrift von *Frege* ([W] S. 441) untergebracht hat. Er nennt da die Mächtigkeit

> denjenigen Allgemeinbegriff, unter welchen alle Mengen, welche der gegebenen Menge äquivalent sind, und nur diese, fallen.

Einfacher gesagt: *Die Mächtigkeit (oder Kardinalzahl) einer Menge M ist die Menge aller zu M äquivalenten Mengen.*

Für *diese* Definition der Mächtigkeit [94]) gilt natürlich nicht die Äquivalenz (2): Es gibt ja z. B. unendliche viele Mengen, die drei Elemente haben, also von der Mächtigkeit 3 sind.

Wir werden später sehen (vgl. Kap. XIII): Auch diese Definition hat ihre Tücken. Es gibt „zu viele" Mengen, die einer gegebenen Menge äquivalent sind, und so kann man auch über den Begriff der Kardinalzahl in Widersprüche stolpern, wenn man die Mengenbildung nicht in angemessenen Grenzen hält. Das kann durch eine geeignete Axiomatisierung der Mengenlehre geschehen.

Manche Autoren von Lehrbüchern der Mengenlehre helfen sich dadurch, daß sie eine explizite Definition des Begriffes Mächtigkeit (oder Kardinalzahl) vermeiden. Sie sprechen nur davon, daß zwei Mengen „von gleicher Mächtigkeit", heißen, wenn sie eineindeutig aufeinander bezogen werden können.

Es könnte sein, daß der Leser unter diesen Umständen geneigt ist, den Widersachern *Cantors* zuzustimmen: Wenn die Begriffsbildungen so oder so nicht einwandfrei sind, sollte man vielleicht besser den Umgang mit so vagen Theorien gänzlich vermeiden? Wer so denkt, sei an die Geschichte der Infinitesimalrechnung erinnert. Sie hat heute längst ihren gesicherten Platz in der Mathematik, obwohl die „Differentiale" von *Leibniz* und *Newton* doch recht zweifelhafte „infinitäre Bazillen" sind.

Weierstraß und seine Schüler haben der Infinitesimalrechnung ein gesichertes Fundament gegeben, aber man hat schon lange vorher differenziert und integriert in dem richtigen Bewußtsein, daß hinter den so schwierig und widersprüchlich zu definierenden Begriffen der Analysis etwas „Richtiges" steckte.

Ähnlich ist es mit der Mengenlehre. Die ersten Begriffsbildungen hielten noch nicht jeder Kritik stand. Und doch: *Cantor* hat uns mit seinen mutigen Begriffsbildungen ein „Paradies" erschlossen, aus dem sich (nach einem Wort von *Hilbert*) die Mathematiker nicht wieder vertreiben lassen wollten. Wer – wie *Cantor* – an dem platonischen Verständnis vom Wesen der Mathematik festhält, kann solche Seßhaftigkeit etwa so begründen: Hier ist die

---

[94]) Zur Definition der Kardinalzahl siehe auch Kap. XIV.

Vision einer Theorie des Infinitesimalen, der eine „Wirklichkeit" in der Welt der Ideen entspricht. Wir müssen nur die richtigen Worte finden, um sie zu beschreiben.

Der moderne Formalist kann Ähnliches sagen: Hier scheint doch ein Fundament für eine wichtige Ausweitung unserer „formalen Systeme" gegeben zu sein. Versuchen wir, durch geeignete Axiome die Mengenbildung so zu beschränken, daß kein Unglück passieren kann (daß keine Widersprüche auftreten können).

Tatsächlich ist diese Axiomatisierung inzwischen längst vollzogen worden. Darin liegt gewiß eine Rechtfertigung für unseren Versuch, den Begründer der Mengenlehre in seinen eigenen Begriffsbildungen zu verstehen.

Wir wollen noch anmerken, daß der Vergleich mit der Entstehung der Analysis nur bedingt berechtigt ist. Der Begriff des Differentials (so wie er bis um die Mitte des 19. Jahrhunderts verstanden wurde), ist in sich widerspruchsvoll. Cantors zweite Definition der Kardinalzahl aber ist vollkommen einwandfrei, wenn man sich auf bestimmte Klassen von Mengen (z. B.: die Menge der Teilmengen einer Ebene oder des R_n) beschränkt.

Wir wollen nun die Grundzüge der Cantorschen Theorie der Kardinalzahlen darstellen und folgen dabei im wesentlichen seinen *Beiträgen* (1895 und 1897), ([W] S. 282 ff.), geben aber auch einige Ergänzungen und Vereinfachungen.

2. Vergleich von Kardinalzahlen

Es seien M und N zwei Mengen (mit den Kardinalzahlen $\mathfrak{a} = \overline{\overline{M}}$ und $\mathfrak{b} = \overline{\overline{N}}$), die folgende Eigenschaften haben:

1. *Es gibt keinen Teil von M, der mit N äquivalent ist.*
2. *Es gibt einen Teil $N_1 \subset N$, so daß $N_1 \sim M$.*

Dann heißt $\mathfrak{a}$ kleiner als $\mathfrak{b}$, $\mathfrak{b}$ größer als $\mathfrak{a}$, im Zeichen:

$$\mathfrak{a} < \mathfrak{b}, \quad \mathfrak{b} > \mathfrak{a}.$$

Man beweist leicht:

$$\mathfrak{a} < \mathfrak{b} \wedge \mathfrak{b} < \mathfrak{c} \Rightarrow \mathfrak{a} < \mathfrak{c}. \tag{3}$$

Aus der Definition der $<$-Beziehung folgt weiter:

Die drei Aussagen

$$\mathfrak{a} < \mathfrak{b}, \quad \mathfrak{a} = \mathfrak{b}, \quad \mathfrak{a} > \mathfrak{b} \tag{4}$$

schließen sich gegenseitig aus.

Damit ist allerdings noch nicht gesagt, daß irgend zwei Mengen stets (ihrer Mächtigkeit nach) vergleichbar sind, d. h. daß zwischen ihren Mächtigkeiten genau eine der drei Aussagen (4) gültig ist. Das wird erst später mit Hilfe des Wohlordnungssatzes bewiesen (Kap. XI).

Dagegen kann man ohne solche Hilfsmittel den zuerst von *Bernstein* bewiesenen Satz [95]) begründen:

Ist M_1 eine Teilmenge einer Menge M und N_1 eine Teilmenge von N,

$$M_1 \subset M, N_1 \subset N,$$

und gelten die Äquivalenzen

$$M_1 \sim N, \ N_1 \sim M \tag{5}$$

so ist auch $M \sim N$.

Cantor erwähnt diesen Satz in seinen *Beiträgen* ([W] S. 285) als eine Folge des noch nicht bewiesenen Satzes über die Vergleichbarkeit von zwei Mengen. Der Satz kann mit einfachen Mitteln etwa so bewiesen werden:

Nach (5) existiert eine eineindeutige Abbildung der Teilmenge M_1 von M auf N. Für die Umkehrung dieser Abbildung können wir schreiben:

$$f: f(N) = M_1 \subset M.$$

Nun ist N_1 eine Teilmenge von N; sie wird durch f auf eine gewisse Teilmenge $M_2 \subset M_1 \subset M$ abgebildet: $f(N_1) = M_2 \subset M_1 \subset M$. Wir haben dann

$$M_2 \subset M_1 \subset M, \ M_2 \ (\sim N_1) \sim M. \tag{6}$$

Der Satz von *Cantor-Bernstein* wird also bewiesen sein, wenn wir gezeigt haben:

$$(M_2 \subset M_1 \subset M) \wedge (M_2 \sim M) \Rightarrow M_1 \sim M. \tag{7}$$

Nach (5) folgt ja dann: $M \sim N$.

Zum Beweis von (7) führen wir nach *Dedekind* [96]) den Begriff der Kette ein:

---

[95]) Er wird als Satz von *Cantor-Bernstein* zitiert.

[96]) *Was sind und was sollen die Zahlen?* S. 9; auch in einem Brief an *Cantor*, [W] S. 449.

Definition: Es sei $f: f(M) = M'$ eine eineindeutige Abbildung einer Menge M auf einen echten Teil $M' \subset M$, A eine Teilmenge von M, $f(A_{\nu-1}) = A_\nu$, $\nu = 1, 2, 3, \ldots, A_0 = A$. Dann heißt

$$\mathfrak{K}(A) = \bigcup_{\nu=0}^{\infty} A_\nu = A_0 \cup A_1 \cup A_2 \cup \ldots$$

die *Kette* von A (in bezug auf f) (Abb. 6).

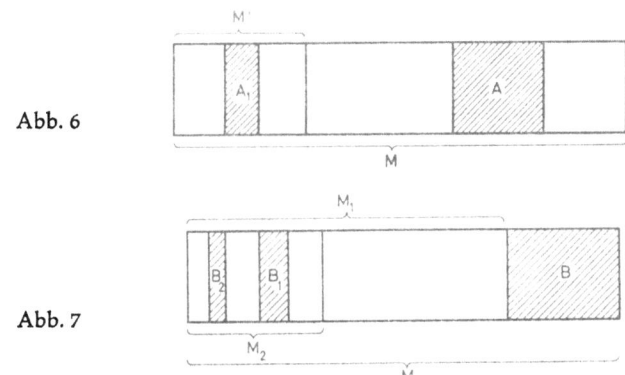

Abb. 6

Abb. 7

Zum Beweis von (7) setzen wir nun $B = M - M_1$, $M = B \cup M_1$ (Abb. 7). Weiter sei

$$B^* = \mathfrak{K}(B) = \bigcup_{\nu=0}^{\infty} B_\nu$$

die Kette von B in bezug auf die Abbildung $f: f(M) = M_2$, also

$$f(B) = f(B_0) = B_1, \; f(B_1) = B_2, \text{ usf.}$$

Wir können dann B^* auch so schreiben:

$$B^* = B \cup B_1^* = B \cup \bigcup_{\nu=1}^{\infty} B_\nu \qquad (8)$$

$$B = B^* - B_1^* \qquad (8')$$

$B_1^* = \bigcup_{\nu=1}^{\infty} B_\nu$ ist nun gewiß ein echter Teil von M_2 und damit auch von M_1.

Deshalb ist

$$B \cap B_1 = \emptyset$$

die leere Menge.

Wir definieren nun eine neue Menge C:
$$C = M - B^* = M - \mathfrak{K}(B) \tag{9}$$
und eine weitere Abbildung g:
$$g(m) = \begin{cases} f(m) & \text{für } m \in B^*, \\ m & \text{für } m \in C. \end{cases} \tag{10}$$

Die durch (10) erklärte Abbildung ist eineindeutig: ist nämlich $m_1 \neq m_2$, $m_1 \in B^*$, $m_2 \in B^*$, so ist $g(m_1) = f(m_1) \neq f(m_2) = g(m_2)$. Wir haben daher $g(m_1) \neq g(m_2)$, da die Abbildung f nach Voraussetzung eineindeutig ist. Ist dagegen $m_1 \in B^*$, $m_2 \in C$, so ist $g(m_1) \in B^*$, dagegen $g(m_2) \notin B^*$. Im Falle $m_1 \in C$, $m_2 \in C$ ist schließlich $g(m_1) \neq g(m_2)$ trivial.

Untersuchen wir nun die Abbildung g! Es ist
$$g(B) = g(B_0) = B_1, \; g(B_1) = B_2, \text{ usf.},$$
also
$$g(B^*) = B_1^*.$$

Wegen $g(C) = C$ haben wir dann (bei Beachtung von (8) und (9)):
$$g(M) = B_1^* \cup C = B_1^* \cup (M - B^*)$$
$$= B_1^* \cup (M - [B \cup B_1^*]) = M - B = M_1.$$

Es ist also $g(M) = M_1$, also $M \sim M_1$.

Um die Bedeutung des Äquivalenzsatzes von *Cantor-Bernstein* zu würdigen, wollen wir die Kombinationsmöglichkeiten der Aussagen über die Äquivalenz zwischen einer Menge M und den Teilmengen N' einer anderen Menge N (bzw. zwischen N und den Teilmengen $M' \subset M$) zusammenstellen:

	N ist einer Teilmenge $M' \subset M$ äquivalent	N ist keiner Teilmenge $M' \subset M$ äquivalent
M ist einer Teilmenge $N' \subset N$ äquivalent	$M \sim N$, $\overline{\overline{M}} = \overline{\overline{N}}$ [1]	$\overline{\overline{M}} < \overline{\overline{N}}$ [2]
M ist keiner Teilmenge $N' \subset N$ äquivalent	$\overline{\overline{N}} < \overline{\overline{M}}$ [3]	M und N sind nicht vergleichbar [4]

Die Aussagen [2] und [3] ergeben sich aus der Definition der $<$-Beziehung für Mächtigkeiten; [1] ist eine Folge des eben bewiesenen Satzes.

Wir werden später zeigen, daß der Fall [4] *nicht* möglich ist: *Irgend zwei Mengen sind stets vergleichbar*. Aber das folgt erst aus dem *Wohlordnungssatz* (Kap. XI).

3. Arithmetik der Kardinalzahlen

Es seien A und B durchschnittsfremde Mengen mit den Mächtigkeiten

$$\mathfrak{a} = \overline{\overline{A}} \text{ und } \mathfrak{b} = \overline{\overline{B}}.$$

Dann ist die *Summe* $\mathfrak{a} + \mathfrak{b}$ die Kardinalzahl der Vereinigungsmenge $A \cup B$:

$$\mathfrak{a} + \mathfrak{b} = \overline{\overline{A \cup B}}, \quad A \cap B = \emptyset. \tag{11}$$

Da es beim Mächtigkeitsbegriff nicht auf die Ordnung der Elemente ankommt, ist offenbar

$$\mathfrak{a} + \mathfrak{b} = \mathfrak{b} + \mathfrak{a} \tag{12}$$

und

$$\mathfrak{a} + (\mathfrak{b} + \mathfrak{c}) = (\mathfrak{a} + \mathfrak{b}) + \mathfrak{c}. \tag{13}$$

Zur Definition des *Produkts* von Kardinalzahlen führt *Cantor* die *Verbindungsmenge* ([W] S. 286) ein. Wir sprechen heute meist vom *Kartesischen Produkt*. Es seien M und N Mengen mit Elementen m und $n : M = \{m\}$, $N = \{n\}$ (nach der Cantorschen Schreibweise [W] S. 282 ff.) [97]. Dann heißt die Menge der (geordneten) Paare

$$M \times N = \{(m, n)\}$$

das *Kartesische Produkt* [98] der Mengen M und N. Dabei durchlaufen m und n alle Elemente der Mengen M bzw. N.

Ersetzt man M und N durch äquivalente Mengen M' bzw. N':

$$M \sim M', \ N \sim N',$$

so ist offenbar

$$M' \times N' \sim M \times N.$$

Diese Tatsache rechtfertigt die Definition *Cantors* für das Produkt von Mächtigkeiten:

$$\mathfrak{a} \cdot \mathfrak{b} = \overline{\overline{A \times B}}, \ \mathfrak{a} = \overline{\overline{A}}, \ \mathfrak{b} = \overline{\overline{B}}. \tag{14}$$

---

[97] *Cantor* benutzt häufig die Bezeichnung $M = \{m\}$ für eine Menge M. m ist dabei eine Variable für die Elemente von M. Daneben schreiben wir auch $A = \{2, 3\}$ für die Menge, die genau die beiden Zahlen 2 und 3 als Elemente umfaßt und $M = \{m / R(m)\}$ für die Menge aller Elemente m, für die die Aussage $R(m)$ richtig ist.

[98] bei *Cantor*: die *Verbindungsmenge* $M \cdot N$.

Für die so definierten Summen und Produkte gelten offenbar die folgenden Rechenregeln:

$$\begin{aligned} \mathfrak{a} \cdot \mathfrak{b} &= \mathfrak{b} \cdot \mathfrak{a}, \\ (\mathfrak{a} \cdot \mathfrak{b}) \cdot \mathfrak{c} &= \mathfrak{a} \cdot (\mathfrak{b} \cdot \mathfrak{c}), \\ \mathfrak{a} \cdot (\mathfrak{b} + \mathfrak{c}) &= \mathfrak{a} \cdot \mathfrak{b} + \mathfrak{a} \cdot \mathfrak{c}. \end{aligned} \qquad (15)$$

Das distributive Gesetz für Kardinalzahlen folgt aus der leicht zu begründenden Äquivalenz

$$A \times (B \cup C) \sim (A \times B) \cup (A \times C), \text{ (für } B \cap C = \emptyset).$$

Wir definieren nun die *Potenzierung* für Kardinalzahlen. Es sei $(B \mid A)$ die Menge der Funktionen f, die die Menge B *in* die Menge A abbilden. Der Definitionsbereich für diese (eindeutigen, aber nicht notwendig eineindeutigen) Funktionen ist die Menge B, der Bildbereich eine Teilmenge der Menge A. Es müssen nicht alle Elemente von A als Bilder vorkommen; deshalb sprechen wir von einer Abbildung *in* die Menge A (nicht: *auf* A).

Eine Funktion dieser Art nennt Cantor eine *Belegung* der Menge B mit Elementen der Menge A ([W] S. 287).

Ersetzt man A und B durch äquivalente Mengen A' und B', so ist offenbar

$$(B \mid A) \sim (B' \mid A').$$

Die Mächtigkeit der Menge $(B \mid A)$ ist also durch die Mächtigkeiten der Mengen B und A festgelegt. Das rechtfertigt die Definition:

$$\mathfrak{a}^\mathfrak{b} = \overline{\overline{(B \mid A)}}, \; \mathfrak{a} = \overline{\overline{A}}, \; \mathfrak{b} = \overline{\overline{B}}. \qquad (16)$$

Man schreibt heute oft A^B statt $(B \mid A)$. Mit dieser Bezeichnungsweise wird aus (16):

$$\mathfrak{a}^\mathfrak{b} = \overline{\overline{A^B}}. \qquad (16')$$

Betrachten wir als erstes Beispiel zunächst zwei endliche Mengen $A = \{a_1, a_2, a_3\}$ und $B = \{b_1, b_2\}$. Endliche Mengen sind genau dann äquivalent, wenn die Anzahl ihrer Elemente gleich ist. Ihre Kardinalzahl ist die Anzahl n der Elemente. Wir haben daher in unserem Beispiel $\overline{\overline{A}} = \mathfrak{a} = 3$, $\overline{\overline{B}} = \mathfrak{b} = 2$.

Wieviele Möglichkeiten gibt es, den Elementen b_1, b_2 von B eine Zahl $a \in A$ zuzuordnen? Offenbar je drei. Insgesamt haben wir also $3 \cdot 3 = 9$ „Belegungen" der Menge B mit Elementen der Menge A. Es sind dies die Mengen der Paare

$$f_{\mu\nu} = \{(b_1, a_\mu); (b_2, a_\nu)\}, \; \mu = 1, 2, 3,; \; \nu = 1, 2, 3.$$

Nach (16) bzw. (16') ist auch
$$\mathfrak{a}^{\mathfrak{b}} = \overline{(B \mid A)} = \overline{A^B} = 3^2 = 9.$$
Zu $(A \mid B) = B^A$ dagegen gehören $2^3 = 8$ Funktionen. Man kann sie so darstellen:
$$g_{\varrho\sigma\tau} = \{\,(a_1, b_\varrho);\ (a_2, b_\sigma);\ (a_3, b_\tau)\,\},$$
$\varrho = 1, 2;\ \sigma = 1, 2;\ \tau = 1, 2.$

Nehmen wir uns jetzt ein Beispiel vor, bei dem eine unendliche Menge auftritt! Es sei $B = N$ die Menge der natürlichen Zahlen, $A = \{0, 1\}$ eine Menge von der Mächtigkeit 2. Zur Bezeichnung von Mächtigkeiten unendlicher Mengen benutzte *Cantor* das hebräische $\aleph$; insbesondere wird die Mächtigkeit von N (und damit die Mächtigkeit aller abzählbaren Mengen) mit $\aleph_0$ bezeichnet.
$$\overline{A^N} = 2^{\aleph_0}$$
ist dann die Mächtigkeit der Funktionenmenge $\{f\} = (N \mid A) = A^N$, deren Funktionen jedem Element von N entweder die Zahl 0 oder die Zahl 1 zuordnen. Nun ist die Menge der Elemente $n \in N$, zu denen der Funktionswert 0 gehört, eine (nicht notwendig echte, möglicherweise auch leere) Teilmenge von N. Umgekehrt definiert jede Teilmenge $N' \subset N$ eine Funktion f auf N:
$$f(n) = \begin{cases} 0 & \text{für } n \in N', \\ 1 & \text{für } n \notin N'. \end{cases}$$
Die Menge aller Funktionen $\{f\} = A^N$ kann also eineindeutig der Menge aller Teilmengen von N zugeordnet werden. (Man beachte, daß es zu jeder Teilmenge $N' \subset N$ eine Komplementärmenge $N - N' = N''$ gibt, aber auch zu jeder Funktion f eine „Komplementärfunktion" g: $g(n) = 1 - f(n)$, die genau den Elementen von N'' die 0 zuordnet.)

$2^{\aleph_0}$ ist also die Mächtigkeit der Menge aller Teilmengen von N, und entsprechend ist $2^{\mathfrak{a}}$ die Mächtigkeit der Menge aller Teilmengen einer Menge A mit der Mächtigkeit $\mathfrak{a}$.

Bevor wir aus dieser Bemerkung weitere Folgerungen ziehen, wollen wir noch einige Rechenregeln für die Potenzen von Kardinalzahlen notieren:

$$\mathfrak{a}^{\mathfrak{b}} \cdot \mathfrak{a}^{\mathfrak{c}} = \mathfrak{a}^{\mathfrak{b}+\mathfrak{c}}, \tag{17a}$$

$$\mathfrak{a}^{\mathfrak{c}} \cdot \mathfrak{b}^{\mathfrak{c}} = (\mathfrak{a} \cdot \mathfrak{b})^{\mathfrak{c}}, \tag{17b}$$

$$(\mathfrak{a}^{\mathfrak{b}})^{\mathfrak{c}} = \mathfrak{a}^{\mathfrak{b} \cdot \mathfrak{c}}. \tag{17c}$$

Wir geben die Beweise [99]) für die beiden ersten dieser Formeln. (17 a) ist gleichbedeutend mit der Aussage

$$(B \mid A) \times (C \mid A) \sim (B \cup C \mid A)$$

für durchschnittsfremde Mengen B und $C: B \cap C = \emptyset$.
Es sei nun f eine Funktion aus der Menge $(B \cup C \mid A)$. Ihr Definitionsbereich ist die Vereinigungsmenge $B \cup C$. Man kann sie zerlegen in zwei Funktionen f_B und f_C, die auf den Mengen B und C erklärt sind und dort mit f übereinstimmen. Jedem f ist auf diese Weise ein Paar $\langle f_B, f_C \rangle$ zugeordnet. Umgekehrt kann man jedem Paar $\langle f_B, f_C \rangle$ eine Funktion f für die Vereinigungsmenge $B \cup C$ zuordnen; es ist einfach

$$f(x) = \begin{cases} f_B(x) & \text{für } x \in B, \\ f_C(x) & \text{für } x \in C. \end{cases}$$

Aus dieser eineindeutigen Zuordnung

$$f \leftrightarrow \langle f_B, f_C \rangle$$

folgt aber, daß die Mengen $(B \cup C \mid A)$ und $(B \mid A) \times (C \mid A)$ äquivalent sind. Das ist aber die Aussage von (17 a).

Die Formel (17 b) ist gleichbedeutend mit

$$(C \mid A \times B) \sim (C \mid A) \times (C \mid B)$$

oder auch

$$\overline{(A \times B)^C} = \overline{A^C \times B^C}.$$

Es sei nun f ein Element von $(A \times B)^C$; die Bildwerte dieser Funktion sind geordnete Paare, die zu $A \times B$ gehören. Wir bezeichnen sie durch

$$f(c) = \langle g(c), h(c) \rangle, \; c \in C, \; g(c) \in A, \; h(c) \in B.$$

Damit ist das Element $f \in (A \times B)^C$ einem Paar von Funktionen $\langle g, h \rangle$, also einem Element von $A^C \times B^C$ zugeordnet. Offenbar ist die Zuordnung eineindeutig, und damit ist (17 b) bewiesen.

Der ähnlich zu führende Beweis von (17 c) sei dem Leser überlassen.

Aus der Definition der Potenz für Kardinalzahlen ergeben sich einige Aussagen über Ungleichungen, deren Beweis sich unmittelbar aus der Erklärung der $<$-Beziehung für Mächtigkeiten ergibt:

$$\mathfrak{a}_1 < \mathfrak{a}_2 \Rightarrow \mathfrak{a}_1{}^b \leqq \mathfrak{a}_2{}^b, \tag{18}$$

$$\mathfrak{a}_1 < \mathfrak{a}_2 \Rightarrow \mathfrak{b}^{\mathfrak{a}_1} \leqq \mathfrak{b}^{\mathfrak{a}_2}. \tag{19}$$

---

[99]) *Cantor* teilt diese Formeln ohne Beweise mit.

4. Beispiele

Notieren wir zunächst einige Formeln für die Mächtigkeiten endlicher oder abzählbarer Mengen, die man leicht durch Konstruktion der entsprechenden Abbildungen beweisen kann.

$$\aleph_0 + n = \aleph_0 + \aleph_0 = \aleph_0, \tag{20}$$

$$\aleph_0 \cdot \aleph_0 = \aleph_0. \tag{21}$$

Zum Nachweis von (21) geht man von zwei abzählbaren Mengen

$$A = \{a_1, a_2, a_3, \ldots\}, \; B = \{b_1, b_2, b_3, \ldots\}$$

aus und ordnet die Paare $c_{\mu\nu} = (a_\mu, b_\nu)$ des Kartesischen Produkts $A \times B$ in ein quadratisches Schema

$$\begin{array}{llll} \swarrow & \swarrow & \swarrow & \swarrow \\ c_{11} & c_{12} & c_{13} & c_{14} \ldots \\ c_{21} & c_{22} & c_{23} & c_{24} \ldots \\ c_{31} & c_{32} & c_{33} & c_{34} \ldots \\ c_{41} & c_{42} & c_{43} & c_{44} \ldots \\ \ldots \\ \ldots \end{array} \tag{22}$$

Man kann nun die Paare $c_{\mu\nu} = (a_\mu, b_\nu)$ diagonal [100]) abzählen unter Beachtung der Pfeile am Schema (22):

$$c_{11}, c_{12}, c_{21}, c_{13}, c_{22}, \ldots$$

Die Menge der Paare ist also auch von der Mächtigkeit $\aleph_0$, und damit ist (21) bewiesen.

Bezeichnen wir die Mächtigkeit des Kontinuums [101]) mit $\aleph$, so haben wir nach Kapitel III:

$$\aleph > \aleph_0. \tag{23}$$

Weiter ist

$$\aleph + \aleph_0 = \aleph, \; \aleph + n = \aleph, \tag{24}$$

und

$$\aleph + \aleph = \aleph. \tag{24'}$$

---

[100]) Dieses auch von *Cantor* benutzte „Diagonalverfahren" geht schon auf *Cauchy* zurück. Es ist zu unterscheiden vom eigentlichen „Cantorschen Diagonalverfahren", das zum Beweis des Teilmengensatzes benutzt wird (S. 85).

[101]) z. B. die Mächtigkeit des Intervalls [0, 1] bzw. (0, 1) in der Menge der reellen Zahlen. Vielfach schreibt man auch c statt $\aleph$; bei *Cantor* ([W] S. 289) steht o.

Zur Begründung von (24) benutzt man ein Verfahren, das *Cantor* schon in seinem Beweis in *Crelles Journal* 84 (vgl. Kap. III S. 36) nützlich war.

Es sei $J = [0; 1]$ ein Repräsentant der Mächtigkeit $\aleph$, $\{a_n\}$ eine nicht zu J gehörende Folge reeller Zahlen, $\{b_n\}$ eine Teilfolge von J, schließlich $J^* = J - \{b_n\}$.

Dann ist (man beachte (20)!)

$$J \cup \{a_n\} = J^* \cup \{b_n\} \cup \{a_n\} \sim J^* \cup \{b_n\} = J,$$

und daraus folgt die erste Gleichung (24). $\aleph + n = \aleph$ wird ähnlich begründet. Den Beweis für (24') kann man z. B. durch eine Projektion führen, die eine Strecke von der Länge 2 auf eine Strecke der Länge 1 abbildet (Abb. 8).

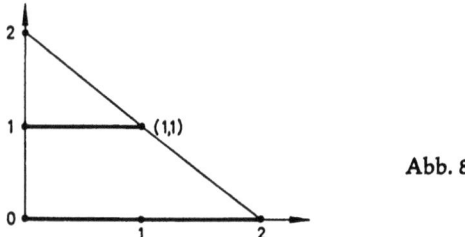

Abb. 8

Nach diesen Vorbereitungen beweisen wir die wichtige Formel

$$2^{\aleph_0} = \aleph. \tag{25}$$

Wir hatten bereits festgestellt (S. 79), daß $2^{\aleph_0}$ die Mächtigkeit der *Menge aller Teilmengen von N* ist. Wir beachten jetzt, daß sich jede reelle Zahl x des Intervalls [0, 1] auf mindestens eine, höchstens zwei Weisen in der Form

$$x = \frac{f(1)}{2} + \frac{f(2)}{2^2} + \frac{f(3)}{2^3} + \cdots \tag{26}$$

darstellen läßt, wobei $f(\nu)$ gleich 0 oder 1 ist. Zu den Zahlen des Typs $x = (2m + 1) \cdot 2^{-n}$ gehören nämlich zwei *Dualbrüche* (26), zu den übrigen Zahlen des Intervalls [0, 1] genau eine. Wir haben z. B.

$$\frac{3}{4} = \frac{1}{2} + \frac{1}{2^2} = \frac{1}{2} + \frac{0}{2^2} + \frac{1}{2^3} + \frac{1}{2^4} + \frac{1}{2^5} + \cdots$$

Die Menge der Dualbrüche (26) ist von der Mächtigkeit $2^{\aleph_0}$; denn $f(\nu)$ ist ja eine Funktion, die den natürlichen Zahlen ν die Bildwerte 0 oder 1 zuordnet, also die Elemente der Menge $\{0, 1\}$. Wir wollen diese Brüche jetzt eineindeutig einer gewissen Zahlmenge zuordnen. Jede nicht abbrechende Reihe

(26) soll der reellen Zahl zugeordnet sein, die sie darstellt. Jede (nichtverschwindende) endliche Summe des Typs

$$S = \sum_{\nu=1}^{N} \frac{1}{2^\nu}$$

aber sei der rationalen Zahl $S + 1$ zugeordnet. Wir haben dann z. B.

$$\frac{1}{2} + \sum_{\nu=3}^{\infty} \frac{1}{2^\nu} \leftrightarrow \frac{3}{4}, \quad \frac{1}{2} + \frac{1}{2^2} \leftrightarrow \frac{3}{4} + 1.$$

Die Menge der so erhaltenen Bilder ist die Vereinigungsmenge des Intervalls $[0, 1]$ und einer gewissen abzählbaren Menge: $[0, 1] \cup \{\varepsilon_\nu\}$. Es gilt daher die Gleichung

$$2^{\aleph_0} = \aleph + \aleph_0$$

zwischen den Kardinalzahlen. Daraus folgt aber nach (24) die behauptete Gleichung (25).

Cantor weist in seinen *Beiträgen* vom Jahre 1895 ([W] S. 288) darauf hin, daß man aus (25) und (20) leicht die früher mit wesentlich mehr Mühe bewiesene Äquivalenz zwischen der Menge der Punkte eines Quadrats und der der Punkte einer Strecke gewinnen kann. Es ist ja

$$\aleph \cdot \aleph = 2^{\aleph_0} \cdot 2^{\aleph_0} = 2^{\aleph_0 + \aleph_0} = 2^{\aleph_0} = \aleph,$$

allgemein $\aleph^n = \aleph$.

Aus $\aleph_0 \cdot \aleph_0 = \aleph_0$ schließlich können wir (unter Benutzung von (18)) noch

$$\aleph^{\aleph_0} = \aleph \qquad (25')$$

ableiten. Es ist doch

$$\aleph^{\aleph_0} = (2^{\aleph_0})^{\aleph_0} = 2^{\aleph_0 \cdot \aleph_0} = \aleph.$$

Wir wollen abschließend die Ergebnisse der Rechenoperationen $\mathfrak{a} + \mathfrak{b}$, $\mathfrak{a} \cdot \mathfrak{b}$, $\mathfrak{a}^\mathfrak{b}$ für die bisher behandelten Mächtigkeiten zusammenstellen. 0 ist die Mächtigkeit der leeren Menge $\emptyset$, n die der endlichen Menge mit n Elementen.

Die meisten der in den Tabellen notierten Aussagen sind begründet worden. Für die fehlenden seien die Beweise dem Leser überlassen. In der Tabelle für $\mathfrak{a}^\mathfrak{b}$ tritt freilich eine Kardinalzahl $\mathfrak{f}$ auf, die bisher noch nicht definiert wurde. Das geschieht im folgenden Abschnitt (S. 86).

$a+b$

a \ b	0	1	n	$\aleph_0$	$\aleph$
0	0	1	n	$\aleph_0$	$\aleph$
1	1	2	$1+n$	$\aleph_0$	$\aleph$
m	m	$m+1$	$m+n$	$\aleph_0$	$\aleph$
$\aleph_0$	$\aleph_0$	$\aleph_0$	$\aleph_0$	$\aleph_0$	$\aleph$
$\aleph$	$\aleph$	$\aleph$	$\aleph$	$\aleph$	$\aleph$

$a \cdot b$

a \ b	0	1	n	$\aleph_0$	$\aleph$
0	0	0	0	0	0
1	0	1	n	$\aleph_0$	$\aleph$
m	0	m	$m \cdot n$	$\aleph_0$	$\aleph$
$\aleph_0$	0	$\aleph_0$	$\aleph_0$	$\aleph_0$	$\aleph$
$\aleph$	0	$\aleph$	$\aleph$	$\aleph$	$\aleph$

a^b

a \ b	0	1	n	$\aleph_0$	$\aleph$
0	1	0	0	0	0
1	1	1	1	1	1
m	1	m	m^n	$\aleph$	$\mathfrak{f}$
$\aleph_0$	1	$\aleph_0$	$\aleph_0$	$\aleph$	$\mathfrak{f}$
$\aleph$	1	$\aleph$	$\aleph$	$\aleph$	$\mathfrak{f}$

5. Das Cantorsche Diagonalverfahren

Für die moderne Grundlagenforschung ist das sogenannte Cantorsche Diagonalverfahren eine besonders bedeutsame Schlußweise. *Cantor* hat damit den wichtigen Teilmengensatz bewiesen, aber später hat das Diagonalverfahren auch in der Theorie der Entscheidungsverfahren Anwendung gefunden.

In seinen Zeitschriftenaufsätzen finden wir diese Schlußweise nur an einer Stelle ausgeführt ([W] S. 279 f.), nicht einmal in seiner allgemeinen Form. *Cantor* bewies an dieser Stelle, daß die Menge der Teilmengen eines Intervalls immer von höherer Mächtigkeit ist als die Menge selbst. Er bemerkt am 31. August 1899 in einem Brief an *Dedekind* ([W] S. 448), daß sich dieses Verfahren ohne weiteres auf beliebige Mengen A von der Mächtigkeit $\mathfrak{a}$ zum Beweis der Ungleichung

$$2^{\mathfrak{a}} > \mathfrak{a} \tag{27}$$

benutzen lasse.

Wir führen den Beweis entsprechend dieser Bemerkung *Cantors* allgemein und beweisen damit seinen

Teilmengensatz:
Für jede Menge A ist die Menge $\mathfrak{T}(A)$ der Teilmengen von höherer Mächtigkeit als die Menge selbst.

Man erkennt leicht, daß für endliche Mengen von der Mächtigkeit n die Anzahl der Teilmengen [102]) gleich 2^n ist, und in der Tat ist ja

$$2^n > n \tag{27'}$$

für alle natürlichen Zahlen n.

Ist $\mathfrak{a}$ die Mächtigkeit der gegebenen Menge A, so ist $2^{\mathfrak{a}}$ die der Menge aller Teilmengen von A: Nach den Bemerkungen von S. 78 ist ja $2^{\mathfrak{a}}$ die Mächtigkeit der Menge $\mathfrak{F}(A)$ aller Funktionen f, die den Elementen $a \in A$ die Bilder 0 oder 1 zuordnen. Jede solche Funktion bestimmt eine Teilmenge $A' \subset A$, für deren Elemente a' $f(a') = 0$ gilt. Umgekehrt gehört zu jeder solchen Teilmenge A' eine Funktion f, die gerade für alle $a' \in A'$ den Wert 0, sonst aber in A den Wert 1 annimmt. Die Menge $\mathfrak{T}(A)$ aller Teilmengen von A ist also zu der genannten Funktionsmenge $\mathfrak{F}(A)$ äquivalent und hat

---

[102]) Man beachte, daß die leere Menge und die Menge selbst dabei mitgezählt werden.

auch die Mächtigkeit $2^{\mathfrak{a}}$. Nun kann man jedem Element $a \in A$ eine Funktion $f^{(a)}$ zuordnen, für die

$$f^{(a)}(x) = \begin{cases} 0 & \text{für } x = a, \\ 1 & \text{für } x \neq a \end{cases}$$

gilt.

Zwischen A und dieser Teilmenge unserer Funktionenmenge besteht eine eineindeutige Zuordnung. Deshalb ist die Mächtigkeit von $\mathfrak{F}(A)$ gewiß nicht kleiner als die von A. Wir wollen zeigen, daß sie auch nicht gleich sein kann:

Angenommen, es gäbe eine eineindeutige Zuordnung zwischen den Elementen $a \in A$ und den Funktionen f. Dann könnte man jedes a der zugehörigen Funktion als Index beigeben und die eineindeutige Zuordnung so beschreiben:

$$a \leftrightarrow f_a, \quad a \in A, \quad f_a \in \mathfrak{F}(A). \tag{28}$$

Dann ist aber auch

$$g: g(x) = 1 - f_x(x) \quad (x \in A) \tag{29}$$

eine Funktion unserer Menge $\mathfrak{F}(A)$. Sie ist ja für alle x ($x \in A$) erklärt und nimmt nur die Werte 1 oder 0 an. Sie ist aber gewiß nicht gleich einer Funktion f_a. Für das Argument $x = a$ hätten wir sonst

$$g(a) = 1 - f_a(a) = f_a(a).$$

Das ist, da $f_a(a)$ nur 0 oder 1 sein kann, ein Widerspruch. Eine Zuordnung (28) kann es also nicht geben, und deshalb gilt die behauptete Ungleichung (27). Ist insbesondere $\mathfrak{a} = \aleph$ die Mächtigkeit des Kontinuums, so haben wir nach (27)

$$\mathfrak{f} = 2^{\aleph} > \aleph. \tag{30}$$

Dabei ist $\mathfrak{f}$ die Kardinalzahl der Menge F aller Funktionen f ($y = f(x)$), die für $0 \leq x \leq 1$ erklärt sind und den reellen Zahlen dieses Intervalls die Funktionswerte 0 oder 1 zuordnen. Diese Kardinalzahl $\mathfrak{f}$ tritt schon in der Tabelle für $\mathfrak{a}^{\mathfrak{b}}$ (S. 84) auf. Es gilt danach [103]

$$\mathfrak{f} = 2^{\aleph} = n^{\aleph} = \aleph_0^{\aleph} = \aleph^{\aleph}.$$

Der Cantorsche Teilmengensatz erschließt die Möglichkeit, zu jeder Menge M eine Menge von höherer Mächtigkeit zu bilden. Die ersten Untersuchungen über die Äquivalenz von Mengen führten zu der Einsicht, daß sehr ver-

---

[103] Nach (17) und (18) ist ja

$$2^{\aleph} \leq n^{\aleph} \leq \aleph_0^{\aleph} \leq \aleph^{\aleph} = (2^{\aleph_0})^{\aleph} = 2^{\aleph_0 \aleph} = 2^{\aleph}.$$

schiedenartige Mengen im Sinne der Cantorschen Definition „von der gleichen Mächtigkeit" sind: die natürlichen Zahlen, die rationalen, die algebraischen Zahlen. Dann wieder waren die Kontinua verschiedener Dimension von der gleichen Mächtigkeit. Hier könnte der Verdacht naheliegen, daß die Cantorsche Methode der eineindeutigen Zuordnung ein zu grobes Verfahren sei, um „Ordnung" zu schaffen im Bereich der unendlichen Mannigfaltigkeiten. Es zeigt sich nun, daß die Theorie der Kardinalzahlen zwar vielen verschiedenen Mengen die gleiche Mächtigkeit zuordnet, aber doch auch die Möglichkeit schafft, Unendlichkeiten von immer höherer Mächtigkeit zu produzieren: Man kann zu jeder Menge die der Teilmengen bilden und dieses Verfahren beliebig oft fortsetzen. Auf diese Weise entsteht jenes „Paradies", aus dem *Hilbert* sich nicht durch die Bedenklichkeiten von *Kronecker* und seinen Anhängern vertreiben lassen wollte [104]).

Eine Variation des hier geschilderten „Diagonalverfahrens" dient heute meist dazu, um die Nichtabzählbarkeit des Kontinuums besonders elegant zu beweisen [105]). Seine Schlußweise kann aber auch benutzt werden, um nicht entscheidbare Probleme anzugehen [106]).

Cantor hat mit verschiedenen Methoden bewiesen, daß das Kontinuum von höherer Mächtigkeit ist als die Menge der natürlichen Zahlen: $\aleph > \aleph_0$.

Es liegt die Frage nahe, ob $\aleph$ die kleinste Mächtigkeit ist, die größer ist als $\aleph_0$. Wir können auch so fragen: Gibt es eine Mächtigkeit $\aleph^*$, für die die Ungleichungen

$$\aleph > \aleph^* > \aleph_0 \qquad (31)$$

erfüllt sind?

Das ist das sogenannte Kontinuumproblem, das *Cantor* zum ersten Male im Jahre 1884 in einer seiner Arbeiten erwähnt ([W] S. 192). Er hofft, diese offene Frage schon bald durch einen strengen Beweis beantworten zu können. Die Cantorsche Vermutung lautet, daß es keine Mächtigkeit $\aleph^*$ zwischen $\aleph$ und $\aleph_0$ geben kann.

Wir werden über dieses Problem noch mehrfach zu sprechen haben. Dies sei vorausgeschickt: Es ist *Cantor* trotz ernstester Bemühungen nicht gelungen, seine Vermutung zu beweisen.

---

[104]) Math. Ann. 95, 1926, S. 161–190.

[105]) Vgl. z. B. *Meschkowski:* Wandlungen des mathematischen Denkens, [C 31] S. 31.

[106]) *Meschkowski* a. a. O., S. 100 ff.

6. Endliche Kardinalzahlen

Wir haben bisher die Mengenlehre als einen Versuch verstanden, mit den Problemen des Unendlichen fertig zu werden. Dabei wurde die übrige Mathematik als „bekannt" vorausgesetzt; insbesondere der Umgang mit den natürlichen Zahlen. Nur nebenher sprachen wir gelegentlich von „endlichen Mengen", solchen Mengen also, denen eine natürliche Zahl als Anzahl (oder: Kardinalzahl im Sinne *Cantors*) zugeordnet werden konnte. Das eigentliche Interesse galt jenen Mengen, die keine solche endliche „Anzahl" hatten.

Im § 5 seiner *Beiträge* vom Jahre 1895 gibt *Cantor* eine eigene Theorie der endlichen Kardinalzahlen. Er geht von einer Menge $E_0 = (e_0)$ mit einem einzigen „Ding" aus und definiert die 1 als die Kardinalzahl dieser Menge. Ist e_1 ein weiteres Ding, so kann man es mit e_0 zu einer Menge

$$E_1 = (e_0, e_1)$$

vereinigen, der die Kardinalzahl „Zwei", im Zeichen 2, zukommt, usf.

Auf diese Weise entsteht die Reihe endlicher Kardinalzahlen, von denen u. a. die folgenden Sätze bewiesen werden können:

A. *Die Glieder der unbegrenzten Reihe endlicher Kardinalzahlen 1, 2, 3, ..., ν, ... sind alle untereinander verschieden.*

B. *Jede dieser Zahlen ν ist größer als die ihr vorangehenden und kleiner als die auf sie folgenden.*

C. *Es gibt keine Kardinalzahlen, welche ihrer Größe nach zwischen zwei benachbarten ν und $\nu + 1$ lägen.*

D. *Die Menge aller endlichen Kardinalzahlen ist eine transfinite Menge. Ihre Kardinalzahl ($\aleph_0$) ist die kleinste Kardinalzahl, die größer als jede endliche Kardinalzahl ist.*

Beim Beweis der Sätze A–C benutzt *Cantor* das Prinzip der vollständigen Induktion.

E. *Zermelo*, der Herausgeber der Werke *Cantors*, nennt deshalb die hier entwickelte Theorie „an modernem Maßstabe gemessen, wenig befriedigend" ([W] S. 352). Er vermißt eine scharfe begriffliche *Definition* der endlichen Mengen und vermutet, daß eine solche Definition erst auf einer höheren Stufe der Theorie, nämlich mit Hilfe der Wohlordnung, möglich ist.

Diese Kritik ist gewiß berechtigt. Trotzdem: Wir wollten den Cantorschen Ansatz zu einer Theorie der endlichen Mengen nicht totschweigen, weil auch an dieser Stelle der Weitblick des Forschers deutlich wird: Die Mengenlehre ist heute mehr als nur ein „Spezialgebiet" der Mathematik, das sich mit den besonders umfänglichen Studienobjekten des Forschers befaßt. Nach einer modernen Konzeption ist Mathematik *Mengenlehre* [107]), und es ist danach möglich, auch den Begriff der natürlichen Zahl aus den Axiomen der Mengenlehre zu deduzieren. Dann wird freilich das Prinzip der Induktion zu einem beweisbaren Satz (vgl. Kap. XIII). Der § 5 der Cantorschen Arbeit zeigt, daß er etwas von dieser Deutung seiner Theorie vorausgesehen hat.

Übrigens findet sich unter den Cantorschen Sätzen über endliche Mengen auch der folgende ([W] S. 295):

Jede endliche Menge E ist so beschaffen, daß sie mit keiner ihrer Teilmengen äquivalent ist.

Diese Eigenschaft kann auch zur Definition der Endlichkeit benutzt werden. So finden wir zuerst bei *Dedekind* in seiner Schrift *Was sind und was sollen die Zahlen?* die folgende Erklärung (S. 13):

Ein System S heißt unendlich, wenn es einem echten Teile seiner selbst ähnlich [108]) ist; im entgegengesetzten Falle heißt S ein endliches System.

Schließen wir das Kapitel über die Kardinalzahlen mit einer Anekdote, die *Bernstein* [109]) berichtet.

Dedekind äußerte, hinsichtlich des Begriffes der Menge: er stelle sich eine Menge vor wie einen geschlossenen Sack, der ganz bestimmte Dinge enthalte, die man aber nicht sehe, und von denen man nichts wisse, außer daß sie vorhanden und bestimmt seien. Einige Zeit später gab Cantor seine Vorstellung einer Menge zu erkennen: Er richtete seine kollossale Figur auf, beschrieb mit erhobenem Arm eine großartige Geste und sagte mit einem ins Unbestimmte gerichteten Blick: „Eine Menge stelle ich mir vor wie einen Abgrund."

Dieser Satz *Cantors* leuchtet ein, wenn man sich um ein Verständnis für die Tatsache bemüht, daß man zu jeder Menge immer wieder eine Menge von höherer Mächtigkeit definieren kann.

---

[107]) Vgl. Kap. XV!
[108]) Bei *Dedekind* steht ähnlich für den Cantorschen Begriff äquivalent.
[109]) *Becker:* Grundlagen, [C 4] S. 316.

VII. Ordnungszahlen

1. Ähnliche Mengen

Man kann die Menge der rationalen Zahlen zwischen 0 und 1

$$R(0;1) = \left\{ \frac{p}{q} \bigg/ p \in N \wedge q \in N \wedge p < q \right\}$$

abzählen, indem man sie nach wachsenden Nennern, bei gleichem Nenner nach wachsenden Zählern ordnet:

$$\frac{1}{2}, \frac{1}{3}, \frac{2}{3}, \frac{1}{4}, \frac{3}{4}, \frac{1}{5}, \frac{2}{5}, \frac{3}{5}, \frac{4}{5}, \frac{1}{6}, \ldots \tag{1}$$

Bezeichnet man die n-te Zahl dieser Reihe mit r_n, so ist für die Menge $R(0;1) = \{r_n\}$ eine Ordnungsrelation $\prec$ definiert durch [110])

$$r_n \prec r_m \quad \text{für } n < m. \tag{2}$$

Dabei gilt für die durch $\prec$ beschriebene Ordnungsrelation:

$$\begin{aligned} a \prec b &\Leftrightarrow \neg(b \prec a), \\ a \prec b \wedge b \prec c &\Rightarrow a \prec c. \end{aligned} \tag{3}$$

Ist eine Menge M durch eine Ordnungsrelation $\prec$ (für die die „Ordnungsaxiome" (3) gelten) geordnet, so bezeichnen wir die Menge *mit* dieser Ordnung durch $[M, \prec]$.

Es ist durchaus möglich, die gleiche Menge auf verschiedene Arten zu ordnen. So ist z. B. unsere Menge $R(0;1)$ auch durch die gewöhnliche für alle rationalen Zahlen geltende $<$-Beziehung geordnet. Offenbar gelten auch für diese Ordnung die Aussagen (3). Wir haben also zu unterscheiden zwischen $[R(0;1), \prec]$ und $[R(0;1), <]$.

Diese beiden „Ordnungstypen" sind durchaus verschieden. Von der Ordnung $\prec$ (für $R(0;1)$) kann man z. B. sagen:

Es gibt ein erstes Element (nämlich $r_1 = \frac{1}{2}$).

---

[110]) $a \prec b$ lies: *a vor b*.

Jedes Element hat in bezug auf die Ordnung ≺ einen wohlbestimmten unmittelbaren Nachfolger, jedes von r_1 verschiedene Element hat genau einen unmittelbaren Vorgänger [111]).

Diese beiden Sätze gelten nicht für $[R\,(0;1),\,<]$. Für diese Ordnung haben wir aber:

Zwischen irgend zwei Elementen von $[R\,(0;1),\,<]$ liegt immer noch ein Element der Menge.

Zwischen den rationalen Zahlen a und b ($a < b$) liegt z. B. die Zahl $c = \frac{1}{2}(a+b)$; es ist ja

$$a < c = \tfrac{1}{2}(a+b) < b.$$

Dieser Satz wiederum ist nicht richtig für den anderen Ordnungstypus: Zwischen r_ν und $r_{\nu+1}$ gibt es z. B. kein Element r_μ mit $r_\nu \prec r_\mu \prec r_{\nu+1}$.

Georg Cantor hat frühzeitig die Bedeutung des Ordnungsbegriffes für seine Mengenlehre erkannt. Zur Definition des „Ordnungstypus" führt *Cantor* die *ähnlichen Abbildungen* ein:

Zwei geordnete Mengen $[M, \prec]$ und [112]) *$[N, \prec \cdot]$ heißen ähnlich, wenn man sie so eineindeutig aufeinander abbilden kann, daß die Ordnungsbeziehung erhalten bleibt.*

Das heißt: Sind m und m^* irgend zwei Elemente von M mit $m \prec m^*$ und gibt es eine eineindeutige Abbildung von M auf N

$$m \leftrightarrow n, \quad m^* \leftrightarrow n^*, \ldots,$$

derart, daß mit $m \prec m^*$ stets $n \prec \cdot\, n^*$ gilt, so heißen die beiden Mengen *ähnlich*, im Zeichen

$$[M, \prec] \simeq [N, \prec \cdot].$$

Offenbar ist z. B. $[R\,(0;1),\,<]$ der Menge der natürlichen Zahlen mit der gewöhnlichen Ordnung, $[N, <]$, ähnlich: $[R\,(0,1), <] \simeq [N, <]$. Um das einzusehen, braucht man ja nur

$$r_n \leftrightarrow n$$

zuzuordnen.

---

[111]) a heißt *unmittelbarer Vorgänger* von b, wenn $a \prec b$ gilt und kein $c \in M$ mit $a \prec c \prec b$ existiert. b ist dann der *unmittelbare Nachfolger* von a. Für $[R\,(0;1),\,<]$ ist $r_{\nu-1}$ unmittelbarer Vorgänger von r_ν.

[112]) $\prec \cdot$ steht für irgendeine (möglicherweise von $\prec$ verschiedene) Ordnung.

Zwei ähnliche Mengen heißen auch von gleichem *Ordnungstypus*. Den zu M gehörenden Ordnungstypus $\overline{M}$ [113]) definiert *Cantor* ([W] S. 297) so:

Unter Ordnungstypus verstehen wir den Allgemeinbegriff, welcher sich aus M ergibt, wenn wir nur von der Beschaffenheit der Elemente m abstrahieren, die Rangordnung unter ihnen aber beibehalten.

Danach kann man sich ([W] S. 297) unter dem Ordnungstypus $\overline{M}$ selbst eine geordnete Menge vorstellen, deren Elemente „*lauter Einsen* sind, die dieselbe Rangordnung untereinander haben wie die entsprechenden Elemente von M, aus denen sie durch Abstraktion hervorgegangen sind".

Diese Vorstellung der geordneten „Einsen" erscheint wenig glücklich. Später hat *Cantor* selbst (in einem Brief an *Dedekind*, [W] S. 444) eine andere Definition gegeben:

Er nennt den *Typus* „den Allgemeinbegriff, unter welchem sie sowohl, wie auch nur noch alle ihr *ähnlichen* geordneten Mengen stehen".

In der modernen Literatur beschränkt man sich heute meist auf die Aussage, daß ähnliche Mengen auch „Mengen von gleichem Ordnungstypus" heißen [114]).

Cantor bezeichnet die Ordnungstypen unendlicher Mengen mit griechischen Buchstaben, die zugehörigen Kardinalzahlen durch Überstreichen. So ist z. B. ω der Ordnungstypus der Menge N der natürlichen Zahlen, η der der Menge R der rationalen Zahlen, jedesmal in der „natürlichen" Ordnung durch das Zeichen $<$. Wir haben dann also

$\overline{N} = \omega$, $\overline{\overline{N}} = \overline{\omega} = \aleph_0$,

$\overline{R} = \eta$, $\overline{\overline{R}} = \overline{\eta} = \aleph_0$.

Zu jeder Ordnungsbeziehung $a < b$ kann man die *inverse* Ordnung $b <\cdot a$ definieren:

$b <\cdot a \Leftrightarrow a < b$.

---

[113]) $\overline{M}$ steht bei *Cantor* für den Ordnungstypus, $\overline{\overline{M}}$ für die Mächtigkeit der Menge M. Er fügt nicht das Zeichen $<$ zu. Auch wir werden, wenn keine Mißverständnisse zu befürchten sind, bei der Bezeichnung einer geordneten Menge häufig darauf verzichten, das Zeichen für die Ordnungsrelation anzugeben.

[114]) Es liegt natürlich nahe, so zu definieren: Der Ordnungstypus einer geordneten Menge ist die Menge aller ähnlichen Mengen. Gegen solche allgemeinen Begriffsbildungen bestehen aber ähnliche Bedenken wie gegen die „Menge aller äquivalenten Mengen". Vgl. dazu Kap. XIII ff.

Auf diese Weise gewinnt man zu jedem Ordnungstypus α den inversen $^*\alpha$. Zu ω gehört z. B. $^*\omega$, der Ordnungstypus der *negativen* ganzen Zahlen.

Irgend zwei geordnete endliche Mengen von gleicher Anzahl (Kardinalzahl) sind stets ähnlich. Man kann sie ja entsprechend ihrer Ordnung aufeinander beziehen. Es seien z. B. die beiden Mengen

$$M_1 = \{p, a, g, t, z\} \quad \text{und} \quad M_2 = \{5, 3, 4, 1, 2\} \tag{4}$$

gegeben. Ihre Ordnung sei durch die Darstellung (4) festgelegt:

$$p < a < g < t < z, \quad 5 < 3 < 4 < 1 < 2.$$

Sie sind ähnlich, denn wir können ja zuordnen:

$$p \leftrightarrow 5, \quad a \leftrightarrow 3, \quad g \leftrightarrow 4, \quad t \leftrightarrow 1, \quad z \leftrightarrow 2.$$

Es ist am einfachsten, wenn man die Kardinalzahl 5 der beiden Mengen M_1 und M_2 auch als ihren *Ordnungstypus* bezeichnet. Die Zahl 0 gilt dabei als Ordnungstypus der leeren Menge $\emptyset$.

2. Arithmetik der Ordnungstypen

Auch für die Ordnungstypen kann man eine Addition und eine Multiplikation definieren.

Es seien α und β die Ordnungstypen der disjunkten geordneten Mengen A und B, $\alpha = \overline{A}, \beta = \overline{B}, A \cap B = \emptyset$. Dann kann in der Vereinigungsmenge $A \cup B$ eine Ordnung definiert werden durch folgende Vorschriften:

1. *Sind a_1, a_2 Elemente von A und b_1, b_2 Elemente von B, so gilt für $A \cup B$: $a_1 < a_2$ und $b_1 < b_2$, wenn diese Relationen in A bzw. in B richtig sind.*
2. *Es ist $a < b$ für alle $a \in A, b \in B$.*

Mit diesen Festsetzungen wird $A \cup B$ zur geordneten Menge, und ihr Ordnungstypus heißt $\alpha + \beta$:

$$\alpha + \beta = \overline{A} + \overline{B} = \overline{A \cup B}.$$

Betrachten wir als erstes Beispiel zwei endliche Mengen,

$$A = \{1, 2, 3, 4, 5\}, B = \{6, 7\}.$$

Es ist dann $\overline{A} + \overline{B} = 5 + 2 = \overline{B} + \overline{A} = 2 + 5$:

$$\overline{\{1, 2, 3, 4, 5\}} + \overline{\{6, 7\}} = \overline{\{1, 2, 3, 4, 5, 6, 7\}} = 7,$$
$$\overline{\{6, 7\}} + \overline{\{1, 2, 3, 4, 5\}} = \overline{\{6, 7, 1, 2, 3, 4, 5\}} = 7.$$

Offenbar gilt für alle endlichen Ordnungstypen das kommutative Gesetz

$$\overline{A} + \overline{B} = \overline{B} + \overline{A} = \alpha + \beta = \beta + \alpha. \tag{5}$$

Für unendliche Mengen gilt (5) im allgemeinen nicht. So ist z. B.
$$1 + \omega = \overline{\{a\}} + \overline{N}$$
der Ordnungstypus der Menge
$$M_3 = \{a, 1, 2, 3, 4, \ldots\}.$$
Sie ist offenbar zur Menge N der natürlichen Zahlen ähnlich, denn wir können ja zuordnen:
$$a \leftrightarrow 1, \quad 1 \leftrightarrow 2, \quad 2 \leftrightarrow 3, \ldots$$
Die Menge $M_4 = \{1, 2, 3, 4, \ldots, a\}$ hat dagegen den Ordnungstypus $\omega + 1$. Sie ist gewiß nicht zur Menge N der natürlichen Zahlen ähnlich. Gäbe es nämlich eine die Ordnung erhaltende eineindeutige Abbildung zwischen M_4 und N, so müßte die Zuordnung ja beginnen: $1 \leftrightarrow 1, \ 2 \leftrightarrow 2, \ 3 \leftrightarrow 3, \ldots$ Es gäbe dann kein Bild für a.

Wir haben deshalb
$$1 + \omega = \omega \neq \omega + 1.$$
Für Ordnungstypen gilt also im allgemeinen *nicht* das *kommutative* Gesetz der Addition. Dagegen ist die Addition assoziativ, wie man leicht aus der Summendefinition begründen kann:
$$\alpha + (\beta + \gamma) = (\alpha + \beta) + \gamma. \tag{16}$$
Die *Multiplikation* von Ordnungstypen begründet *Cantor* ([W] S. 302) so:

> Aus zwei geordneten Mengen M und N mit den Typen α und β läßt sich eine geordnete Menge S dadurch herstellen, daß in N an Stelle jedes Elementes n eine geordnete Menge M_n substituiert [115] wird, welche denselben Typus α wie M hat, also
> $$\overline{M}_n = \alpha,$$
> und daß über die Rangordnung in S folgende Bestimmungen getroffen werden:
> 1. Je zwei Elemente von S, welche ein und derselben Menge M_n angehören, behalten dieselbe Rangbeziehung wie in M_n,
> 2. je zwei Elemente von S, welche zwei verschiedenen Mengen M_{n_1} und M_{n_2} angehören, erhalten in S die Rangbeziehung, welche n_1 und n_2 in N haben.

---

[115] Das bedeutet: An die Stelle jedes Elementes $n \in N$ setze man *alle Elemente* einer geordneten Menge M_n, nicht M_n selbst. Die Mengen M_n werden dabei als paarweise elementefremd vorausgesetzt.

Der Ordnungstyp von S hängt offenbar nur von den Ordnungstypen α und β ab. Deshalb kann *Cantor* definieren:

$$\alpha \cdot \beta = \overline{S}. \tag{7}$$

Man erkennt leicht, daß für die so definierte Multiplikation von Ordnungstypen das assoziative und das distributive Gesetz gelten:

$$(\alpha \cdot \beta) \cdot \gamma = \alpha \cdot (\beta \cdot \gamma), \tag{8}$$

$$\alpha \cdot (\beta + \gamma) = \alpha \cdot \beta + \alpha \cdot \gamma. \tag{9}$$

Dagegen ist auch die Multiplikation im allgemeinen *nicht kommutativ*. So ist z. B. $2 \cdot \omega$ von $\omega \cdot 2$ verschieden. Es sind z. B.

$$\{a_1, a_2, a_3, \ldots\}, \{b_1, b_2, b_3, \ldots\}$$

zwei Mengen vom Ordnungstypus ω; man hat dann

$$2 \cdot \omega = \overline{\{a_1, b_1, a_2, b_2, a_3, b_3, \ldots\}},$$

aber

$$\omega \cdot 2 = \overline{\{a_1, a_2, a_3, \ldots, b_1, b_2, b_3, \ldots\}}.$$

3. Die Ordnungstypen η und Θ

Von besonderem Interesse sind die Ordnungstypen η und Θ. η ist der Typus der Menge R der rationalen Zahlen, Θ der des [116]) Linearkontinuums, beide Male für die „natürliche" Ordnung durch $<$.

Über den Ordnungstypus η hat *Cantor* den folgenden bemerkenswerten Satz bewiesen:

Es sei $[\mathfrak{M}, <]$ eine geordnete Menge, die folgende Eigenschaften hat:

1. $\overline{\overline{\mathfrak{M}}} = \aleph_0,$

2. *$[\mathfrak{M}, <]$ hat kein erstes und kein letztes Element,*

3. *$[\mathfrak{M}, <]$ ist überall dicht.*

Dann hat $[\mathfrak{M}, <]$ den Ordnungstypus η.

Zum Beweis dieses Satzes brauchen wir für die Menge R neben der natürlichen Ordnung noch die, die wir bei der diagonalen „Abzählung" von R erhalten. Dazu benutzt man ein Anordnungsschema für die rationalen Zahlen, wie es ähnlich schon beim Beweis der Formel (VI 21) verwendet wurde.

---

[116]) Θ ist bei *Cantor* eingeführt als der Ordnungstypus der Menge der reellen Zahlen x mit $0 \leq x \leq 1$.

Zählen wir zunächst die rationalen Zahlen zwischen 0 und 1 ab, diesmal (vgl. (1)!) aber unter Einschluß der 1; dann schreiben wir die Folgen rationaler Zahlen darunter, die durch Addition von $\pm 1, \pm 2, \pm 3, \ldots$ entstehen:

$$
\begin{array}{ccccc}
 & \swarrow & \swarrow & \swarrow & \swarrow \\
1 & \dfrac{1}{2} & \dfrac{1}{3} & \dfrac{2}{3} & \ldots \\
2 & \dfrac{3}{2} & \dfrac{4}{3} & \dfrac{5}{3} & \ldots \\
0 & -\dfrac{1}{2} & -\dfrac{2}{3} & -\dfrac{1}{3} & \ldots \\
3 & \dfrac{5}{2} & \dfrac{7}{3} & \dfrac{8}{3} & \ldots \\
\vdots & \vdots & \vdots & \vdots & \ddots
\end{array}
\tag{10}
$$

Durch diagonale Abzählung von (10) (nach den beigegebenen Pfeilen) entsteht die Folge $R_0 = \{r_\nu\}$ ($\nu = 1, 2, 3, \ldots$) mit

$$r_1 = 1,\ r_2 = \frac{1}{2},\ r_3 = 2,\ r_4 = \frac{1}{3},\ r_5 = \frac{3}{2},\ r_6 = 0,\ r_7 = \frac{2}{3},\ r_8 = \frac{4}{3}, \ldots$$

Als ein Beispiel für eine Menge $[\mathfrak{M}, <]$ mit den im Cantorschen Satz geforderten Eigenschaften wollen wir die geordnete Menge $[M, <]$ der rationalen Zahlen zwischen 0 und 1 heranziehen:

$$[M, <] = [\{x \,/\, 0 < x < 1 \wedge x \in R\}, <].$$

Die Menge M kann man (nach (1)) abzählen und man erhält so eine Folge $M_0 = \{m_1, m_2, m_3, \ldots\}$ mit

$$m_1 = \frac{1}{2},\ m_2 = \frac{1}{3},\ m_3 = \frac{2}{3},\ m_4 = \frac{1}{4},\ m_5 = \frac{3}{4},\ m_6 = \frac{1}{5},$$

$$m_7 = \frac{2}{5},\ m_8 = \frac{3}{5}, \ldots$$

Wir haben zu zeigen, daß

$$[\mathfrak{M}, <] \simeq [R, <] \tag{11}$$

ist für alle Mengen $[\mathfrak{M}, <]$ mit den Eigenschaften 1., 2., 3., insbesondere also für $[\mathfrak{M}, <] = [M, <]$. Da die Menge $\mathfrak{M}$ von der Mächtigkeit $\aleph_0$ ist, kann man sie abzählen, und wir wollen die entstehende Folge mit $M^{(0)}$ bezeichnen: $M^{(0)} = \{m^{(1)}, m^{(2)}, m^{(3)}, \ldots\}$.

Zur Herstellung der Ähnlichkeitsabbildung beginnen wir mit der Zuordnung

$$m^{(1)} \leftrightarrow r_1. \tag{12}$$

Durch $m^{(1)}$ wird nun die Menge $\mathfrak{M} - \{m^{(1)}\}$ in zwei Teilmengen zerlegt, nämlich in die Menge der Elemente, die vor, und die Menge der Elemente, die hinter $m^{(1)}$ stehen. In jeder dieser beiden Teilmengen gibt es ein Element mit kleinstem Index. Wir nennen es $m^{(a_1)}$ bzw. $m^{(a_2)}$. Dann ist natürlich einer dieser beiden Indizes gleich 2.

Entsprechend gibt es in der Menge R zwei Elemente mit kleinstem Index, für die

$$r_{b_1} < r_1 < r_{b_2}$$

gilt. Einer dieser beiden Indizes b_1 bzw. b_2 ist wieder 2.

Wir ordnen nun die so festgelegten Elemente einander zu:

$$\begin{aligned} m^{(a_1)} &\leftrightarrow r_{b_1}, \\ m^{(a_2)} &\leftrightarrow r_{b_2}. \end{aligned} \tag{12'}$$

Für die verbleibenden Elemente $m \in \mathfrak{M}$ gibt es nun vier Möglichkeiten der Ordnungsbeziehung zu den schon festgelegten Elementen (Abb. 9):

Abb. 9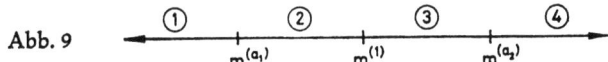

1. $m < m^{(a_1)}$,
2. $m^{(a_1)} < m < m^{(1)}$,
3. $m^{(1)} < m < m^{(a_2)}$,
4. $m^{(a_2)} < m$.

Wir suchen nun die Elemente mit kleinstem Index, für die die Möglichkeiten 1., 2., 3. oder 4. erfüllt sind und bezeichnen sie mit $m^{(a_3)}$, $m^{(a_4)}$, $m^{(a_5)}$, $m^{(a_6)}$.

Für die Menge R nehmen wir die entsprechende Fallunterscheidung vor und bestimmen die Elemente mit kleinstem Index: $r_{b_3}, r_{b_4}, r_{b_5}, r_{b_6}$. Jetzt können wir die Zuordnung (12) bzw. (12') erweitern:

$$m^{(a_\nu)} \leftrightarrow r_{b_\nu}, \quad \nu = 3, 4, 5, 6. \tag{12''}$$

Das Verfahren kann nun ad inf. fortgesetzt werden: Man bestimmt jeweils die Elemente mit kleinstem Index, die vor, hinter bzw. zwischen den bereits zugeordneten liegen [117].

---

[117] Hier werden die Eigenschaften 2. und 3. von $[\mathfrak{M}, <]$ benutzt.

Durch dieses Verfahen werden tatsächlich alle Elemente der Mengen $\mathfrak{M}$ bzw. R erfaßt. Es sei nämlich $m^{(i)}$ das Element mit kleinstem Index, das beim $k$ten Zuordnungsschritt noch nicht erfaßt wurde. Dann kommt es mit Sicherheit beim nächsten Schritt an die Reihe: $m^{(i)}$ muß ja in eines der Intervalle fallen, die durch die bereits zugeordneten Elemente gebildet werden. Und es ist weiter das Element mit kleinstem Index in diesem Intervall.

Damit ist eine die Ordnung erhaltende Zuordnung zwischen den Elementen von $[\mathfrak{M},<]$ und $[R,<]$ hergestellt, also die Ähnlichkeitsaussage (11) bewiesen.

Wir notieren noch den Anfang der Zuordnung für unsere Beispielmenge $[M,<]$:

$$m_1 = \frac{1}{2} \leftrightarrow r_1 = 1, \quad m_2 = \frac{1}{3} \leftrightarrow r_2 = \frac{1}{2}, \quad m_3 = \frac{2}{3} \leftrightarrow r_3 = 2,$$

$$m_4 = \frac{1}{4} \leftrightarrow r_4 = \frac{1}{3}, \quad m_7 = \frac{2}{5} \leftrightarrow r_7 = \frac{2}{3}, \quad m_8 = \frac{3}{5} \leftrightarrow r_5 = \frac{3}{2},$$

$$m_5 = \frac{3}{4} \leftrightarrow r_{10} = 3, \quad \ldots$$

$\ldots$

Als Anwendung des eben bewiesenen Satzes können wir die folgenden Aussagen festhalten:

η ist der Ordnungstypus der Mengen aller reellen algebraischen Zahlen in ihrer „natürlichen" Anordnung.

η ist der Ordnungstypus der Menge aller algebraischen Zahlen eines offenen Intervalles $(a; b)$ $(a \in R, b \in R)$ in ihrer „natürlichen" Anordnung.

Das folgt sofort aus der Tatsache, daß für diese Mengen die für $[\mathfrak{M},<]$ angenommenen Voraussetzungen erfüllt sind.

Weiter gelten für den Ordnungstypus η die folgenden Rechenregeln:

$$\eta + \eta = \eta, \tag{13}$$

$$\eta \cdot \eta = \eta, \tag{14}$$

$$(1 + \eta) \cdot \eta = \eta, \tag{15}$$

$$(\eta + 1) \cdot \eta = \eta, \tag{16}$$

$$(1 + \eta + 1) \cdot \eta = \eta. \tag{17}$$

Der Beweis dieser Formeln ergibt sich aus der Tatsache, daß die links vom Gleichheitszeichen stehenden Ordnungstypen zu Mengen gehören, die abzählbar und in sich dicht sind und kein kleinstes und kein größtes Element haben.

(13) kann z. B. so gedeutet werden: Die offenen Intervalle [118]) (0, 1) und (1, 2) sind vom gleichen Ordnungstypus wie die Vereinigungsmenge $(0, 1) \cup (1, 2)$. Außerdem ist natürlich $\overline{(0, 2)} = \eta$. Es gilt weiter

$$*\eta = \eta; \tag{18}$$

dagegen sind die Ordnungstypen $1 + \eta$, $\eta + 1$, $n \cdot \eta$, $1 + \eta + 1$ unter sich und von η verschieden.

Für den Ordnungstypus Θ des abgeschlossenen Intervalles [0, 1] *in der Menge der reellen Zahlen* hat Cantor den folgenden Satz bewiesen:

Ist eine geordnete Menge [$\mathfrak{M}$, $<$] *perfekt und enthält sie eine abzählbare Teilmenge S, die in* [$\mathfrak{M}$, $<$] *überall dicht* [119]) *liegt, so ist* $\overline{\mathfrak{M}} = \Theta$.

Man charakterisiert heute das Linearkontinuum meist mit Hilfe von Begriffsbildungen, die den Dedekindschen Schnitt [120]) benutzen.

4. Wohlgeordnete Mengen

Wir haben es bereits im Kapitel über die Topologie gesagt: Nicht nur das Finden und Beweisen mathematischer Sätze ist ein Ausweis von schöpferischer Fähigkeit. Auch das geschickte Definieren ist eine bedeutsame Leistung. Selbst wenn man große Worte sparsam zu verwenden geneigt ist, darf man die Begriffsbildung der „wohlgeordneten Menge" eine geniale Leistung *Cantors* nennen. Sie erschloß die Möglichkeit, eine Übersicht über die Typen transfiniter Mengen zu gewinnen.

Wir geben die Definition der wohlgeordneten Menge in einer modernen Fassung [121]).

---

[118]) Hier sind die Intervalle in der Menge R der rationalen Zahlen (geordnet nach der Relation $<$) gemeint.

[119]) Man beachte die Definition in Kap. IV!

[120]) Näheres z. B. bei *Fraenkel*: Abstract set theory, [C 15] S. 156 ff.

[121]) *Cantor* definiert ([W] S. 312) etwas anders und gewinnt dann, als einen beweisbaren Satz, die Aussage: *Jede Teilmenge einer wohlgeordneten Menge hat ein erstes Element.*

Auch die späteren Definitionen dieses Abschnitts gehen in ihrer sprachlichen Formulierung nicht immer auf *Cantor* zurück.

Definition I:

Eine geordnete Menge M heißt wohlgeordnet, wenn jede nicht leere Teilmenge von M ein erstes Element hat.

Danach ist z. B. jede geordnete endliche Menge und jede Menge vom Typus ω wohlgeordnet, nicht aber die Mengen vom Typ $*\omega$. In der Menge N der natürlichen Zahlen hat jede Teilmenge gewiß ein kleinstes Element; für die Menge der negativen ganzen Zahlen (in ihrer „natürlichen" Ordnung) gilt das aber nicht.

Die geordneten Mengen vom Typ η sind nicht wohlgeordnet; so hat z. B. die Menge aller *positiven* rationalen Zahlen $(r > 0)$ kein kleinstes Element.

Man kann aber für die Menge R der rationalen Zahlen noch eine andere Ordnung definieren. Man kann sie *abzählen* (vgl. S. 27) und gewinnt damit in der Darstellung

$$R_0 = \{r_1, r_2, r_3, \ldots\}$$

eine neue Ordnung ($r_\nu < r_\mu$, wenn $\nu < \mu$), die den Charakter einer Wohlordnung hat.

Es ist weiter sofort ersichtlich, daß alle geordneten Mengen vom Typ $1 + \omega$, $2 + \omega, \ldots, \omega + \omega, \omega + \omega + \omega, \ldots$ wohlgeordnet sind.

Satz 1

In einer wohlgeordneten Menge hat jedes Element (mit Ausnahme eines etwa vorhandenen letzten Elementes) einen unmittelbaren Nachfolger.

Zum Beweis unseres Satzes sei m ein beliebiges Element der wohlgeordneten Menge M, M_m die Menge aller auf m folgenden Elemente. Es gilt also $x \in M_m$ genau dann, wenn $x \in M$ und $m < x$ erfüllt ist. Wenn m nicht das letzte Element von M ist, ist M_m nicht leer und hat nach Definition I ein erstes Element b. Dann ist $m < b$, und es gibt kein $y \in M$ mit $m < y < b$. b ist daher der unmittelbare Nachfolger von m.

Man kann aber nicht behaupten, daß in einer wohlgeordneten Menge jedes Element einen unmittelbaren Vorgänger haben muß. In der wohlgeordneten Menge

$$\{a_1, a_2, a_3, \ldots; b_1, b_2, b_3, \ldots\}$$

vom Typ $\omega + \omega$ hat z. B b_1 keinen unmittelbaren Vorgänger.

Definition II

Eine Teilmenge A einer geordneten Menge $[M, <]$ heißt ein Anfang, wenn sie mit jedem Element $a \in A$ auch alle Elemente $b \in M$ mit $b < a$ enthält:

$$[(a \in A) \wedge (b < a)] \Rightarrow (b \in A).$$

Speziell heißt ein Anfang

$$A_c = \{x \mid x \in M \wedge x < c\}$$

einer geordneten Menge [M, <] ein Abschnitt.

In einer wohlgeordneten Menge M ist jeder Anfang A ein Abschnitt: Die Komplementärmenge $B = M - A$ muß ja ein erstes Element haben; dann ist $A = A_c$ der durch c bestimmte Abschnitt.

Betrachten wir als Beispiel die Menge

$$M = \{1 \pm \frac{1}{n}\}, \quad n = 1, 2, 3, \ldots \tag{19}$$

M sei durch die übliche $<$-Relation geordnet, ist dann aber nicht wohlgeordnet. Die Teilmenge $M_1 = \{m \mid m \in M \wedge m > 1\}$ hat kein erstes Element. Die Teilmenge $M_2 = \{m \mid m \in M \wedge m < 1\}$ ist ein Anfang, aber kein Abschnitt. Fügt man zu M noch die Zahl 1 hinzu, bildet man also die Menge

$$M_3 = M \cup \{1\},$$

so wird M_2 zu dem durch das Element $a = 1$ von M_3 bestimmten Abschnitt A_a der geordneten (aber nicht wohlgeordneten) Menge M_3.

Als ein weiteres Beispiel nennen wir noch die Menge G der ganzen Zahlen. Sie ist nicht wohlgeordnet, aber jeder (von G verschiedene) Anfang ist ein Abschnitt.

Schließlich betrachten wir noch die Menge

$$P = \{r_1, r_2, r_3, \ldots; 1 + r_1, 1 + r_2, \ldots; 2 + r_1, 2 + r_2, \ldots; \ldots\} \tag{20}$$

der positiven rationalen Zahlen. r_ν ($\nu = 1, 2, 3, \ldots$) hat dabei dieselbe Bedeutung wie in der Abzählung (1). P ist wohlgeordnet, vom Typus $\omega + \omega + \omega + \omega + \ldots$

5. Elementare Eigenschaften der Ordnungszahlen

Für die Ordnungstypen der wohlgeordneten Mengen führt *Cantor* eine besondere Bezeichnung ein:

Definition III

Der Ordnungstypus einer wohlgeordneten Menge heißt eine Ordnungszahl [122].

So sind z. B. ω, $\omega + 1$, $1 + \omega$, $\omega + \omega$ Ordnungszahlen, nicht aber $*\omega$ und η.

---

[122] syn.: Ordinalzahl.

Die Bezeichnung Ordnungs*zahlen* wird sich dadurch rechtfertigen, daß zwischen den Ordnungszahlen eine (durch das Zeichen $<$ zu bezeichnende) Ordnungsrelation besteht. Stellen wir zunächst (immer nach dem Vorbild von *Cantor*) fest:

Definition IV
Für die Ordnungszahlen α und β der wohlgeordneten Mengen A und B gilt $\alpha < \beta$, wenn A einem Abschnitt von B ähnlich ist.

Zur Rechtfertigung dieser Erklärung beweisen wir zunächst

Satz 2
Keine wohlgeordnete Menge ist einem ihrer Abschnitte ähnlich.

Das heißt also: Eine Ordnungszahl α ist niemals kleiner als α:

$$\neg \, (\alpha < \alpha). \tag{21}$$

Nehmen wir an, es gäbe eine die Ordnung erhaltende Abbildung von A auf einen Abschnitt $A_x, x \in A$:

$$A_x = \{y \,/\, y = f(a) \wedge a \in A\}.$$

Dann ist jedenfalls $f(x) < x$, da ja alle Elemente von A_x nach Definition II vor x liegen. Die Menge

$$B = \{b \,/\, b \in A \wedge f(b) < b\}$$

ist dann nicht leer und hat als Teilmenge einer wohlgeordneten Menge ein erstes Element c. Wir haben dann also

$$d = f(c) < c, \tag{22}$$

und c ist das (nach der Ordnung durch $<$) erste Element mit dieser Eigenschaft.

Wenden wir jetzt die Abbildung f auf d an. Dann ist doch wegen (22)

$$f(d) = f(f(c)) < f(c) = d,$$

da ja f die Ordnung erhält. Wir haben also $f(d) < d$, $d < c$. Da aber c das erste Element mit der Eigenschaft $f(c) < c$ sein sollte, ist das ein Widerspruch. Eine die Ordnung erhaltende Abbildung von A auf einen Abschnitt A_x kann es nicht geben, und damit ist (21) bewiesen.

Als *Zusatz* können wir noch notieren:

Irgend zwei verschiedene Abschnitte einer wohlgeordneten Menge sind nicht ähnlich.

Besonders wichtig für die Theorie der Ordnungszahlen ist nun

Satz 3
Von zwei nicht ähnlichen wohlgeordneten Mengen A und B ist entweder A einem Abschnitt von B oder B einem Abschnitt von A ähnlich.

Es seien A_a und B_b die durch die Elemente a bzw. b ($a \in A, b \in B$) bestimmten Abschnitte der Mengen A bzw. B.

Die beiden wohlgeordneten Mengen A und B haben nach Definition I je ein erstes und nach Satz 1 auch ein zweites Element. Wir nennen sie a_1, a_2 bzw. b_1, b_2. Dann sind gewiß die aus je einem Element bestehenden Abschnitte A_{a_2} und B_{b_2} einander ähnlich:

$$A_{a_2} = \{a_1\} \simeq \{b_1\} = B_{b_2}. \tag{23}$$

Daraus folgt, daß die durch

$$C = \{x \,/\, \underset{y}{\mathsf V} (A_x \simeq B_y)\} \tag{24}$$

definierte Menge C nicht leer ist. Nach Satz 2 ist der zu A_x gehörende Abschnitt B_y (oder: der zu B_y gehörende Abschnitt A_x) eindeutig bestimmt. Die durch

$$f: \; y = f(x) \tag{25}$$

gegebene Funktion ist daher eineindeutig.

Wir wollen nun zeigen: *Die Menge C ist ein Abschnitt von A oder die ganze Menge A selbst.*

Es sei nämlich $z \prec x, z \in A, x \in A$. Dann bildet die durch (25) gegebene Abbildung den Abschnitt A_x auf den Abschnitt A_y ab, also auch z (es ist ja $z \prec x$) auf ein gewisses $w \in B_y, w \prec y$. Diese die Ordnung erhaltende Abbildung f bildet dann auch die Abschnitte A_z und B_w ($A_z \subset A_x, B_w \subset B_y$) aufeinander ab:

$$A_z \overset{(f)}{\leftrightarrow} B_w.$$

Das heißt aber: Jedes $z \prec x$, $x \in A$, $x \in A$, bestimmt einen Abschnitt der durch f unter Erhaltung der Ordnung auf einen Abschnitt B_w von B abgebildet wird. z gehört also zu C. Deshalb ist C tatsächlich ein Abschnitt von A oder aber die ganze Menge A selbst.

Die durch f gegebene Bildmenge von C bezeichnen wir mit $f(C) = D$. D ist dann ein Abschnitt von B oder die Menge B selbst. Für die Mengen C und D sind nun die folgenden 4 Aussagen denkbar:

1. $C = A$, $D = B$.
2. $C = A_\xi$ ($\xi \in A$), $D = B$.
3. $C = A$, $D = B_\eta$ ($\eta \in B$).
4. $C = A_\xi$, $D = B_\eta$, ($\xi \in A$, $\eta \in B$).

Der Fall 1. scheidet aus, weil A und B nicht ähnlich sein sollten. Wir wollen zeigen, daß auch der Fall 4. nicht möglich ist. Man kann ja in diesem Fall die Abbildung f auch noch für die Elemente ξ und η definieren:

$$\eta = f(\xi).$$

Sind ξ' und η' die unmittelbaren Nachfolger von ξ und η, so ist damit eine Zuordnung der Abschnitte $A_{\xi'}$ und $B_{\eta'}$ erreicht: $B_{\eta'} = f(A_{\xi'})$. Dann gehört aber auch noch ξ' zu Menge C. Die Annahme $C = A_\xi$ war also falsch.

Aus Satz 3 ergibt sich sofort der folgende Zusatz:

Satz 3a

Für die Ordnungszahlen α und β von zwei wohlgeordneten Mengen A und B gilt genau eine der drei Aussagen

$$\alpha < \beta, \quad \alpha = \beta, \quad \alpha > \beta. \tag{26}$$

Schließlich notieren wir noch eine Folgerung für die *Mächtigkeiten* wohlgeordneter Mengen:

Satz 3b

Wohlgeordnete Mengen sind hinsichtlich der Mächtigkeiten stets vergleichbar.

Das heißt: Für *wohlgeordnete* Mengen A und B kann der beim Beweis des Cantor-Bernstein-Satzes (S. 76) diskutierte Fall der Nichtvergleichbarkeit (Fall 4.) nicht eintreten. Ist $\overline{A} < \overline{B}$, so ist eine eineindeutige Abbildung von A auf eine Teilmenge von B gesichert. Wir haben deshalb $\overline{A} \leq \overline{B}$. Wir müssen das Gleichheitszeichen zulassen, weil es ja auch noch eine eineindeutige (die Ordnung *nicht* erhaltende!) Abbildung von B auf A geben kann. Das zeigt das Beispiel der Ordnungszahlen ω und $\omega + 1$. Es ist $\omega < \omega + 1$, aber die entsprechenden Mächtigkeiten sind gleich: $\overline{\omega} = \overline{\omega + 1}$.

Diese Bemerkung macht die Bedeutung des Begriffes „Wohlordnung" klar: Wenn es gelänge zu zeigen, daß man jede Menge „wohlordnen" kann, so könnte man aus dem eben notierten Zusatz die wichtige Folgerung ziehen:

Irgend zwei Mengen sind hinsichtlich ihrer Mächtigkeit stets vergleichbar.

Wir werden über das Problem der „Wohlordnung" beliebiger Mengen noch ausführlich zu sprechen haben. Zunächst ziehen wir aus unseren Ergebnissen eine andere Folgerung:

Satz 4 (Prinzip der transfiniten Induktion)
Es sei M eine wohlgeordnete Menge und A (m) eine für alle $m \in M$ erklärte Aussagenfunktion. Es möge gelten

$$\bigwedge_x (x \in M_y \Rightarrow A(x)) \Rightarrow A(y) \tag{27}$$

Dann gilt A (m) für alle $m \in M$.

Zum Beweis dieses Prinzips definieren wir die Menge Z der Elemente $m \in M$, für die $A(m)$ nicht gilt. Wenn Z nicht leer ist, hat Z als Teilmenge einer wohlgeordneten Menge ein erstes Element, etwa y. Dann gilt $A(m)$ für alle m des Abschnitts M_y, nach (27) also auch für y selbst. y ist also nicht das erste Element der Menge Z. Aus diesem Widerspruch folgt, daß Z die leere Menge ist. $A(m)$ ist also tatsächlich für alle $m \in M$ richtig.

Ist m speziell die Menge N der natürlichen Zahlen, so folgt aus Satz 4 das klassische *Prinzip der vollständigen Induktion*. Das Prinzip der transfiniten Induktion ist also eine Verallgemeinerung dieses bekannten Beweisverfahrens der klassischen Arithmetik auf wohlgeordnete Mengen. Es ist ein wichtiges Hilfsmittel in der modernen Beweistheorie geworden [123].

6. Mengen von Ordnungszahlen

Die Ordnungszahlen sind spezielle Ordnungstypen (vgl. Definition III). Es gelten also für die Ordnungszahlen die für die Typen in Abschnitt VII 2 abgeleiteten arithmetischen Rechengesetze. Wir werden sie im folgenden ergänzen, soweit das notwendig werden wird. Zunächst wollen wir einen Limes-Begriff für Ordnungszahlen einführen.

Es sei G die Vereinigungsmenge einer Folge elementefremder wohlgeordneter Mengen:

$$G = G^{(1)} \cup G^{(2)} \cup G^{(3)} \cup \ldots$$

Die entsprechenden Ordnungszahlen seien α_ν ($\nu = 1, 2, 3, \ldots$), bzw. $\alpha_\nu = \overline{G^{(\nu)}}, \beta = \overline{G}$. Wir setzen

$$\beta_\nu = \alpha_1 + \alpha_2 + \ldots + \alpha_\nu$$

und haben dann offenbar

$$\beta_{\nu+1} > \beta_\nu, \ \beta > \beta_\nu$$

für alle Nummern ν.

---

[123] Das Prinzip der transfiniten Induktion stammt nicht von *Cantor*. Es wurde zunächst von *Gentzen* in seinem Beweis für die Widerspruchsfreiheit der Zahlentheorie benutzt. Siehe dazu z. B. Kleene: *Introduction to Metamathematics*, [C 24].

Es sei nun β' eine beliebige Ordnungszahl, die kleiner als β ist: $\beta' < \beta$. Dann ist β' gleich der Ordnungszahl eines Abschnittes G_x der Menge G. x muß aber nach der Definition von G einer der Mengen $G^{(\nu)}$ angehören, etwa der Menge $G^{(n)}$. Dann ist

$$\beta' < \beta_\nu < \beta$$

für $\nu \geq n + 1$. Das heißt aber: β ist die kleinste Ordnungszahl, die größer ist als alle Ordnungszahlen β_ν. Dieser Sachverhalt rechtfertigt die folgende

Definition V

Die kleinste Ordnungszahl, die größer ist als alle Ordnungszahlen einer aufsteigenden Folge $\{\beta_\nu\}$ ($\beta_{\nu+1} > \beta_\nu$), heißt der Limes von $\{\beta_\nu\}$:

$$\beta = \lim_{\nu \to \infty} \beta_\nu. \tag{28}$$

Es ist danach z. B.

$$\omega = \lim_{n \to \infty} n. \tag{29}$$

Cantor hat sich besonders eingehend mit jenen Ordnungszahlen beschäftigt, die – wie ω – zu Mengen von der Mächtigkeit $\aleph_0$ gehören.

Definition VI

Die endlichen Ordnungszahlen heißen die Zahlen der 1. Zahlenklasse, die Ordnungszahlen von wohlgeordneten Mengen von der Mächtigkeit $\aleph_0$ heißen die Zahlen der 2. Zahlenklasse. Die entsprechenden Mengen bezeichnen wir mit Z_1 bzw. $Z_2 = Z(\aleph_0)$.

Nach (29) gehört jede Ordnungszahl, die kleiner als ω ist, zu einer endlichen Menge. Deshalb ist ω *die kleinste Ordnungszahl von $Z(\aleph_0)$.*

Satz 5

Die Menge $M(\alpha)$ aller Ordnungszahlen, die kleiner als α sind, ist wohlgeordnet und hat die Ordnungszahl α.

Für endliche Ordnungszahlen ist die Gültigkeit dieses Satzes sofort einleuchtend. Nach Abschnitt VII 1 sind ja die Ordnungszahlen (Ordnungstypen), die kleiner als n sind, gerade die Zahlen $0, 1, 2, \ldots, n-1$.

Zum Beweis des Satzes 5 für transfinite Mengen gehen wir aus von einer Menge A mit der Ordnungszahl α; $\tau(a)$ sei die Ordnungszahl des Abschnitts A_a.

Wir behaupten: Die Funktion

$$\tau: a \to \tau(a) \tag{30}$$

stellt eine Ähnlichkeitsabbildung zwischen A und $M(\alpha)$ her. Ist nämlich $a' < a$, so ist $A_{a'}$ ein Abschnitt von A_a, und deshalb ist nach Definition

$\tau(a') < \tau(a)$. Andererseits ist jedes Element β der Menge $M(\alpha)$ auch ein Bild eines Elementes $a' \in A$. Als Element der Menge $M(\alpha)$ ist ja β eine Ordnungszahl, die kleiner ist als $\alpha : \beta < \alpha$. Nach Definition der $<$-Beziehung ist dann aber β die Ordnungszahl eines Abschnitts $A_{a'}$ der Menge A, also $\beta = \tau(a')$.

Satz 6

Jede Menge Φ von Ordnungszahlen ist durch die $<$-Beziehung wohlgeordnet.

Wir haben zu zeigen: Jede nicht leere Menge von Ordnungszahlen hat eine kleinste Ordnungszahl.

Es sei α irgendein Element der Menge Φ. Wenn α nicht schon selbst das kleinste Element von Φ ist, so ist der Durchschnitt $\Phi \cap M(\alpha)$ nicht leer und als Teilmenge der wohlgeordneten Menge $M(\alpha)$ selber wohlgeordnet. β sei die kleinste Ordnungszahl dieser Menge. Dann ist β auch die kleinste Zahl der Menge Φ. Wäre es nicht so, so müßte es ja eine Ordnungszahl $\beta_1 < \beta$ geben, die zu $\Phi - M(\alpha)$ gehört. Eine nicht zu $M(\alpha)$ gehörende Ordnungszahl ist aber nicht kleiner als α, und wir hätten

$$\beta_1 \geq \alpha > \beta > \beta_1.$$

Aus diesem Widerspruch folgt, daß β auch das kleinste Element von Φ ist; Φ ist daher wohlgeordnet.

Satz 7

Zu jeder Menge Φ von Ordnungszahlen gibt es eine Ordnungszahl, die größer ist als jede Ordnungszahl dieser Menge.

Falls die Menge Φ ein maximales Element γ hat, so ist $\gamma + 1$ eine Ordnungszahl, die größer ist als alle Elemente von Φ. Wenn es ein solches Element nicht gibt, so betrachten wir die Menge [124]

$$\Psi = \bigcup_{\alpha \in \Phi} M(\alpha).$$

Offenbar ist Φ eine Teilmenge von Ψ. Es sei nun β die Ordnungszahl von Ψ:

$$\beta = \overline{\Psi}.$$

Außerdem ist [125] $\beta = \overline{M(\beta)}$. Wir haben deshalb $\Psi = M(\beta)$. β ist also größer als alle Elemente von Ψ und damit auch größer als alle Elemente von Φ.

---

[124] Die Vereinigungsmenge $S = \bigcup_{a \in A} B_a$ einer Menge von Mengen B_a (wobei der Index a einer Menge A angehört) ist so definiert:

$$x \in S \Leftrightarrow \bigvee_a (a \in A \wedge x \in B_a).$$

[125] Man beachte Satz 5!

Es gibt also in jedem Fall eine Ordnungszahl, die größer ist als alle Ordnungszahlen der gegebenen Menge Φ.

Die Theorie der Kardinalzahlen schuf die Möglichkeit (vgl. Abschnitt VI 5!), Mengen von immer höherer Mächtigkeit zu bilden. Es zeigt sich nun, daß auch die Theorie der Ordnungszahlen Ähnliches leistet. Wir haben hier sogar den Vorteil, daß wir eine Menge mit einer Mächtigkeit $\aleph_1$ gewinnen, von der wir zeigen können, daß kein $\aleph^*$ zwischen $\aleph_0$ und $\aleph_1$ liegen kann. Beweisen wir zunächst

Satz 8

Die Menge $Z_2 = Z(\aleph_0)$ der Zahlen der zweiten Zahlenklasse ist nicht abzählbar [126]).

Nach Satz 7 gibt es eine Ordnungszahl β, die größer ist als jedes Element von $Z(\aleph_0)$. Es sei γ die kleinste Ordnungszahl mit dieser Eigenschaft. Eine solche Zahl muß es geben: Wenn nicht schon β diese Eigenschaft hat, dann kann man den Abschnitt $M(\beta)$ betrachten und in dieser wohlgeordneten Menge die Teilmenge der Ordnungszahlen, die größer als alle Zahlen von $Z(\aleph_0)$ sind. Diese Teilmenge hat ein kleinstes Element γ. Dann ist $M(\gamma)$ gleich der Vereinigungsmenge der Zahlen der ersten und der zweiten Zahlenklasse:

$$M(\gamma) = Z_1 \cup Z_2.$$

Z_1 ist abzählbar; wäre auch $Z_2 = Z(\aleph_0)$ abzählbar, so wäre es auch die Vereinigungsmenge $M(\gamma)$. Nach Satz 5 hat $M(\gamma)$ aber die Ordnungszahl γ, die größer als alle Zahlen von Z_2 ist. Da die Ordnungszahlen aller abzählbaren Mengen zu Z_2 gehören, kann $M(\gamma)$ nicht abzählbar sein. Also ist es auch $Z(\aleph_0)$ nicht.

Satz 9

Die Kardinalzahl

$$\aleph_1 = \overline{\overline{Z(\aleph_0)}}$$

ist die kleinste Kardinalzahl, die größer als $\aleph_0$ ist.

Nehmen wir an, es gäbe eine Kardinalzahl $\aleph^*$ mit der Eigenschaft

$$\aleph_0 < \aleph^* < \aleph_1. \tag{31}$$

Nach Definition der Relation $<$ für Kardinalzahlen müßte es dann eine Teilmenge von $Z_1 \cup Z_2$ geben, die die Mächtigkeit $\aleph^*$ hat. Als Teilmenge einer wohlgeordneten Menge wäre sie wohlgeordnet und hätte eine Ordnungs-

---

[126]) Vgl. Definition VI.

zahl, die kleiner als die von Z ($\aleph_0$) sein müßte. Sie wäre dann aber gleich einer Zahl aus Z_1 oder Z_2. Eine Menge mit einer solchen Ordnungszahl ist aber höchstens abzählbar.

Wir können Satz 9 benutzen, um dem *Kontinuum-Problem* (vgl. S. 87) eine neue Fassung zu geben. Wir wissen jetzt, daß $\aleph_1$ die kleinste Mächtigkeit größer als $\aleph_0$ ist. Die *Kontinuum-Hypothese Cantors* kann jetzt so formuliert werden:

Ist $\aleph_0$ die Mächtigkeit der Menge der natürlichen Zahlen, $\aleph_1$ die der Zahlen der zweiten Zahlenklasse, $\aleph$ die des Kontinuums, so gilt

$$2^{\aleph_0} = \aleph = \aleph_1. \tag{32}$$

Es ist *Cantor* trotz vieler Bemühungen [127]) nicht gelungen, die Vermutung $\aleph = \aleph_1$ zu beweisen.

Es liegt nahe, die Definition immer neuer Mächtigkeiten mit Hilfe von „Zahlenklassen" fortzusetzen: Man kann zeigen, daß die Menge Z ($\aleph_1$) aller Ordnungszahlen, die zu Mengen von der Mächtigkeit $\aleph_1$ gehören, von einer Mächtigkeit $\aleph_2$ ist, und es gibt keine Mächtigkeit $\aleph'$ zwischen den beiden. Die Fortsetzung dieses Verfahrens führt zu einer aufsteigenden Folge von Mächtigkeiten. *Cantor* führt seine „Beiträge zur Begründung der transfiniten Mengenlehre" ([W] S. 282–351) zwar nur bis zu den Zahlen der „zweiten Zahlenklasse", aber in einem Brief an *Dedekind* [128]) vom 28. Juli 1899 schreibt er über die „wohlgeordnete Folge von Mächtigkeiten" ([W] S. 442)

... Sie wissen, daß ich schon vor vielen Jahren zu einer wohlgeordneten Folge von Mächtigkeiten oder transfiniten Kardinalzahlen gelangt bin, die ich die „Alephs" nenne:

$$\aleph_0, \aleph_1, \aleph_2, \ldots, \aleph_{\omega_0}, \ldots$$

$\aleph_0$ bedeutet die Mächtigkeit der im gebräuchlichen Sinne „abzählbaren" Mengen, $\aleph_1$ ist die nächstgrößere Kardinalzahl. $\aleph_2$ dann die darauf folgende usf. $\aleph_{\omega_0}$ ist die auf alle $\aleph_\nu$ nächstfolgende (d. h. nächstgrößere) und gleich

$$\lim_{\nu \to \omega_0} \aleph_\nu,$$

usw.

Er hat auch im Kreise von Kollegen über diese Reihe seiner „Alephs" berichtet. Es ist recht eindrucksvoll, was G. *Kowalewski* in seiner Biographie darüber schreibt [129]). Der 21 Jahre jüngere Mathematiker hat *Cantor* bei

---

[127]) Vgl. dazu Kap. IX 3!

[128]) Er hat schon 1883 in den Math. Ann. ([W] S. 200) von der „3. Zahlenklasse" gesprochen.

[129]) G. Kowalewski: Gestalt und Wandel ([B 4] S. 201).

jenen Treffen kennengelernt, die die Mathematiker aus Halle und Leipzig um die Jahrhundertwende vierzehntägig abwechselnd in Halle und in Leipzig veranstalteten. Als *Kowalewski* etwa 50 Jahre später seine Lebenserinnerungen schrieb, berichtet er mehrfach von den Leistungen *Cantors*. Von dem „lückenlosen Aufstieg" von Mächtigkeiten in der Reihe der Alephs sagt er:

> Diese Mächtigkeiten, die Cantorschen Alephs, waren für *Cantor* etwas Heiliges, gewissermaßen die Stufen, die zum Throne der Unendlichkeit, zum Throne Gottes emporführen. Seiner Überzeugung nach waren mit diesen Alephs alle überhaupt denkbaren Mächtigkeiten erschöpft.

Cantor bezeichnet das System aller Alephs mit dem hebräischen Buchstaben ת (Taw). Um zu beweisen, daß jede Mächtigkeit gleich einem Element von ת ist, hat man nur zu zeigen, daß jede Menge wohlgeordnet werden kann [130]. Wir werden über den zuerst von *Zermelo* gegebenen Beweis des „Wohlordnungssatzes" noch berichten (Kap. XI).

Es bleibt weiter noch die Frage offen, wie denn die mit א bezeichnete Mächtigkeit des Kontinuums (S. 8) in die Reihe der Alephs eingeordnet werden kann. *Cantor* kündigt schon 1883 in den Mathematischen Annalen ([W] S. 192) den Beweis dafür an, daß $א = א_1$, also gleich der Mächtigkeit der „zweiten Zahlenklasse" ist. Dieser Beweis ist aber nicht erbracht worden [131].

---

[130] *Cantor* will ([W] S. 447) die Tatsache, daß mit den Alephs alle Mächtigkeiten erfaßt sind, aus der „Inkonsistenz" von ת begründen. Vgl. dazu Kap. X (Antinomien).

[131] Vgl. dazu die Arbeiten von *Cohen*, Kap. XIV!

VIII. Mathematik und Metaphysik bei Georg Cantor

1. Das Transfinite

Wir haben bisher die Cantorsche Theorie als eine mathematische Disziplin dargestellt, die der exakten Wissenschaft eine „neue Provinz" erschlossen hat: die mancherlei Arten von unendlichen Mengen, unter denen seine Begriffsbildungen (Kardinalzahl, Ordnungszahl) sinnvolle Unterscheidungen ermöglichen.

Um aber den Begründer der Mengenlehre wirklich zu verstehen, müssen wir wissen, daß nach seiner Auffassung die Mengenlehre „*in ihren Principien durchaus zur Metaphysik*" gehört. So schreibt er am 1. Februar 1896 an den Pater *Thomas Esser* [132])

> Die allgemeine Mengenlehre, welche Ihnen sowohl in der Schrift „Zur Lehre des Tranfiniten" wie auch in dem ersten Artikel der begonnenen Arbeit „Beiträge zur Begründung der transfiniten Mengenlehre" in ihren Principien entgegentritt, gehört durchaus zur Metaphysik. Sie überzeugen sich hiervon leicht, wenn Sie die Kategorien der Kardinalzahlen und des Ordnungstypus, diese Grundbegriffe der Mengenlehre, auf den Grad ihrer Allgemeinheit prüfen und außerdem bemerken, daß bei Ihnen das Denken völlig rein ist, daß der Phantasie nicht der geringste Spielraum eingeräumt ist. Hieran wird durch die Bilder nichts geändert, deren ich mich gelegentlich, wie es alle Metaphysiker thun, zur Klarlegung metaphysischer Begriffe bediene, und auch der Umstand, daß die unter meiner Feder noch entstehende Arbeit in mathematischen Journalen herausgegeben wird, modificirt nicht den metaphysischen Charakter und Inhalt derselben.

In den „Mitteilungen zur Lehre vom Transfiniten" ([W] S. 378) unterscheidet er das Aktual-Unendliche nach drei Beziehungen:

> *erstens* sofern es in der höchsten Vollkommenheit, im völlig unabhängigen, außerweltlichen Sein, *in Deo* realisiert ist, wo ich es *Absolut Unendliches* oder kurzweg *Absolutes* nenne; *zweitens* sofern es in der abhängigen, kreatürlichen Welt vertreten ist; *drittens* sofern es als mathematische Größe, Zahl oder Ordnungstypus vom Denken *in abstracto* aufgefaßt werden kann. In den *beiden* letzten Beziehungen, wo es offenbar als beschränktes, noch weiterer Vermehrung fähiges und *insofern dem Endlichen verwandtes* A.-U. sich darstellt, nenne ich es Transfinitum und setze es dem *Absoluten* strengstens entgegen.

---

[132]) Der ganze Brief ist veröffentlicht in [B 7].

Es könnte sein, daß ein moderner Leser dieser Zeilen das unbehagliche Gefühl gewinnt, daß er mit dieser Schlußweise *Cantors* ins Mittelalter zurückversetzt wird. Wir meinen: Wer die Denkweise der *modernen* Mathematik würdigen, wer den Sinn des modernen Formalismus verstehen will, muß die Gedankenwelt des 19. Jahrhunderts kennen. *Cantor* ist vielleicht einer der letzten, gewiß aber einer der bedeutendsten Vertreter des an *Platon* orientierten Denkens. Man vergibt sich nichts, wenn man dem genialen Begründer der Mengenlehre auch einmal in seinen philosophischen Überlegungen nachgeht. Vielleicht werden wir bald an den Punkt kommen, wo wir ihm nicht mehr folgen können. Aber wir haben dann im Gespräch mit dem revolutionären und doch der Tradition so eng verbundenen Denker einiges dazu gelernt.

Dabei darf es uns nicht verdrießen, daß *Cantor* nicht nur die Mathematiker, sondern auch Philosophen und Theologen vergangener Jahrhunderte zitiert. Im 19. Jahrhundert (in dem ja der Begriff der „allgemeinen Bildung" geprägt wurde!) wohnten die verschiedenen Bereiche der Wissenschaften enger beieinander als heute. Und so wurde auch gelegentlich versucht, die Mathematik einzubauen in ein großes System wissenschaftlicher Forschung, die noch nach dem fragte, „was die Welt im Innersten zusammenhält".

Die Frage nach dem Aktual-Unendlichen war schon Jahrhunderte vor *Cantor* von Philosophen und Theologen gestellt worden. Wir haben schon im Abschnitt IV 4 über das Kontinuum einige Proben frühen Philosophierens über die Problematik des Unendlichen gegeben. *Cantor* sagt mit Recht in seiner Kritik an *Thomas von Aquino* (S. 113), daß die Aussagen des Kirchenvaters doch nur dokumentieren, daß man „der Sache nicht auf den Grund gekommen war". Das kann man im wesentlichen auch über die übrigen frühen Äußerungen über infinitesimale Probleme sagen, die *Cantor* mit liebevoller Gründlichkeit in seinen philosophischen Schriften zusammenträgt [133]).

Das nur „in Deo" realisierte „Absolut Unendliche" wird von *Cantor* nur deshalb zitiert (S. 111), um die Berechtigung eines mathematischen Kalküls des *Transfiniten* sicherzustellen. Von Theologen und Philosophen war gelegentlich die Ansicht vertreten worden, daß das Unendliche seinem Wesen nach „unteilbar" und folglich „unveränderlich und immerwährend" (*Nikolaus von Cues*) sei, daß man es auch nicht vermehren könne und es deshalb dem „Grund aller Dinge, Gott", vergleichbar sei. *Cantor* trägt dieser Auffassung Rechnung, indem er die Kategorie des „Absolut Unendlichen"

---

[133]) In seinen Briefbüchern finden sich viele Zusammenstellungen von Äußerungen antiker Philosophen, von Kirchenvätern, Mathematikern usw. über Probleme des Unendlichen.

gelten läßt, sie aber deutlich gegen das „Transfinite", das „Aktual Unendliche" abgrenzt, das allein Gegenstand seiner Forschung sein soll.

Wir wollen darauf verzichten, die Stimmen für und wider das Aktual-Unendliche aus *Cantors* philosophischen Arbeiten zu zitieren [134]). Es genügt, wenn wir *Cantors* zusammenfassende Replik auf die mancherlei Einwände gegen eine Theorie des Aktual-Unendlichen zitieren ([W] S. 371–372):

Alle sogenannten Beweise wider die Möglichkeit actual unendlicher Zahlen sind, wie in jedem Falle besonders gezeigt und auch aus allgemeinen Gründen geschlossen werden kann, der Hauptsache nach dadurch fehlerhaft und darin liegt ihr πρῶτον ψεῦδος, daß sie von vornherein den in Frage stehenden Zahlen alle Eigenschaften der endlichen Zahlen zumuten oder vielmehr aufdringen, während die unendlichen Zahlen doch andrerseits, wenn sie überhaupt in irgend einer Form denkbar sein sollen, durch ihren Gegensatz zu den endlichen Zahlen ein ganz neues Zahlengeschlecht constituiren müssen, dessen Beschaffenheit von der Natur der Dinge durchaus abhängig und Gegenstand der Forschung, nicht aber unserer Willkühr oder unserer Vorurteile ist.

Cantor fügt dieser Stellungnahme einen Hinweis auf *Pascal* hinzu: Er habe das „Bedenkliche, wenn nicht Widersinnige" der gegen das Aktual-Unendliche gerichteten Deduktionen wohl erkannt. Aber auch er schätzt „den menschlichen Geist hinsichtlich seiner Auffassungskraft des Actual-Unendlichen zu gering". Alle Einwände gegen das Aktual-Unendliche, ob sie nun von Kirchenvätern wie *Thomas von Aquino* stammen oder von hervorragenden Mathematikern wie *Gauß*, schiebt *Cantor* beiseite mit dem Hinweis, daß er ja eine fundierte Theorie des Unendlichen geschaffen habe, die frühere Denker für unmöglich hielten.

Interessant ist seine Bemerkung in dem Brief an den Kardinal *Franzelin* ([W] S. 399 f), daß

die Gründe, welche in dieser Frage im Verlauf zwanzigjähriger Forschung, ich kann sagen, wider Willen, weil im Gegensatz zu von mir stets hochgehaltener Tradition von innen her sich mir aufgedrängt und mich gewissermaßen gefangen haben, stärker (sind) als alles, was ich bisher dagegen gesagt fand.

Er ist sich der Bedeutung seiner Arbeiten auch durchaus bewußt. In seinem Nachlaß findet sich eine (undatierte) Notiz seines Sohnes *Erich*:

Papa antwortete mir vor vielleicht 58 Jahren auf meine Frage betr. die Bedeutung seiner Arbeiten etwa: „So lange Mathematik wissenschaftlich betrieben wird, werden meine Lehren von Bedeutung sein."

---

[134]) Vgl. aber die Zitate in Kapitel V.

Cantor hat immer wieder betont, daß seine Arbeiten nicht nur der Mathematik angehören, sondern darüber hinaus für die Metaphysik von Bedeutung sind. In dem auf S. 111 zitierten Brief an Pater *Thomas Esser* spricht er [135]) von dem „unzerreißbaren Band, das die Metaphysik mit der Theologie verbindet". Auf diese Weise wird die Mengenlehre eingeordnet in einen großen Zusammenhang, und *Kowalewski* dürfte *Cantor* schon richtig verstanden haben, wenn er (vgl. S. 110) die Reihe der Alephs als die „Stufen zum Throne Gottes" (in der Cantorschen Konzeption) bezeichnet.

2. Cantors Ontologie

Aber was bedeutet es, wenn *Cantor* seiner Mengenlehre metaphysischen Charakter zuspricht? Besser noch als seine publizierten Schriften gibt darüber ein Blatt aus dem Nachlaß Auskunft, ein mit Bleistift geschriebener Entwurf zu einer Arbeit „Über den Zusammenhang der Mengenlehre mit der Arithmetik" von *Georg Cantor* in Halle (Saale). Diese offenbar [136]) aus dem Jahre 1913 stammende Notiz ist anscheinend nie weitergeführt worden. Es heißt da:

> Ohne ein Quentchen Metaphysik läßt sich, meiner Überzeugung nach, keine exacte Wissenschaft begründen. Man entschuldige daher die wenigen Worte, welche ich im Eingang über diese in neuerer Zeit meist so verpönte Doctrin zu sagen wage. Metaphysik ist, wie ich sie auffasse, die Lehre vom *Seienden*, oder was dasselbe bedeutet vom dem was *da ist*, d. h. existirt, also von der Welt wie sie an sich ist, nicht wie sie uns erscheint. Alles was wir mit den Sinnen wahrnehmen und mit unserm abstracten Denken uns vorstellen ist *Nichtseiendes* und damit höchstens eine Spur des an sich Seienden.
>
> Daß aber ein Seiendes ist, wird von uns nicht durch abstractes Denken erkannt, vielmehr wird es an uns selbst *empfunden* und wir sind damit des Seienden ohne einen Beweis dafür nötig zu haben, vollkommen sicher. Wir *sind*, da wir *existieren*, also giebt es ein Seiendes. Nicht nur wir sind da, auch andere von uns verschiedene Seiende sind da, wir leben zusammen und machen eine Welt aus, deren Teile alle miteinander in Verkehr stehen. Wer dies zu leugnen wagt, ziehe sich in sein eignes Selbst zurück und sehe zu, wie weit er damit komme.
>
> Jedes Seiende kann Gegenstand unsres Denkens sein. Dann nennen wir es ein Ding, und alles Nichtseiende, das Gegenstand unseres Denkens ist, nennen wir ein Unding (non ens). So bin ich ein Ding, und jeder andre Mensch ist auch ein Ding.

---

[135]) Der Brief ist ganz veröffentlicht in [B 7].
[136]) Eine auf gleichem Papier mit gleichem Bleistift geschriebene Notiz ist datiert: 3. Juni 1913.

Diese Sätze werden die Zustimmung aller jener Denker finden, die heute mit *Heidegger* die „Seinsvergessenheit" des modernen Menschen beklagen. Aber was hat denn nun eine mathematische Theorie wie die Mengenlehre über das „Sein" auszusagen? In seiner Arbeit „Über die verschiedenen Standpunkte in bezug auf das aktuelle Unendliche" ([W] S. 370–376) spricht *Cantor* von der Möglichkeit, das Aktual-Unendliche sowohl *in abstracto* wie *in concreto* zu bejahen oder zu verwerfen. Das sind vier Möglichkeiten der Kombination (und für jede gibt es Verfechter!). *Cantor* rechnet sich zu denen, die das Aktual-Unendliche „sowohl *in concreto*, wie auch *in abstracto*" bejahen ([W] S. 373). Er ist vielleicht „der zeitlich erste, der diesen Standpunkt mit voller Bestimmtheit und in all seiner Konsequenz vertritt". Er ist aber sicher, daß er „nicht der letzte sein werde, der ihn verteidigt!"

Der Glaube an das Aktual-Unendliche *in concreto*: Das bedeutet die Überzeugung, daß aktual-unendliche Mengen in der Wirklichkeit vorkommen. Wir haben schon im Abschnitt über das Kontinuum (IV 4) darauf hingewiesen, daß *Cantor* die Menge der Atome im Weltall für abzählbar hielt, den „Ätheratomen" aber die Mächtigkeit der 2. Zahlklasse zusprach.

Noch ausführlicher entwickelt *Cantor* seine Ansichten über die Atomistik und insbesondere über die Mächtigkeit der in der Natur auftretenden Mengen von Atomen in seinem Brief an *Mittag-Leffler* vom 16. November 1884. Er ist im Anhang (Brief Nr. 10) im Auszug wiedergegeben [137]).

Dieser Brief ist ein Zeugnis dafür, wie gründlich sich in den letzten 80 Jahren unsere Einsichten über die Struktur der Materie gewandelt haben. Weder das, was *Cantor* verteidigt, noch das, was er bei den Vertretern der „chemischen Atomistik" oder der konventionellen „Punktatomistik" angreift, entspricht modernen Auffassungen. Die „Ätherhypothese" ist längst aufgegeben, und jeder Schüler erfährt heute im Gymnasium gesicherte Ergebnisse über die Dimensionen des Atoms und seines Kerns.

Die von *Weierstraß* und *Mittag-Leffler* in jenen Jahren bewiesenen Sätze der Funktionentheorie gelten heute noch wie damals, und auch der Cantorsche Beweis für die Nichtabzählbarkeit des Kontinuums ist heute ein gesichertes Ergebnis der Forschung, aber die „Hypothesen" über den Aufbau der Materie sind längst überholt. Was für die Sätze der Mathematik gilt, kann natürlich auch für die Ergebnisse exakter experimenteller Forschung in Anspruch genommen werden. Das Fallgesetz von *Galilei* gilt (innerhalb der Fehlergrenzen) heute so wie vor Jahrhunderten, und die effektiven Forschungs-

---

[137]) Der hier wiedergegebene Auszug des (recht langen) Briefes vom 16. November 1884 enthält gerade jene Teile, die bei *Schönflies* [B 12] (Acta Math. 50) nicht gebracht werden.

ergebnisse der Experimentalphysiker des 19. Jahrhunderts werden auch heute nicht bestritten.

Die mancherlei verallgemeinernden „Hypothesen" aber haben sich nur allzu oft als *unzulässige* Verallgemeinerungen erwiesen. Aus guten Gründen verzichtet heute die moderne Physik auf ontologische Aussagen. *Jordan* spricht [138]) von „einer klärenden Reinigung unseres Aussagensystems von metaphysischen, das Wesen und die Leistungsfähigkeit des wissenschaftlichen Denkvermögens verkennenden Aussagen". Das Elektron z. B. ist für den modernen Physiker eine „Struktur", die zur Beschreibung von Meßergebnissen zweckmäßig ist. Die metaphysische Frage, was es „in Wirklichkeit" sei, liegt so sehr abseits von dem Problemgebiet des Physikers, daß er besser auf mißverständliche Bezeichnungen der Umgangssprache verzichtet. Das Elektron ist deshalb (für den vorsichtig formulierenden Physiker) kein „Ding". Das bedeutet nicht, daß jede „Realität" der physikalischen Objekte geleugnet wird. Man will sich nur im Bereich der exakten Forschung nicht mit ungesicherter Ontologie belasten [139]).

Auch die moderne Mathematik hat allen Grund, skeptisch gegenüber ontologischen Aussagen über die Grundbegriffe zu sein. Für die am Denken *Platons* orientierten Mathematiker waren ja die Sätze der Geometrie Aussagen über die Welt der Ideen. Und es gab natürlich nur *einen* solchen „Ideenhimmel", in dem die Punkte, Geraden, Kreise usw. zu Hause waren. Wo sollte man da nichteuklidische Geometrien unterbringen? Die Tatsache, daß die Lobatschewskysche Geometrie ebenso in sich widerspruchsfrei gegeben ist wie die euklidische, führte zu einem Umdenken über die Fundamente der Geometrie. Die 1899 erschienenen *Grundlagen der Geometrie* von *Hilbert* sind ein Markstein in dieser Entwicklung zu einem mathematischen Formalismus, der auf ontologische Aussagen verzichtet und in dem die mathematische „Existenz" eines Systems durch seine Widerspruchsfreiheit gesichert ist.

Es scheint, daß *Cantor* wenig Anteil an dieser Entwicklung der geometrischen Grundlagenprobleme genommen hat. Wir finden jedenfalls in seinen Veröffentlichungen und in den erhaltenen Briefen keinerlei Hinweis auf eine Auseinandersetzug mit der neuen Konzeption der Geometrie, die doch auch

---

[138]) *Jordan*: Die Physik des 20. Jahrhunderts, Braunschweig 1949, S. 134.

[139]) Das ist die Auffassung, die *March, Jordan* und viele andere moderne Forscher vertreten. Es gibt auch (besonders bei den durch den dialektischen Materialismus beeinflußten Physikern) abweichende Standpunkte. Siehe darüber z. B. *Meschkowski*: Das Christentum im Jahrhundert der Naturwissenschaften, München 1961, S. 35 ff.

seine Auffassung vom ontologischen Fundament der Mathematik berühren mußte [140]).

Aber lassen wir die Geometrie beiseite: Wie will *Cantor* gesicherte Aussagen machen über das „Seiende", von dem in seinem Manuskript (S. 114) die Rede ist? Wo ist das „Quentchen Metaphysik", das exakte Wissenschaft begründen kann? Er bezeichnet in seinem Brief an *Mittag-Leffler* vom 16. November 1884 seine Theorien ausdrücklich als *Hypothesen*, und wir müssen heute sagen, daß diese Hypothesen nicht haltbar sind.

Reidemeister hat von *Platon* einmal gesagt, daß über seinem Denken „der Glanz des Seins" liege. Das kann man auch von der Ideenwelt des Begründers der Mengenlehre sagen. Er war in diesem Sinne Platoniker: Er hatte eine ontologische Fundierung der Mathematik, und sie war ihm (wie dem griechischen Denker) „Wecker der Erkenntnis" in der Weise, daß aus der Einsicht in die mathematischen Gesetzlichkeiten metaphysische Erkenntnisse gewonnen werden konnten.

Wir können heute *Cantor* auf diesem Wege nicht mehr folgen. Daß seine Ontologie ungesichert ist, ist *ein* Grund für unsere Skepsis. Die Einsichten aus der Möglichkeit von Antinomien in der Mengenlehre kommen dazu. Davon wird noch zu reden sein (Kap. X).

3. Das „Unendlich-Kleine"

In *Cantors* späteren Schriften, vor allem aber in vielen seiner Briefe [141]), finden wir immer wieder kritische Äußerungen gegen die Einführung des „Unendlich-Kleinen". *Cantor* beansprucht, die Berechtigung des „Aktual-Unendlichen" in der Mathematik begründet zu haben, aber er polemisiert heftig gegen den „infinitären Cholera Bacillus der Mathematik" [142]), wie er ihn in den Schriften einiger seiner Zeitgenossen findet.

Tatsächlich lag im 19. Jahrhundert für viele Mathematiker ein mystisches Dunkel über den Fundamenten der Infinitesimalrechnung. Die 8. These von *Kummer* (S. 59) erklärt ja den Begriff des Differentials für in sich widerspruchsvoll: „Differentiale sind Größen, und sie sind es nicht".

---

[140]) Es scheint aber, daß er nicht (wie *Platon*) an die Realität der „Ideen" glaubte. In einem späteren Manuskript (1913) bezeichnet er die mathematischen Abstraktionen als „Undinge", zum Unterschied von den „Dingen", die entweder „für sich da" sind oder doch „da sein" können.
[141]) Siehe z. B. den Brief Nr. 12 an *Goldscheider* im Anhang oder den an *Vivanti* vom 13. Dezember 1893, der in [B 7] veröffentlicht ist.
[142]) So in dem Brief an *Vivanti* [B 7] S. 504 ff.

In der Schrift von *Gutberlet* über „Das Unendliche" findet sich über das Differential δx die folgende Bemerkung (S. 83).

> Daraus folgt mit Nothwendigkeit, dass δx Etwas sein und gleichzeitig Nichts sein muss; eine Größe und 0. Dies ist aber nur möglich, wenn es in einer Beziehung Etwas und in einer anderen Nichts ist. Denn unter derselben Beziehung Etwas sein und Nichts sein ist gegen das oberste Denkgesetz, wovon die Nothwendigkeit und Gewissheit aller Erkenntnisse abhängt. Wenn aber Etwas nicht in derselben Beziehung Etwas und Nichts sein kann, so kann Etwas, was schlechthin Nichts, d. h. unter jeder Rücksicht 0 ist, niemals einer Grösse gleich sein.

Auch die meisten zeitgenössischen Lehrbücher der Differentialrechnung waren nicht in der Lage, Klarheit über den Begriff des Differentials zu schaffen. Die Weierstraßschen Verfahren hatten sich ja so schnell nicht durchgesetzt.

Einige Autoren versuchten, den Umgang mit dem „Unendlich-Kleinen" ein wissenschaftlich gesichertes Fundament zu geben. Hier ist z. B. *Thomae's* „Abriß einer Theorie der complexen Functionen und der Thetafunctionen [143]) zu nennen, mit dem sich *Cantor* ausführlicher auseinandersetzt. Er zitiert weiter *O. Stolz* und *P. Du Bois-Reymond* [144]), die die Berechtigung aktual-unendlichkleiner Größen aus dem Archimedischen Axiom (und der Möglichkeit seiner Negierung) ableiten wollten.

Cantors Gegenthese lautet [145]):

> *Von Null verschiedene lineare Zahlgrößen (d. h. kurz gesagt, solche Zahlgrößen, welche sich unter dem Bilde begrenzter geradliniger stetiger Strecken vorstellen lassen), welche kleiner wären, als jede noch so kleine endliche Zahlgröße, giebt es nicht, d. h. sie widersprechen dem Begriff der linearen Zahlgröße.*

Sein Beweis ist in Briefen an *Goldscheider* (Anhang Nr. 12) und (gleichlautend) an *Weierstraß* enthalten.

Die Würdigung dieser Cantorschen Überlegungen ist aus einem doppelten Grunde schwierig: Er will Schlüsse mit Hilfe „gewisser Sätze der transfiniten Zahlenlehre" ziehen, die er nicht explizit erwähnt. Und dann ist bei *Cantor* (wie bei den meisten seiner Zeitgenossen) das axiomatische Fundament seiner Überlegung nicht recht deutlich. Was sind die genauen Voraussetzungen, die er für seine „linearen Zahlgrößen" macht? Der Herausgeber seiner

---

[143]) Halle 1870, 2. Aufl. 1873.
[144]) [W] S. 408.
[145]) [W] S. 407.

„Gesammelten Abhandlungen", *Ernst Zermelo*, will die Cantorschen Überlegungen nicht gelten lassen. Er sagt dazu in seiner Anmerkung [W] S.439:

> Die Nicht-Existenz „aktual-unendlichkleiner Größen" läßt sich ebensowenig beweisen wie die „Nicht-Existenz" der Cantorschen Transfiniten, und der Fehlschluß ist in beiden Fällen ganz der nämliche, indem den neuen Größen gewisse Eigenschaften der gewöhnlichen „endlichen" zugeschrieben werden, die ihnen nicht zukommen können. Es handelt sich hier um die sogenannten „nichtarchimedischen" Zahlensysteme, deren Existenz heute als einwandfrei nachgewiesen betrachtet werden kann.

Wenn *Zermelo* Recht hätte mit seinem Einwand gegen *Cantors* Überlegungen, könnte man dem Begründer der Mengenlehre den Vorwurf nicht ersparen, daß er gegen seine eigenen Grundsätze verstoßen habe. In seiner Auseinandersetzung mit *Kronecker* [146]) hat er den schönen Satz gesagt: „Das Wesen der Mathematik liegt in ihrer Freiheit." Er hat für seine Forschungsarbeit diese Freiheit gefordert. Sollte er sie nicht auch denen zugestehen, die der Mathematik eine neue Welt des „Unendlich-Kleinen" erschließen wollen?

Es wird nützlich sein, wenn wir zunächst an einem modernen Beispiel ein „nichtarchimedisches System" kennenlernen. *Zermelo* hat auf die Bewertungstheorie in der modernen Algebra hingewiesen [147]) und zitiert das damals (1930) gerade erschienene Buch „Moderne Algebra" von *B. van der Waerden*. Wir wollen für unsere Überlegungen ein von *Schmieden* und *Laugwitz* [148]) definiertes nichtarchimedisches System heranziehen, um zwischen die Null und die positiven reellen Zahlen „unendlich-kleine Größen" einzuschieben. Ein „erweiterter Zahlbereich" wird durch die Folgen reeller Zahlen

$$R = \{r_1, r_2, r_3, \ldots\}$$

definiert. Zur Abkürzung schreiben wir $R = \{r_m\}$ und erklären weiter: für $R = \{r_m\}, S = \{s_m\}$:

$$\begin{aligned}
R = S &\Leftrightarrow r_m = s_m \quad \text{(für alle } m\text{),} \\
R > S &\Leftrightarrow r_m > s_m \quad \text{(für alle } m\text{),} \\
R + S &= \{r_m + s_m\}, \\
R \cdot M &= \{r_m s_m\}.
\end{aligned} \qquad (1)$$

Die reellen Zahlen r selbst können als Folgen

$$r = \{r, r, r, r, \ldots\} \qquad (2)$$

in den neuen Zahlenbereich eingebettet werden.

---

[146]) Vgl. [W] S. 182.
[147]) [W] S. 439.
[148]) MZ 69, 1958, S. 1–39.

Wichtig für unsere Überlegungen ist nun der Begriff „unendlich groß" bzw. „unendlich klein" für die „Zahlen" R:

Eine Zahl R heißt unendlich groß gegen die Zahl S, im Zeichen $R \gg S$ oder $S \ll R$ (S unendlich klein gegen R), wenn alle Zahlen $r_m \in R$ und $s_m \in S$ nicht negativ sind und

$$r_m > n \cdot s_m \qquad (3)$$

ist für jede natürliche Zahl n und alle $m \geq m(n)$.

Eine Zahl $R \gg 1$ heißt auch (ohne Bezug auf die 1) *unendlich groß*, eine Zahl $R' \ll 1$ entsprechend *unendlich klein*. Für unsere Zwecke ist es am einfachsten, wenn wir uns auf die Menge R^+ der positiven Zahlen (2), die Zahl $\underline{0} = \{0, 0, 0, \ldots\}$ und die Folge U der Zahlen

$$U_\nu = \left\{ \frac{1}{2^\nu}, \frac{1}{3^\nu}, \frac{1}{4^\nu}, \ldots \right\} \quad (\nu = 1, 2, 3, \ldots) \qquad (4)$$

beschränken.

In der Vereinigungsmenge [149])

$$M = \{\underline{0}\} \cup U \cup R^+ \qquad (5)$$

können wir dann eine Ordnung durch folgende Vorschrift einführen:

$r < s$, wenn $r < s, r \in R^+, s \in R^+$;

$U_{\nu'} < r$ für alle Nummern ν und alle $r > 0$. \qquad (6)

$\underline{0} < U_{\nu'} < U_\nu$ für $\nu < \nu'$.

Nach der Definition von $\ll$ ist außerdem

$$\underline{0} \ll U_{\nu'} \ll U_\nu \ll r \qquad (7)$$

für $\nu < \nu'$ und (beliebig kleine) positive Zahlen r. Auf diese Weise ist tatsächlich zwischen die Null und die positiven reellen Zahlen eine Folge „unendlich kleiner" Zahlen eingeschoben. Das „Archimedische Axiom" ist also für unsere Menge M nicht erfüllt.

Aber damit ist *Cantor* nicht widerlegt! Er spricht in seiner Gegenthese (S. 118) ausdrücklich von „solchen Zahlgrößen, die sich unter dem Bilde begrenzter, geradliniger, *stetiger* Strecken darstellen" lassen. *Hilbert* hat in seinen „Grundlagen der Geometrie" bewiesen [150]), daß die Axiome der

---

[149]) Wir beschränken uns auf diese Teilmenge der Halbordnung $\{R\}$, weil sie leicht geordnet werden kann.

[150]) Grundlagen der Geometrie, 3. Aufl., 1909, S. 31.

Stetigkeit unabhängig sind von den übrigen. Man kann also sehr wohl eine „nichtarchimedische" Geometrie definieren. Aber darum geht es hier nicht. *Cantor* fordert ja Stetigkeit. Das bedeutet nicht unbedingt, daß er das Axiom über die Meßbarkeit (*Hilberts* 1. Stetigkeitsaxiom) voraussetzt. Leider war es in den Tagen *Cantors* noch nicht üblich, das axiomatische Fundament der vorgelegten Deduktionen präzis anzugeben. Was ist also eine *stetige Strecke?* Wir können heute die Geometrie mit *einem* Stetigkeitsaxiom aufbauen [151]), das man etwa so formulieren kann:

Jede Gerade hat die Dedekind-Eigenschaft.

Das heißt: *Jeder Dedekindscher Schnitt ist so beschaffen, daß entweder die Unterklasse kein größtes oder die Oberklasse kein kleinstes Element hat.* Geht man davon aus, dann ist der folgende Satz beweisbar: *Jede Strecke ist durch jede beliebig vorgegebene Meßstrecke meßbar.* Bei diesem Aufbau der Geometrie ist damit tatsächlich „das sogenannte Archimedische „Axiom" gar kein Axiom, sondern ein aus dem linearen Größenbegriff mit logischem Zwang folgender Satz", wie *Cantor* ([W] S. 409) bemerkt.

Aber *Cantor* geht es gar nicht um Elementargeometrie. Der Ort, an dem die „unendlich-kleinen Größen" hausen, ist die Infinitesimalrechnung. Man hat mehrfach versucht, die vagen Aussagen über die Differentiale zu einer Theorie des „Unendlich-Kleinen" zu verdichten, die etwa ein Gegenstück zu *Cantors* Theorie der transfiniten Zahlen sein könnte. Hier erhebt sich sein Widerspruch [152]). Er bestreitet die Möglichkeit, bei den üblichen Voraussetzungen über „lineare Zahlgrößen" die Differentiale als „aktual-unendlich-kleine" Größen zu deuten und damit die Infinitesimalrechnung zu begründen *Fraenkel* weist (in seiner *Abstract Set Theory*, S. 122 f.) mit Recht darauf hin, daß es bisher niemandem gelungen sei, den Rolleschen Satz (oder ein anderes Theorem der Infinitesimalrechnung) durch nichtarchimedische Größensysteme zu begründen. Hier hat sich die von *Cauchy* und *Weierstraß* begründete „Grenzmethode" bewährt; hier kommt man (das betont auch *Cantor* immer wieder) [153]) mit den „Potential-Unendlichen" aus.

Fraenkel deutet *Cantors* Meinung so: Er hielt die „unendlich-kleinen Größen" für „steril und nutzlos", *nicht* für in sich widerspruchsvoll. Tatsächlich spricht *Cantor* oft von „papiernen Größen" [154]), aber – das wollen wir ergänzen – er

---

[151]) Siehe z. B. *Meschkowski:* Grundlagen der euklidischen Geometrie. S. 83.
[152]) In mehreren seiner Briefe.
[153]) Vgl. den Briefanhang, Nr. 11.
[154]) Vgl. den Brief an *Vivanti* vom 13. Dezember 1893. Er ist abgedruckt in [B 7] S. 504 ff.

hielt doch mindestens einige der damals vorliegenden Versuche für antinomisch. So heißt es in seinem Brief an *Vivanti* vom 13. Dezember 1893:

> Bin ich also im Unrecht, wenn ich die Thomae-Du Bois-Stolzschen infinitären Ordnungsgrößen auf eine Stufe mit dem kreisförmigen Quadrat und dem quadratförmigen Kreis stelle?

Was würde *Cantor* zu den hier (S. 119) definierten nicht-archimedischen Größen sagen? Es könnte durchaus sein, daß er sie als „papierne Größen" abzulehnen geneigt wäre. Aber – er war ja ein redlicher Mann! – durch ein privatissimum mit Herrn *Laugwitz* würde er sich gewiß davon überzeugen, daß diese „unendlich kleinen Größen" für die Fragen der (*Cantor* ja nicht erschlossenen) *modernen* Analysis von realer Bedeutung sein können.

Wir haben die Stellung *Cantors* zum „Unendlich-Kleinen" in das Kapitel „Mathematik und Metaphysik" aufgenommen. Tatsächlich ging es *Cantor* immer auch um ontologische Fragestellungen: Die aktual-unendlichen Größen *existieren*, auch in der Natur, die papiernen unendlich kleinen *nicht* [155]).

4. Die Religion Cantors

Unter den Mathematikern der verschiedenen Epochen hat es Fromme und Spötter gegeben, Theisten, Deisten und Atheisten. In der Würdigung der wissenschaftlichen Leistung eines Vertreters der exakten Wissenschaften wird man in vielen Fällen die Stellung zur Religion als eine „persönliche" Angelegenheit ansehen und sie gar nicht oder nur am Rand erwähnen.

Man wird *Cantor* nicht gerecht, wenn man ihn „nur" als Mathematiker sieht. In seiner umfangreichen Bibliothek (für die er viel Geld ausgab) fanden sich zahlreiche philosophische und theologische Werke. Sie zeugen davon, daß er seine mathematischen Forschungen in eine Gesamtschau der Welt einbauen wollte.

Bei der Beschäftigung vor allem mit den Briefen *Cantors* fällt die Geschlossenheit seines Weltbildes auf: Die Mengenlehre und darüber hinaus die *Prinzipien* der Mathematik und der Naturwissenschaft gehören zur Metaphysik, weil sie es mit der Ontologie zu tun haben. Die Metaphysik aber ist eine Hilfswissenschaft der Theologie. Lesen wir dazu Stellen aus seinem Brief an Pater *Esser* vom 1. Februar 1896:

> Daß unsere Erörterungen sich der Hauptsache nach auf philosophischem Gebiet bewegen werden, war von vornherein auch meine Meinung. Indem

---

[155]) Vgl. den zitierten Brief an *Vivanti* [B 7] S. 506. Eigenartig ist dagegen seine Theorie der "punctförmigen" Atome, vgl. den Briefanhang. Nr. 10.

muß ich, um Mißverständnisse und Überraschungen von Anfang an auszuschließen zunächst auf zweierlei aufmerksam machen: erstens auf das unzerreißbare Band, das die Metaphysik mit der Theologie verbindet; indem einerseits Letztere gleichsam der Leitstern ist, nach dem sich erstere in ihren Bahnen richtet und von welchem sie Licht erhält, wenn die natürlichen und ordinären Leuchten versagen; andererseits bedarf die Theologie zu ihrer wissenschaftlichen Entwicklung und Darstellung der gesamten Philosophie, die also im Dienstverhältnis zu jener steht. Daraus folgt dreierlei: a), daß bei einer metaphysischen Discussion unvermeidbar auch die Theologie gelegentlich mitspricht; b), daß jeder wirkliche Fortschritt in der Metaphysik auch die Hülfsmittel der Theologie selbst verstärkt oder vermehrt, ja unter Umständen sogar dazu führen kann, daß Glaubensgeheimnisse zu tieferen, gehaltvolleren symbolischen Einsichten kommt als es vorher zu erwarten oder zu ahnen war. Es folgt dies auch unmittelbar aus einer Stelle der Const. dogm. de fide cathol., Sessio III, S. Dec. Conc. Vatic. Cap. I, wo es von Gott heißt: „Super omnia, quae praeter ipsum sunt et concipi possunt, ineffabiliter excelsus" [156]).

Jede Erweiterung unserer Einsicht in das Gebiet des Creatürlichmöglichen muß daher zu einer erweiterten Gotteserkenntnis führen [157]).

Die Begründung der Prinzipien der Math. und der Naturwiss. fällt der Metaphysik zu; sie hat daher jene als ihre Kinder sowohl wie auch als Diener und Gehülfen anzusehen, die sie nicht aus dem Auge verlieren darf sondern stets zu bewachen und controllieren hat und wie die in einem Apiarium residierende Bienenkönigin Tausende von fleißigen Bienen in den Garten hinausschickt, damit sie überall aus den Blumen Saft aussaugen und ihn dann gemeinsam und unter ihrer Aufsicht in köstlichen Honig verarbeiten, die ihr aus dem weiten Reiche der körperlichen und geistigen Natur die Bausteine zur Vollendung ihres eigenen Palastes herbeibringen müßten.

---

[156]) Das ist der Schluß des ersten Satzes aus dem Caput I der Lehrentscheidung des Vaticanischen Konzils über den Glauben, getroffen in der 3. Sitzung, Stelle: Acta Sanctae Sedis 5, pag. 462 (1869): Constitutio dogmatica de fide catholica, Sessio III Sancti Oecumenici Concilii Vaticani, Caput I. Dieses Kapitel beginnt so: Sancta catholica et apostolica Romana Ecclesia credit et confitetur, unum esse Deum verum et vivum.... qui... (praedicandus est)... super omnia, quae praeter ipsum sunt et concipi possunt, ineffabiliter excelsus.

Die stilistischen Unklarheiten dieses Briefabschnittes erklären sich aus der Tatsache, daß wir hier die Entwürfe *Cantors* aus seinem *Briefbuch* zitieren.

[157]) Eine Randbemerkung auf dieser Seite in *Cantors* Entwurf ist nicht eindeutig in den Text eingeordnet. Er will an irgendeiner Stelle in Klammern einschieben: (Unter Vorbehalt der Unterwerfung vor der unfehlbaren Entscheidung der Kirche).

Bei dieser Auffassung über das Verhältnis von Mathematik, Metaphysik und Theologie ist es nur folgerichtig, wenn *Cantor* die Reihe seiner Alephs (nach dem Bericht von *Kowalewski*) als „etwas Heiliges" ansah, als „die Stufen, die zum Throne Gottes emporführen". Eine Würdigung des Lebenswerkes von *Georg Cantor* kann deshalb seine Religiosität nicht übersehen. *Cantors* Vertrautheit mit den Kirchenvätern, der Scholastik, sein Bemühen, möglichst nicht gegen die Grundlinien der katholischen Theologie zu verstoßen [158]), seine sehr ausgedehnte Korrespondenz mit katholischen Theologen: das alles ist erstaunlich, wenn man bedenkt, daß *Cantor* doch (wie sein Vater) der evangelischen Kirche angehörte.

Die Tatsache, daß seine Mutter katholisch war, kann kaum als eine ausreichende Erklärung für diese Entwicklung gelten. Sie hat ihren Grund wohl vor allem darin, daß er bei katholischen Denkern (vor allem bei *Gutberlet* und *Jeiler* [159]) so viel Verständnis für seine metaphysisch fundierte Theorie des Aktual-Unendlichen fand.

1891 berichtet er noch (in einem Brief an Mrs. *Pott*) sehr erfreut über die Konfirmation seiner ältesten Tochter *Else* in der lutherischen Kirche St. Laurenti [160]). Einige Jahre später schreibt er an *Hermite* (21. Januar 1894) über seine Stellung zur Religion:

> Metaphysik und Theologie haben, ich will es bekennen, meine Seele in solchem Grade ergriffen, daß ich verhältnismäßig wenig Zeit für meine *erste Flamme* übrig habe.
>
> Wäre es nach meinen Wünschen vor fünfzehn, ja sogar noch vor acht Jahren gegangen, so hätte man mir einen größeren mathematischen Wirkungskreis, etwa an der Universität Berlin oder Göttingen gegeben und ich würde vielleicht meine Sache nicht schlechter gemacht haben als die Fuchs, Schwarz, Frobenius, Felix Klein, Heinrich Weber etc. Allein nun danke ich Gott, dem Allweisen und Allgütigen, daß er mir die Erfüllung dieser Wünsche für immer versagt hat, denn so hat er mich gezwungen durch ein tieferes Eindringen in die Theologie Ihm und seiner heiligen-römisch-katholischen Kirche zu dienen, als ich es nach meinen wahrscheinlich schwachen mathematischen Kräften durch die *ausschließliche* Beschäftigung mit der Mathematik hätte tun können.

---

[158]) Man beachte z. B. seinen Brief an Kardinal *Franzelin*, [W] S. 399 f, aber auch die Zitate auf S. 111.

[159]) Vgl. die Briefe 14, 15 und 17 des Anhangs.

[160]) Interessant ist, daß die Tochter selbst dieser kirchlichen Feier viel kritischer gegenüberstand als ihre Eltern. Sie hatte (vgl. [B 9]) Skrupel und erwog den Verzicht auf die Konfirmation. Nur die Rücksicht auf ihre Eltern hielt sie von diesem Schritt ab.

> So erstreckt sich meine durchaus irenische universelle und cosmo-politische Täthigkeit schon seit Jahren hauptsächlich nach zwei Richtungen. Erstens wirke ich nach Kräften auf die Geistlichkeit [161]) mit der ich innigst befreundet bin [162]) und zwar handle ich da nach den Worten: „Ihr seid meine Lehrer in der Religion und Theologie, ich Euer dankbarer Sohn und Schüler. Von Euch und Eurem guten Willen hängt es allein ab, ob ich Euer Lehrer werde in den weltlichen Wissenschaften und so eine goldene Brücke schlage von Euch zu uns, von uns zu Euch." Zweitens wende ich mich an den Kreis der gebildeten Laien, ohne Zelotismus und frei von Ostentation, mit der nöthigen Auswahl, Vorsicht und Klugheit, um sie von den grassierenden Verirrungen des Skeptizismus, Atheismus, Materialismus, Positivismus, Pantheismus etc. abzubringen und sie allmählich dem allein vernunftgemäßen *Theismus* wieder zuzuführen...

Die (von ihm selbst im Briefbuch durchgestrichenen, also wohl nicht in die Reinschrift aufgenommenen) Fußnoten deuten darauf hin, daß er inzwischen Ärger mit den Theologen seiner Kirche gehabt hat.

Vernunftgemäßer Theismus: Das ist seine Konzeption. Und wir finden in seinen Briefen immer wieder Versuche, mathematische Deduktionen auszuweiten zu „Beweisen" für metaphysische oder *theologische* („kritische") Thesen.

So setzt sich *Cantor* ein für die (die biblische Schöpfungsgeschichte bestätigende) Auffassung, daß die Welt einen *Anfang in der Zeit* gehabt habe. Er spricht (in einem Brief an *A. Schmid* vom 5. August 1887) von dem „monströsen Ungedanken einer unendlichen verflossenen Zeit". „Unzählig viele krankhafte Erscheinungen der neueren Zeit und ihrer Wissenschaft" hängen damit zusammen. Freilich: Den üblichen „Beweis", daß es ja ein Aktual-Unendlich überhaupt nicht geben könne (und deshalb auch nicht eine „seit Ewigkeiten" bestehende Welt), kann der Begründer der Mengenlehre nicht anerkennen. So geht es nicht, aber er deutet doch an, daß ein „Beweis" für die Endlichkeit der Welt gewiß möglich sei. In der Nachschrift zu einem Brief an Dr. *Kerry* in Straßburg vom 8. März 1887 heißt es dazu:

> Wenn hier gesagt wird, daß ein *mathematischer* Beweis für den zeitlichen Weltanfang nicht geführt werden könne, so liegt der Nachdruck auf dem Wort „mathematischer", und so weit stimmt meine Ansicht mit der von St. Thomas überein. Dagegen dürfte gerade *auf Grund der wahren Lehre vom Transfiniten* ein gemischter, *mathematisch-metaphysischer* Beweis des

---

[161]) Dahinter durchstrichen: natürlich nur auf die katholische.

[162]) Dahinter durchstrichen: Die protestantische ist viel zu hochmüthig, um von mir Belehrung annehmen zu wollen.

Satzes wohl zu erbringen sein und insofern weiche ich allerdings von St. Thomas ab, der die Ansicht vertritt (S. th. q 46, a. 2 concl.):

Mundum non semper fuisse, sola fide tenetur, et demonstrative probari non potest.

Die Tatsache, daß heute moderne astrophysikalische Theorien tatsächlich mit einem zeitlichen „Anfang" unseres Kosmos rechnen, wird man kaum als eine Bestätigung von *Cantors* angekündigtem „gemischten, mathematisch-metaphysischen" Beweis für die Endlichkeit der Zeit werten können. Hier steht offenbar der Wunsch am Anfang aller Überlegungen, das geschlossene „christliche" Weltbild ins 20. Jahrhundert hinüber zu retten.

Aus diesem Eifer ist auch die Heftigkeit seiner Polemik gegen *Haeckel* zu verstehen, wie sie sich in dem Brief an *Loofs* (Anhang Nr. 18) äußert. Es ist ja durchaus verständlich, daß ein christlich orientierter Denker *Haeckels* „Welträthsel" ablehnt. Aber man ist doch betroffen über die Heftigkeit von *Cantors* Polemik. Es gab manche fromme Zeitgenossen *Cantors*, denen *Haeckel* und *Nietzsche* arg zu schaffen machte, die aber doch wenigstens die Frage stellten, ob denn nicht doch das kirchliche Denken des 19. Jahrhunderts zu eng war, um den Fragestellungen der Zeit gerecht zu werden. Nicht so *Georg Cantor*. So revolutionär er in seinen mathematischen Ideen war, so konservativ scheint er in Fragen der Religion und der Weltanschauung zu sein.

Wir werden es noch sehen: Dieses Festhalten an den klassischen Lehren des Christentums ist bei *Cantor* nicht einfach Autoritätsgläubigkeit oder gar bequemer Verzicht auf eigenes Nachdenken. Er *glaubt* an eine dem denkenden Menschen durchschaubare von Gott geschaffene Welt. Seine Auffassung deckt sich oft, aber nicht immer mit der der großen Konfessionen.

Aber sie fügt sich zusammen mit seinen mathematischen Forschungen. Er will seine „Mengenlehre" benutzen, um das christliche Weltbild (wie er es sah) zu stützen. So hofft er, daß seine „Auffassung der Dinge" den „Irrtum des Pantheismus" überwinden könne.

In seinem Brief vom 22. Januar 1886 an den Kardinal *Franzelin* schreibt er von seinem „Kampf mit den meisten" der „modernen Philosophenschulen":

Kein System ist weiter von meinen Hauptüberzeugungen entfernt als der Pantheismus, wenn ich vom Materialismus absehe, mit dem ich durchaus keine Gemeinschaft habe. Vom Pantheismus glaube ich jedoch, dass er vielleicht nur durch meine Auffassung der Dinge ganz überwunden werden könnte. Hierbei sei mir gestattet, an einen der geistvollsten Pantheisten, den deutschen Dichter *Joh. Wolfgang Göthe* zu erinnern, der kurz vor seinem Ende, an seinem letzten, zweiundachtzigsten Geburtstag, 28. Aug. 1831 folgende Worte schrieb:

„Lange hab' ich mich gesträubt,
Endlich geb ich nach:
Wenn der alte Mensch zerstäubt, wird der neue wach. –
Und so lange Du dies nicht hast,
Dieses: Stirb und werde!
Bist Du nur ein trüber Gast,
Auf der dunklen Erde."

Diese von *Cantor* zitierten Verse stammen aus einem Eintrag in ein Fremdenbuch der Massenmühle bei Elgersburg (unweit Ilmenau). Sie wurden (der letzten vier Verse wegen, die aus dem 1814 geschriebenen Gedicht „Selige Sehnsucht" stammen) in theologischen Werken von *Usteri* und *Rütenick* als von *Goethe* stammend zitiert.

Tatsächlich sind die ersten Zeilen eine Dichtung des Leipziger Psychiaters *Heinroth;* sie finden sich in den unter dem Pseudonym „Treumund Wellentreter" veröffentlichten *Gesammelten Blättern*, Bd. 1, Leipzig 1818, S. 143.

Cantor ist also hier das Opfer eines – verständlichen – Irrtums [163]).

Man würde aber *Cantor* Unrecht tun, wenn man seine religiöse Haltung als gedankenlos konservativ und autoritätsgläubig hinstellen würde. Dafür zeugt schon sein schwierig zu beschreibendes Verhältnis zu den christlichen Konfessionen. In seiner umfangreichen Korrespondenz mit katholischen Theologen finden sich so viele devote Äußerungen [164]) über die katholische Kirche, daß man vermuten könnte, er wolle konvertieren. Tatsächlich ist ihm das mindestens von dem Kardinal *Franzelin* ziemlich unverblümt nahegelegt worden. So heißt es in seinem Schreiben an *Cantor* vom 26. Januar 1886 [165]):

... Was Sie über Ihre Stellung zum Katholizismus schreiben, war mir einestheils sehr erfreulich, besonders wenn ich bedenke, in welcher Umgebung Sie sich befinden; aber auf der andern Seite kann ich Ihnen nicht verhehlen, wie schmerzlich es mir ist, daß Sie außer dem Mutterhause sich zu befinden das Unglück haben. Für Männer von Ihrer Stellung ist das Nachdenken über die wichtigste und für die Ewigkeit entscheidende Angelegenheit der Religion nothwendig ...

---

[163]) Ich danke diese Aufklärung über das angebliche *Goethe*-Zitat Herrn Kollegen *Alfred Kelletat*.

[164]) Beispiele findet man z. B. in [B 7].

[165]) Abschrift im Briefbuch *Cantors*.

Aber *Cantor* wahrt seine Unabhängigkeit. An Mrs. *Pott* schreibt er am 7. März 1896, daß „in religiösen Fragen und Beziehungen" sein „Standpunct kein konfessioneller" sei. Er behauptet sogar, keiner der bestehenden organisierten Kirchen anzugehören. Dieser Satz ist wohl nicht so zu verstehen, daß *Cantor* aus der evangelischen Kirche ausgetreten sei. Dafür gibt es jedenfalls keinerlei Zeugnisse. Er hat mit dieser Bemerkung seine absolute theologische Unabhängigkeit ausdrücken wollen.

Ein bemerkenswertes Zeugnis für diese Unabhängigkeit ist eine kleine Schrift *Cantors* aus dem Jahre 1905, die sich in keinem der älteren Verzeichnisse seiner Veröffentlichungen findet. Wir entdeckten sie als Anlage zu einem Sammelband der Schriften *Cantors* zum Bacon-Problem, der aus der Privatbibliothek von *Georg Wissowa* stammt und jetzt der Universitätsbibliothek Halle gehört.

In diesem Privatdruck [A 39] „Ex Oriente Lux" nimmt er zu „wesentlichen Puncten des urkundlichen Christentums" Stellung.

Es geht um die Frage der Abstammung Jesu und das Dogma der Jungfrauengeburt. Er lehnt diese damals jedenfalls von beiden Konfessionen vertretene Lehre ab und kommt auf Grund einer Untersuchung der neutestamentlichen Aussagen zu dem Ergebnis, daß Joseph von Arimathia der leibliche Vater Jesu sei.

Es ist kaum anzunehmen, daß die Kirchenhistoriker seine Thesen akzeptieren werden. Aber seine kleine Schrift ist doch ein Beleg für die Unbefangenheit, mit der er anerkannten Lehrmeinungen entgegentrat. Er verficht einen rationalen Theismus und steht mit evangelischen und katholischen Theologen gegen die „Irrlehren" von *Haeckel* und *Nietzsche*, die „Verderber der Jugend". Aber er behält doch seinen eigenen Standort und erwartet, daß seine Thesen „wie mit einem wuchtigen Hiebe alle theologischen Richtungen der Gegenwart" treffen werde. Er will damit „aufs Tiefste die bestehenden, sich gegenseitig anfeindenden kirchlichen Organisationen" erschüttern.

> Es bleibt aber bis zum Ende der Tage auf einem unerschütterlichen Fels, Christo selbst, ruhend, die unsichtbare Kirche, welche er gegründet hat, bestehen. Er ist ihr Oberhaupt, das keinen Statthalter auf Erden braucht.

Das ist eine deutliche Absage an den Katholizismus.

Nimmt man noch *Cantors* eifernde Stellungnahme zum Bacon-Problem dazu [166]), so wird deutlich, daß er nicht nur auf dem Gebiet der Mathematik ein eigenwilliger Denker war. Vielleicht darf man es so sehen: Durch den ihm aufgezwungenen Kampf für seine Welt des Transfiniten war er im

---

[166]) Vgl. Kap. XIII.

Widerstand gegen eine Mehrheit seiner Zeitgenossen geübt. Es kam ihm nun nicht mehr darauf an, auch auf dem Gebiet der Theologie oder der Philosophie ein Außenseiter zu sein.

Da wir uns heute die Cantorsche Auffassung über eine wissenschaftlich fundierbare Metaphysik kaum noch zu eigen machen, werden wir ihm auch in der Verteidigung seines Weltbildes kaum folgen können. Aber das wollen wir doch in dem Abschnitt über die Religiosität *Cantors* betonen: Er war ein redlicher Mann, der seiner Überzeugung lebt und – von wem kann man das sagen! – auch in dem Sinne Christ war, daß er seine Fehler und Irrtümer zugestehen konnte. Davon zeugt unter anderem das, was *Kowalewski* [167]) über seine Erfahrungen mit „dem berühmten Schöpfer der Mengenlehre" zu berichten weiß.

Ist mit diesen Feststellungen nun das letzte Wort zur Religiosität *Cantors* gesagt? Das Auftauchen der Antinomien in der Mengenlehre (Kap. X) war ja ein schwerer Schlag für die Anhänger der platonischen Denkweise in der Mathematik. Mußte da nicht auch die Hoffnung auf eine rationale Fundierung des Theismus ins Wanken kommen? Davon soll noch am Schluß des Kapitels X über die Antinomien die Rede sein.

---

[167]) [B 4], S. 208 ff. Vgl. auch S. 142 f.

IX. Cantor und seine Kollegen

1. Schwarz und Weierstraß

Nach dem Tode eines großen Forschers ist es üblich, seine hinterlassenen Papiere, aber auch den Briefwechsel mit Kollegen und Freunden zu sichten und zu sammeln. Manchmal fühlt sich einer der Erben zur Wahrung des Nachlasses berufen, in andern Fällen bemühen sich die wissenschaftlichen Bibliotheken. Da findet man dann nach Jahrzehnten wichtige, noch unveröffentliche Dokumente neben alltäglichen Nachrichten und Ansichtspostkarten verwahrt.

Der Briefwechsel ist dabei besonders aufschlußreich. Nicht alles kann durch das Studium nachgelassener Korrespondenzen erhellt werden. Aber in manchen Fällen werden aus solchem Schrifttum Wünsche, Ziele und Beweggründe der Wissenschaftler offenbar, die die Zeitgenossen nicht hatten durchschauen können.

Aber womit kann man so viel Interesse für den persönlichen Bereich der Forscher rechtfertigen? Insbesondere: Haben wir heute ein Recht, den Gelehrtenstreit vergangener Jahrzehnte der Öffentlichkeit vorzulegen? Es gibt ja auch in unseren Tagen noch genug sachliche und persönliche Differenzen zwischen den Professoren. Sollte man da das manchmal Allzu-Menschliche vergangener Zeiten nicht lieber ruhen lassen?

Auf diese Fragen hat im Falle *Cantor* schon *A. Schoenfließ* eine Antwort gegeben, als er 1927 in den Acta Mathematica, Bd. 50, über „Die Krisis in Cantor's mathematischem Schaffen" [B 12] berichtete. Er veröffentlichte damals viele Briefe *Cantors* aus dem Jahre 1884, als eine Huldigung an den damals achtzigjährigen *Gösta Mittag-Leffler*, der in schwierigen Jahren treu zu *Cantor* gestanden hatte. Als „innersten Grund" für die Veröffentlichung der Briefe über den Gegensatz Cantor–Kronecker bezeichnet er die folgende Überlegung (a. a. O. S. 14):

> Die Briefe stempeln, gerade wegen ihrer Übertreibungen, das Verhalten von Kronecker zu Cantor als ein Schulbeispiel dafür, wie unheilvoll es für den einzelnen und die Wissenschaft ausschlagen kann, wenn neue Gedanken eines Jüngeren an machtvoller Stelle in der Weise abgelehnt und befeindet werden, wie es durch Kronecker leider geschehen ist.

Wir meinen, daß diese Überlegungen auch heute noch ihre Gültigkeit haben. Es kommt noch dies hinzu: Gerade bei einer so vielseitig interessierten Persönlichkeit wie *Cantor* kann das Studium seiner Briefe (und das der an ihn gerichteten Schreiben seiner Kollegen) zum Verständnis seiner Denkweise beitragen. Und da mit der Begründung der Mengenlehre tatsächlich eine neue Epoche der Mathematik eingesetzt hat (wenn auch das 20. Jahrhundert keineswegs alle Konzeptionen *Cantors* übernommen hat), haben wir das Recht und die Pflicht, die Gedankenwelt *Cantors* zu studieren.

Es läßt sich nicht vermeiden, daß dabei auch temperamentvolle und kritische Äußerungen über Zeitgenossen zitiert werden müssen; wir haben aber versucht, alle nur persönlichen Differenzen zwischen den Wissenschaftlern jener Zeit beiseite zu lassen.

Der Anfang der wissenschaftlichen Laufbahn *Cantors* war so friedlich: Er hatte ein gutes Doktorexamen gemacht, sich bald darauf in Halle habilitiert, er verehrte vor allem seinen Lehrer *Weierstraß* und war mit *H. A. Schwarz* in Freundschaft verbunden. Seine ersten Arbeiten waren der Zahlentheorie gewidmet; dann folgten solche Publikationen, die die Weierstraßsche Fundierung der Analysis weiterführten. Er arbeitet mit seinem Hallenser Kollegen *Heine* gut zusammen und wechselte freundschaftliche Briefe mit *Schwarz* in Zürich.

Einmal kommt es dabei zu einem Mißverständnis in einer Prioritätsfrage. Aber das gibt offenbar keinen Anlaß zu einem ernstlichen Zerwürfnis. *Schwarz* schreibt (am 2. Juli 1870) seinem Freunde:

> Es tut mir leid, daß Du Dich in Halle so verlassen fühlst und nun noch Veranlassung zu finden glaubst, an mir auf einen Augenblick irre zu werden; komm doch in den Ferien her ...

Später ist *Cantor* an seinem alten Freunde nicht „für einen Augenblick", sondern für den Rest seines Lebens irre geworden. Wir können heute nicht mehr ausmachen, was der Grund für das Zerwürfnis zwischen den beiden war.

Wahrscheinlich waren es nicht eigentlich persönliche Differenzen. Es scheint, daß sich *Schwarz* eindeutig auf die Seite der Gegner *Cantors* in Berlin gestellt hat. Jedenfalls schreibt *Cantor* am 1. Januar 1884 an *Mittag-Leffler* über seine an das Ministerium gerichtete Bewerbung nach Berlin [168]):

> Sie fassen den Sinn meiner Bewerbung ganz richtig auf; ich habe nicht im Entferntesten daran gedacht, dass ich jetzt schon nach Berlin kommen würde. Da mir aber daran liegt, nach einiger Zeit hinzukommen *und mir bekannt ist, dass Schwarz und Kronecker seit Jahren fürchterlich gegen*

---

[168]) *Schoenflies* [B 12], S. 3–4.

mich intriguieren, aus Furcht ich könnte einmal hinkommen, so habe ich es für meine Pflicht gehalten, die Initiative selbst zu ergreifen und mich an den Minister zu wenden. Den nächsten Effect davon wusste ich ganz genau voraus, dass nämlich Kr. wie von einem Skorpion gestochen auffahren und mit seinen Hülfstruppen ein Geheul anstimmen würde, dass Berlin sich in die Sandwüsten Afrika's, mit ihren Löwen, Tigern und Hyänen versetzt glauben wird. Diesen Zweck habe ich, so scheint es wirklich erreicht.

Cantor war also davon überzeugt, daß *Schwarz* zu den „Hülfstruppen" seines Widersachers *Kronecker* gehörte. Und wahrscheinlich hat er durchaus Grund zu dieser Annahme gehabt. Später haben sich die Gegensätze noch vertieft. Dafür spricht u. a. der im Anhang wiedergegebene Brief von *Schwarz* an *Weierstraß* vom 17. Oktober 1887 [169]).

Wir wissen heute nicht, welches Ereignis den unmittelbaren Anlaß zu jenem Gespräch auf der Straße in Halle gab. *Cantor* war ein temperamentvoller Mann, und es mag sein, daß er seine abweichenden Ansichten gelegentlich etwas drastisch äußerte. Aber er war redlich, und sein Versöhnungsversuch spricht doch für ihn.

Bemerkenswert ist nun die Stellungnahme *Schwarzens* zu der ihm von *Cantor* dedizierten Arbeit. Man greift noch einmal zu der hier zitierten „Mitteilung zur Lehre vom Transfiniten" in *Cantors* Werken, um zu sehen, ob denn diese Schrift wirklich ein so hartes Urteil verdient. Schließlich ist die Cantorsche Arbeit in einer angesehenen philosophischen Zeitschrift veröffentlicht worden, sie wurde (zusammen mit anderen Arbeiten) als Sonderdruck herausgebracht, und *Zermelo* hat sie Jahrzehnte später in die „Gesammelten Abhandlungen" ohne kritische Abwertung [170]) aufgenommen.

Von „Irrationalzahlen" ist in dieser Arbeit ja nicht die Rede; wohl aber werden u. a. Kirchenväter zitiert, um die verschiedenen Standpunkte in bezug auf das Aktual-Unendliche zu beleuchten. Das ist doch durchaus legitim, auch wenn wir heute die „Wissenschaft von den formalen Systemen" ohne Bezug auf frühe philosophische Versuche aufzubauen pflegen. *Cantor* sah noch den Zusammenhang seiner Arbeiten mit den großen philosophischen Fragen, und man sollte dem „jungen Mann" [171]) das nicht verargen. Besonders unfreundlich scheint der Vergleich mit *Zöllner* zu sein, der später unter die Spiritisten ging. Das hat *Cantor* nicht verdient.

Es ist nicht anzunehmen, daß *Cantor* diesen an *Weierstraß* gerichteten Brief je gelesen hat. Aber *Schwarz* dürfte sich auch bei andern Gelegenheiten ähn-

---

[169]) Brief Nr. 13.
[170]) Er hat an anderen Stellen gelegentlich Kritik geübt.
[171]) *Schwarz* war nur zwei Jahre älter als *Cantor*.

lich geäußert haben (u. a. gegenüber französischen Mathematikern), und so mußte *Cantor* während mehrerer Jahrzehnte seinen früheren Freund als einen seiner ärgsten Widersacher ansehen.

In den letzten Jahren ihres Lebens freilich haben sie wieder zueinander gefunden. Jedenfalls gratuliert *Cantor* dem Freund seiner Studienjahre zu seinem 70. Geburtstag und spricht in diesem Brief [172]) von einer versöhnenden Aussprache, die einige Jahre vorher in Berlin stattgefunden hat. So gibt es wenigstens für diesen Streit der Forscher ein gutes Ende.

Hinter den sachlichen Meinungsverschiedenheiten zwischen den *Weierstraß*-Schülern steckte aber noch ein anderes Problem. *Cantor* war Professor in Halle, und er hat immer wieder gewünscht, einen anderen Wirkungskreis zu finden. Es war die Rede von einem Ruf nach München, und *Mittag-Leffler* gegenüber hat er sogar die Bereitschaft geäußert, unter Umständen ins Ausland zu gehen. Am begehrtesten war natürlich eine Berufung nach Berlin, an die im 19. Jahrhundert wohl angesehenste Universität Deutschlands. Eine solche Berufung hätte auch gewichtige materielle Vorteile gehabt: *Cantor* erhielt in Halle [173]) ein Gehalt von 4800 Mark, hätte aber in Berlin mehr als das doppelte bekommen. Und so muß er sich eine Reise nach Paris versagen, weil es „am Nöthigsten" fehlt und sein Gehalt für die Ausbildung seiner sechs Kinder aufgebraucht wird [174]).

Wechselnd ist auch die Haltung *Cantors* zu seinem alten Lehrer *Weierstraß*. Noch im Oktober 1884 (Brief Nr. 9) äußert er sich besorgt um seine Gesundheit und wünscht, seinen Einfluß in der Berliner Fakultät und in der Akademie (vor allem gegen *Kronecker*) zu erhalten. Aber er hat doch die Sorge, daß *Weierstraß* zum Lager seiner Gegner gehört. So schreibt er an seinen Freund *Mittag-Leffler*, der *Cantor* in seinen Arbeiten zitiert hatte, am 9. September 1884:

> Sehr interessant ist es mir, aus Ihrer heutigen Karte zu ersehen, dass Ihnen Ihre Arbeit momentan und zunächst in Frankreich nur geschadet hat; weil Sie darin auf meine Arbeiten recurriren... Ich vermuthe, dass der Ton in dieser Affäire von Berlin und Göttingen [175]) ausgegangen und dass die guten Franzosen hierbei *nur aus Courtoisie* einstimmen. Daran dürfte selbst Weierstraß nicht unschuldig sein; *auch ihm paßt es nicht*, dass Sie sich mir in Freundschaft angeschlossen haben.

---

[172]) Vgl. den Brief Nr. 21 im Anhang.

[173]) Vgl. den Brief an *Lemoine* vom 17. März 1896 [B 7] S. 515 ff. Bei seiner Ernennung zum Ordinarius 1879 erhielt er nur (laut Bestallungsurkunde) 3500 Mark Gehalt und 660 Mark Wohnungsgeld.

[174]) Vgl. den Brief an *Hermite*, Nr. 16 im Anhang.

[175]) In Göttingen wirkte damals *H. A. Schwarz*.

Aber *Mittag-Leffler* teilt diese Bedenken nicht, mindestens soweit sie *Weierstraß* angehen. Er schreibt schon am 2. August 1884 an *Cantor*:

> Kronecker est très irrité contre moi à cause de l'emploie que j'ait fait de vos théories. Il appelle cela une généralisation stérile. Weierstraß au contraire parait être content et il veut communiquer le principal de mon mémoire au seminaire de Berlin. Je tacherai de savoir quelle application il fera alors de vos recherches et je vous le communiquerai.

Nach dem Bericht von *Schoenflieβ* [176]) hat *Weierstraß* schon früh Interesse für die mengentheoretischen Arbeiten *Cantors* gezeigt. Lag es an seiner Krankheit, daß er sich in späteren Jahren nicht stärker gegenüber *Kronecker* für seinen ehemaligen Schüler einsetzte? Jedenfalls gesteht *Schoenflieβ* später [177]) zu, daß *Cantor* sich in seinem Groll auch gegen *Weierstraß* „nicht völlig getäuscht hat" [178]).

2. Kronecker

Schoenflieβ sagt über die Stellung *Kroneckers* zu *Cantor* [179]):

> Es übersteigt nicht das erlaubte Mass, wenn ich sage, dass die Kroneckersche Einstellung den Eindruck hervorbringen mußte, als sei Cantor in seiner Eigenschaft als Forscher und Lehrer ein Verderber der Jugend.

Cantor reagierte auf die Angriffe seines früheren Lehrers manchmal mit grimmigem Humor [180]); später aber war er verbittert und verzweifelt. Schon aus den Briefen von *H. A. Schwarz* an *Cantor* aus dem Jahre 1870 liest man immer wieder den Kummer darüber heraus, daß *Kronecker* ihre und die Weierstraßschen Deduktionen für „nicht streng" hielt. Bei dieser Einstellung war es zu erwarten, daß er die auf Erfassung des Aktual-Unendlichen gerichteten Versuche *Cantors* nicht schätzen würde. Aber er attackierte *Cantor* nicht in offener Feldschlacht: Er bezeichnete nicht die Stellen seiner Arbeiten, die (nach seiner Ansicht) fehlerhaft waren; er nannte nicht explizit die Begriffsbildungen, die (nach seiner Auffassung) aus dem einen oder andern Grunde unzulässig waren. Er verletzte *Cantor* durch kritische Bemerkungen vor Kollegen und sogar vor Studenten.

Es scheint, daß vor allem im Frühjahr 1884 *Cantor* durch Berichte über die Gegnerschaft *Kroneckers* getroffen wurde. Er war in dieser Zeit auf das

---

[176]) [B 11].
[177]) Acta m. 50, S. 1.
[178]) Vgl. aber die Bemerkung *Cantors* in einem Brief an *W. H. Young*, S. 176.
[179]) Acta m. 50, S. 2.
[180]) Vgl. das Zitat auf S. 132.

Äußerste angespannt durch seine rastlosen Versuche, das Kontinuumproblem zu lösen [181]). Nur die Familienmitglieder eines intensiv forschenden Mathematikers können ermessen, wie der Kampf um ein ungelöstes Problem einen Menschen beanspruchen kann. Und nun kam für *Cantor* noch der Bericht über die „Intrigen" aus Berlin dazu. Wir können heute nicht mehr herausfinden, ob die Arbeit am Kontinuumproblem oder der Zorn über die Berliner die auslösende Ursache war: *Cantor* erlebte im Frühjahr 1884 eine schwere Depression. Er hatte ja schon als Student gelegentlich Neigung zur Schwermut gezeigt, die sein Vater durch aufmunternde Briefe [182]) zu zerstreuen suchte. Jetzt, im Alter von 40 Jahren, traf es ihn noch härter. Das Frühjahr 1884 muß für die Familie *Cantor* eine böse Zeit gewesen sein: Wir erfahren aus der Biographie von *Else Cantor*, daß die damals neunjährige Tochter betroffen war durch „die bohrende Angst um das Unbegreifliche im Wesen des plötzlich erkrankten Vaters" [183]).

Im Sommer 1884 entschließt sich *Cantor*, den Stier bei den Hörnern zu packen: Er schreibt an *Kronecker* und versucht, mit ihm ins Gespräch zu kommen. *Schoenflieβ* vermutet [184]),

daß es Familie und Arzt gelang ihm die Meinung einzuflößen, die nervöse Erschöpfung beruhe wesentlich auf der überstarken und übertriebenen Gereiztheit, die ihn gegen Kronecker erfülle und an der er sogar selbst schuld sei, und dass eine Aussöhnung die Basis jeder Besserung sei.

Jedenfalls: *Cantor* schreibt einen „Versöhnungsbrief" [185]) und erhält von *Kronecker* umgehend eine wenigstens menschlich befriedigende Antwort. Es lohnt sich, diesen Brief *Kroneckers* (er wird hier im Anhang zum erstenmal veröffentlicht) aufmerksam zu lesen.

Kronecker gibt sich erstaunt über die Meinung *Cantors*, daß ihre persönlichen Beziehungen in irgendeiner Weise gestört seien. Natürlich leugnet er nicht „die Divergenz in einigen wissenschaftlichen Fragen", aber solche Divergenz sei doch kein Grund zu persönlichen Spannungen.

Das klingt freundlich und weise. Aber kann man wirklich erwarten, daß die persönlichen Beziehungen nicht berührt werden, wenn die „Divergenz" in

---

[181]) Vgl. dazu S. 109, aber auch den folgenden Abschnitt über *Mittag-Leffler*.
[182]) Vgl. S. 2.
[183]) [B 9] S. 27.
[184]) Man kann jedenfalls *Schoenflieβ* darin zustimmen: Der Ton dieses Briefes unterscheidet sich so von dem seiner übrigen, daß der Verdacht nahe liegt, daß „ein fremder Wille seine Entschlüsse richtete und eine fremde Hand die Feder führte". ([B 12] S. 8).
[185]) Er ist veröffentlicht [B 12] S. 10.

wissenschaftlichen Fragen vor Studenten des Berliner Seminars in einer Form ausgetragen wird, wie sie *Schoenfließ* beschreibt?

Interessant ist die Bemerkung von *Sonja Kowalewsky* über die Grundlagenprobleme der Mathematik. *Kronecker* akzeptiert den Vergleich mit den Fragen der Religion. Aber: Wenn es wirklich um „Glauben" geht, ist doch Toleranz angebracht, *Freiheit gegenüber dem, der anders denkt*. Warum also dann der Ärger über die Tatsache, daß *Mittag-Leffler* Ideen von *Cantor* anwendet [186])?

Aber bleiben wir bei den sachlichen Meinungsverschiedenheiten. In dem Brief *Kroneckers* wird sein bekannter Standpunkt [187]) über die Bedeutung der ganzen Zahl deutlich. Er will die Mathematik frei halten von ungesicherten philosophischen Spekulationen und die ganze Mathematik auf der Lehre von den ganzen Zahlen aufbauen.

Dieser Versuch hat aus der Sicht des 19. Jahrhunderts gewiß seine Berechtigung. Was damals in manchen „Lehrbüchern" über die Analysis geschrieben wurde, konnte einen klaren Denker schon verärgern, und es lag der Wunsch nahe, die in der Theorie der ganzen Zahlen herrschende Klarheit der Begriffsbildung und der Aussagen auf alle Bereiche der Mathematik auszudehnen. Man kann heute rückschauend feststellen, daß die Kroneckerschen Zielsetzungen im 20. Jahrhundert die Arbeiten über eine „rekursive Analysis" [188]) (und andere Versuche einer „konstruktiven" Mathematik) befruchtet haben. Aber ist das nun die ganze Mathematik? Sind nicht auch Begriffsbildungen zulässig und sogar notwendig, die Strukturen anderer Art definieren?

Zugegeben: Die Cantorschen Begriffsbildungen waren manchmal in ihrer ersten Fassung etwas vage. Aber mußte ein begabter Mathematiker nicht erkennen, daß hier Wege zu neuen Bereichen erschlossen wurden? Auch die ersten Versuche in der Geometrie waren vor Jahrtausenden „unklar", wenn man die Maßstäbe der modernen Axiomatik anwendet. Heute, nach weniger als hundert Jahren, haben wir axiomatisch gesicherte Fundamente der Mengenlehre und Begriffsbildungen dieser Theorie, die nicht weniger präzis sind als die der klassischen Disziplinen der Mathematik.

Aber es geht nicht nur um die Problematik des Unendlichen. Durch die Einführung des Mengenbegriffs in die moderne Mathematik sind erst die modernen Strukturtheorien möglich geworden. Wir benutzen heute (neben den

---

[186]) Vgl. das Zitat auf S. 134.

[187]) „Die ganzen Zahlen hat der liebe Gott gemacht, alles andere ist Menschenwerk."

[188]) Vgl. dazu z. B. *Goodstein*: Recursive Analysis, Amsterdam 1961.

von *Cantor* eingeführten „geordneten" Mengen) die (endlichen oder unendlichen) *Halbordnungen* und *Verbände*. Auch die Menge der natürlichen Zahlen bildet einen (besonders einfach zu durchschauenden) Verband. Es besteht kein Grund, nur diesen einen Verband in der Mathematik zuzulassen.

Hilbert hat einmal von einem Studenten gesagt, der von der Mathematik zur Germanistik überwechselte: „Er ist unter die Dichter gegangen. Für die Mathematik hatte er nicht genug Phantasie." Vielleicht liegt es daran: *Cantor* hat mehr schöpferische Phantasie als *Kronecker*?

Cantor war sehr beglückt über die versöhnliche Haltung *Kroneckers*, wenn auch eine Übereinstimmung in den Grundlagenfragen noch nicht erreicht war. Er antwortete mit einem Brief, in dem er die Vermutung ausspricht, daß nur die „nicht ganz übersichtliche Darstellung" seiner Theorien schuld an dem Mißverständnis sei (Brief Nr. 7) und hoffe auf das verabredete Gespräch. Diese Unterredung kommt im Oktober 1884 zustande, führt aber zu keiner Annäherung der verschiedenen Standpunkte. Nur für kurze Zeit sind die persönlichen Spannungen beseitigt.

Cantor findet immer wieder Anlaß, sich über seinen „Herrn *von Méré*" zu ärgern. *Chevalier de Méré:* Das ist ein Spitzname, den *Cantor* seinem Widersacher *Kronecker* jetzt gelegentlich in seinen Briefen gibt. Er nimmt damit Bezug auf einen Streit über ein Problem der Wahrscheinlichkeitsrechnung, über das er selbst in seinen „Historischen Notizen zur Wahrscheinlichkeitsrechnung" ([W] S. 359) berichtet:

> Ein gewisser *Chevalier de Méré*, Mann von Ansehen und Geist, will bei einer das Würfelspiel betreffenden Aufgabe die Autorität des Mathematikers durchaus nicht anerkennen; er hat sich eine andere Lösung in den Kopf gesetzt und in der Meinung, sie sei die richtige, klagt er die Mathematik öffentlich an, daß sie sich selbst widerspreche. Es handelt sich um folgendes. Wenn man mit *einem* Würfel viermal werfen darf, so kann man mit Vorteil darauf wetten, mindestens einmal die 6 zu werfen. Spielt man mit *zwei* Würfeln, so findet sich, daß man *nicht mit Vorteil* annehmen kann, eine doppelte sechs unter vier und zwanzig Würfen zu erhalten. Nichtsdestoweniger verhalten sich beim zweiten Spiel die Zahl 24 zu der Anzahl der möglichen Fälle 36, wie 4 zu 6, d. h. wie beim ersten Spiel die entsprechenden Zahlen; und dies wollte dem Chevalier nicht einleuchten [189].

---

[189] Die beiden Wahrscheinlichkeiten sind tatsächlich verschieden. Es ist (w_1 für das Problem mit einem, w_2 für das mit zweien)

$$w_1 = 1 - \left(\frac{5}{6}\right)^4 = 0{,}518 > w_2 = 1 - \left(\frac{35}{36}\right)^{24} = 0{,}491.$$

Die Wahrscheinlichkeitsrechnung bestätigt also die „Erfahrung" des Herrn *von Méré*.

...
> Der *Chevalier de Méré* darf, wie ich glaube, allen Widersachern der exakten Forschung, und es gibt deren jederzeit und überall, als ein warnendes Beispiel hingestellt werden; denn es kann auch diesen leicht begegnen, daß genau an jener Stelle, wo sie der Wissenschaft die tödliche Wunde zu geben suchen, ein neuer Zweig derselben, schöner, wenn möglich, und zukunftsreicher als alle früheren, rasch vor ihren Augen aufblüht, – wie die Wahrscheinlichkeitsrechnung vor den Augen des Chevalier de Méré.

Diese Sätze über Herrn *von Méré* hat *Cantor* 1873 geschrieben, also noch vor Veröffentlichung seiner ersten Arbeit zur Mengenlehre. Man könnte sie heute als eine prophetische Vision deuten: Was hier über den Sieg eines neuen Zweiges der exakten Wissenschaften über die Vorurteile der Zeitgenossen gesagt wird, ist ja tatsächlich das Schicksal der von *Kronecker* so hart bekämpften Mengenlehre.

Cantor hat sich 1884 dieses Herrn *von Méré* erinnert, als ihm der Widerstand *Kroneckers* zu schaffen machte. So schreibt er am 2. Januar 1885 über die geplante *Weierstraß*-Feier in Berlin [190]):

> Von *Frau v. Kowalewski* erhielt ich gestern Antwort... Sie scheint grosse Angst zu haben, dass sich an diese Sache Streitigkeiten unter den deutschen Mathematikern knüpfen, diese Angst ist unbegründet; ich habe ihr beruhigend geantwortet.
>
> Die Sache liegt nämlich so, dass ich mit unserem Herrn *von Méré* nicht gross anbinde, weil ich mich nicht mit Kleinigkeiten unnöthigerweise abgebe, und er seinerseits sich hütet, mit mir in offenen Streit zu kommen, weil er weiss, dass ich beim geringsten Anfang seinerseits mit dem schwersten Geschütz hervortreten und mit geschwungenem Pfeil ihn mitten ins Herz treffen werde; darum ist es viel vorteilhafter für ihn, im Dunkeln gleich einem Maulwurf sowohl Weierstrass und seinen Verehrern und Schülern, wie auch mir und der Mengenlehre den Boden zu unterwühlen.
>
> Ausser uns beiden, dem Herrn von Méré und meiner Wenigkeit giebt es aber meines Wissens keine Kampflustigen und Sie werden mir daher zugeben, dass der Friede im mathematischen Europa z. Z. gesichert ist und ich bitte Sie, auch ihrerseits die besorgte Frau v. Kow. darüber zu beruhigen.
>
> Die Friedensaussichten sind aber noch um so grösser, als ich, wie Sie wissen, degoutirt von dem persönlichen Getriebe der heutigen Mathematik, nur noch mit einem Fusse dieses widerliche Territorium berühre und bald ganz demselben entfremdet werde; dann mögen nach Herzenslust die Herren Geometer von Frankreich, Deutschland, England und Italien um das goldene Kalb unseres Herrn von Méré herumtanzen, ich mach den Zauber seit Jahren schon nicht mit.

---

[190]) Acta math. 50, S. 21–22.

Es bleibt dabei: Die sachlichen Gegensätze zwischen *Cantor* und *Kronecker* können nicht abgetragen werden, auch nicht durch freundliche Gesten des attackierten *Cantor*. Schließen wir dieses ärgerliche Kapitel mit einem Briefzitat aus dem Jahre 1891. Am 5. September schreibt *Cantor* über die Vorbereitungen zur Tagung der deutschen Naturforscher und Ärzte in Halle:

> Vor einem halben Jahr habe ich ihm den *Eröffnungsvortrag* in unserer mathematischen Section offerirt, und er hat diese Offerte *mit grosser Befriedigung* angenommen.
>
> Nun glaube ich, dass er durch meine *Courtoisie* bewogen werden würde, *wenigstens in diesem Sommer* seine Feindseligkeiten gegen mich einzustellen. Allein ganz im Gegentheil! Zufällig erhalte ich *in meinen Besitz* eine Nachschrift seiner in diesem Sommersemester über den Zahlbegriff an der Universität Berlin gehaltenen öffentlichen Vorlesung und habe hier *schwarz auf weiss* den Beweis, dass er in der schamlosesten Weise und *ohne jeden Versuch einer wissenschaftlichen Begründung* meine mathematischen Arbeiten vor seinen unreifen urtheilslosen Zuhörern *herabgesetzt* hat. Was sagen Sie dazu?

3. Mittag-Leffler

In den für *Cantor* so schweren achtziger Jahren hatte *Cantor* einen zuverlässigen Freund: *Gösta Mittag-Leffler*. Dieser durch seine funktionentheoretischen Arbeiten bekannte Forscher verehrte *Weierstraß*. Er stand naturgemäß gegen *Kronecker* in den Auseinandersetzungen über die Grundlagenfragen der Analysis. Er zeigte aber auch Verständnis für die Cantorschen Ideen und hat in einer umfangreichen Arbeit über Probleme der Funktionentheorie zum erstenmal Sätze von *Cantor* aus der Theorie der Punktmengen benutzt (Acta Math. 4).

Mittag-Lefflers Brief von 10. Januar 1883 (Brief Nr. 3 im Anhang) zeugt von seinem Verständnis für die Cantorschen Ideen. Es wird daraus auch deutlich, daß sie beide die gleichen Freunde und Gegner haben. Wir wissen heute nicht mehr, welche Differenzen zwischen *Schwarz* und *Mittag-Leffler* bestanden. Jedenfalls waren sie vorhanden. Wir finden bei *Mittag-Leffler* immer wieder kritische Bemerkungen [191]) über den späteren Nachfolger des von beiden geschätzten Lehrers *Weierstraß* in Berlin.

Cantor und *Mittag-Leffler* tauschen ihre Fotos aus, und jeder nimmt Teil an den Familiensorgen des anderen. *Cantor* berichtet seinem Freunde von seinen Ideen; er schreibt ausführlich über seine Vorstellung von der Struktur der

---

[191]) Siehe z. B. Brief Nr. 3.

Atome und Mächtigkeiten der in der Natur auftretenden Mengen [192]). Er läßt *Mittag-Leffler* natürlich teilhaben an seinen Auseinandersetzungen mit *Kronecker* (Brief Nr. 8). Er schreibt aber auch über seine Bemühungen um das Kontinuumproblem.

Wir können aus dem Briefwechsel das Durcheinander von vermeintlichem Erfolg und Enttäuschung herauslesen:

1. Am Schluß seiner Arbeit Annalen 23 (eingereicht am 15. November 1883), [W] S. 244, kündigt *Cantor* die Lösung des Problems an.

2. In seinem Brief vom 26. August 1884 fegt er den Ärger über die Auseinandersetzung mit *Kronecker* beiseite durch die triumphierende Nachricht von der Lösung des Kontinuumproblems (Brief Nr. 8).

3. Am 14. November desselben Jahres schreibt er aber:

   ... als ich in diesen Tagen wieder mich um denselben Zweck abmühte, da fand ich was? Ich fand einen *strengen* Beweis dafür, dass das Continuum *nicht* die Mächtigkeit der zweiten Zahlklasse und noch mehr, daß es überhaupt keine durch eine Zahl angebbare Mächtigkeit hat.

   So fatal der Irrthum, den man so lange gehegt hat, auch sei, die endgültige Beseitigung ist dafür ein umso grösserer Gewinn.

4. Aber schon am nächsten Tag widerruft er wieder:

   Die Gründe, von denen ich Ihnen gestern schrieb, gegen den Satz von der *zweiten* Mächtigkeit des Linearcontinuums, habe ich heute von neuem *widerlegt*; es treten also wiederum alle Gründe dafür, dass das Continuum die zweite Mächtigkeit hat, unbesiegt in den Vordergrund ... ich schicke Ihnen, was ich habe, in kurzer Zeit für die Acta.

Es erschien zwar im Jahre 1885 im Band 7 der Acta noch ein Beitrag von *Cantor*; er enthielt aber nicht die Lösung des Kontinuumproblems.

Hier ist mit dem Einwand des Lesers zu rechnen, wie denn in einer *mathematischen* Disziplin ein solches Hin und Her der Aussagen möglich sei. Wer so argumentiert, übersieht die Schwierigkeiten, denen der im Alleingang forschende Mathematiker ausgesetzt ist. Gerade bei Menschen mit produktiver mathematischer Phantasie kann es geschehen, daß sie in ihren Schlüssen einen wichtigen Gesichtspunkt übersehen, solange nicht die Theorie streng formalisiert ist. Wer einen verständnisvollen Gesprächspartner bei seinen Untersuchungen hat, wird gegenüber voreiligen Trugschlüssen gesichert

---

[192]) Sein Beitrag in Acta 7 ([W] S. 276) enthält einige Andeutungen über die Mächkeit von Punktmengen in der Natur. Sie sind aber nicht so ausführlich wie seine Ausführungen in dem Brief Nr. 10 an *Mittag-Leffler*.

sein. Dem Einzelgänger kann es heute wie in den Tagen *Cantors* geschehen, daß er sich verirrt.

Jedenfalls bedeutet das bohrende Suchen nach der Lösung eines so tiefliegenden Problems eine den ganzen Menschen beanspruchende schwere Belastung. *Schoenfließ* könnte schon Recht haben mit der Annahme, daß nicht der Krieg mit *Kronecker* (wie *Cantor* selbst annimmt) der entscheidende Anlaß für seine Depression war, sondern die Belastungen durch seine wissenschaftliche Arbeit.

4. Neue Freunde

In den Jahren seiner Höchstleistung war *Cantor* ein einsamer Mann. In den siebziger Jahren war *Dedekind*, im nächsten Jahrzehnt *Mittag-Leffler* sein wichtigster wissenschaftlicher Gesprächspartner. Daneben fand er Interesse bei einigen philosophisch interessierten katholischen Theologen [193]) schließlich auch bei jüngeren Mathematikern wie dem Gymnasiallehrer *Goldscheider* in Berlin.

Fast immer aber wohnten seine Partner nicht in Halle, und so war er auf die Korrespondenz angewiesen. *Cantor* war ein eifriger Briefschreiber, der oftmals, wenn ihn ein Problem besonders bewegte, einen zweiten Brief abschickte, bevor sein Partner überhaupt antworten konnte. Man muß die Geduld bewundern, mit der er immer wieder versuchte, die Grundzüge seiner Theorien in einem Brief unterzubringen. Wir haben z. B. einen langen Brief von *Cantor* an *Goldscheider*, in dem er die Anfangsgründe der Mengenlehre mit vielen Beispielen auseinandersetzte [194]).

Was bei einer elementaren Einführung gerade noch gelingen kann, wird unmöglich bei dem Bericht über tieferliegende Ergebnisse. *Cantor* hat oft versucht (unter Anpassung an die mathematische Vorbildung seines Partners), in Briefen auch über seine Theorie der Zahlenklassen zu informieren. Da ließ es sich natürlich gar nicht vermeiden, daß er einzelne Schlüsse nur sehr summarisch beschrieb: „Ich zeige dann, ..."

Es wäre viel einfacher gewesen, wenn er Separate seiner Arbeiten mitgeschickt oder (wenn die nicht hinreichten) auf seine ausführlichen Publikationen in den Fachblättern hingewiesen hätte. Aber man spürt beim Lesen seiner Briefe, wie es über ihn kam: Er mußte berichten, darstellen, überzeugen. Und so gab er z. B. in seinem zweiten Brief an *Kronecker* (Brief

---

[193]) Briefe an Kardinal *Franzelin* sind im Auszug in seinen „Werken" abgedruckt. Wir bringen im Anhang drei Schreiben an Pater *I. Jeiler*.

[194]) Dieser Brief ist vollständig in den *Denkweisen* [B 6] abgedruckt (S. 83–90).

Nr. 7) einen naturgemäß sehr summarischen Bericht über die Theorie der Zahlenklassen, der einen so kritischen Mathematiker wie *Kronecker* kaum befriedigen konnte.

Die Anerkennung *Cantors* kam spät, setzte aber doch noch zu seinen Lebzeiten ein. *Mittag-Leffler* und *Poincaré* hatten *Cantor* in wichtigen Arbeiten über funktionentheoretische Fragen zitiert. Auf dem internationalen Kongreß in Zürich im Jahre 1897 hat dann *Hurwitz* die Bedeutung der mengentheoretischen Begriffsbildungen für die Funktionentheorie öffentlich gewürdigt. *Schoenflieβ*, der damals Zeuge der späten Anerkennung *Cantors* war, berichtet 24 Jahre später von „der glänzenden Genugtuung..., die *Cantor* empfinden mußte", von dem leuchtenden Glanz seines vollen Auges".

Ein anderer Mathematiker der jüngeren Generation, der damals von der Persönlichkeit *Cantors* und von seinem mathematischen Werk fasziniert war, ist *Gerhard Kowalewski*. Bei den regelmäßigen Treffen der Leipziger und Hallenser Mathematiker [195]) hatte er Gelegenheit, *Cantor* näher kennenzulernen. Er war auch oft zu Gast in seinem Hause und erinnerte sich, 50 Jahre später, noch an die Einzelheiten der Cantorschen Begriffe, Sätze und Deduktionen. Er ist davon so beeindruckt, daß er wesentliche Teile der Mengenlehre (mit Beweisen) in seine Biographie aufnimmt.

Wir erfahren aus dieser Darstellung sogar Neues über die Begriffsbildungen *Cantors* zu Beginn des 20. Jahrhunderts. Über die Definition der Mächtigkeit schreibt *Kowalewski* (S. 202):

> Übrigens kann man diese Mächtigkeit, was auch Cantors Gepflogenheit war, durch die niedrigste oder die Anfangszahl jener Zahlklasse repräsentieren und überhaupt die Alephs mit diesen Anfangszahlen identifizieren, so daß $\aleph_0$ das ω und $\aleph_1$ das Ω wäre, wenn wir diese Bezeichnungen für die Anfangsglieder der zweiten und dritten Zahlklasse aus dem Schoenfließschen Bericht über die Mengenlehre gebrauchen wollen.

Diese *Identifizierung* der Kardinalzahl mit einer Ordnungszahl findet sich weder in *Cantors* Publikationen noch in den bisher veröffentlichten Briefen [196]). Wohl aber begegnen wir ihr wieder in einer modernen axiomatischen Darstellung der Mengenlehre, der von *Abian* [197]). Wir erfahren also aus dieser Biographie, daß auch *Cantor* selbst schon diese Definition benutzte.

---

[195]) Vgl. dazu S. 110.

[196]) In dem Brief an *Dedekind* vom 28. Juli 1899 ([W] S. 443 ff.) wird noch $\aleph_0$ als die ω_0 „zukommende" Kardinalzahl bezeichnet:

$$\aleph_0 = \overline{\overline{\omega_0}}.$$

[197]) Vgl. dazu Kap. XIII und XIV!

Kowalewski schätzte den Begründer der Mengenlehre als einen „Mann von überragender Bedeutung" und als einen Menschen „von ganz seltenen Charaktereigenschaften". Es gefiel ihm besonders, daß *Cantor* „sich nicht scheute, kleine menschliche Schwächen, die auch ihm anhafteten, freimütig zu bekennen".

Dazu erzählt er, wie *Cantor* die Verleihung der Sylvester-Medaille durch die Royal Society in London aufnahm. Es war damals die Zeit der Burenkriege, und *Cantor* stand – wie wohl die meisten Deutschen jener Tage – ganz auf Seiten der Buren. Er sprach nur mit Abscheu von den Engländern. Aber als man ihm zu dieser Medaille gratulierte, sagte er mit verlegenem Lächeln: „Ja, meine Herren, mir ist im Zusammenhang mit dieser Ehrung etwas Merkwürdiges passiert: Ich fühlte, daß ich die Engländer nicht mehr so hassen kann wie früher. So sind wir Menschen."

Kowalewski sagt dazu [198]:

> Mir imponierte dieses Bekenntnis ganz außerordentlich. In der Art, wie *Cantor* es herausbrachte, lag so unendlich viel. Ich habe immer wieder daran denken müssen. Wie schön wäre es, wenn alle sich dieser bescheidenen Aufrichtigkeit befleißigen möchten!

---

[198] [B 4] S. 107.

X. Antinomien

1. Die beiden Cantorschen Antinomien

Wir haben im Kapitel VII Sätze über Ordnungszahlen und über *Mengen von Ordnungszahlen* bewiesen. U. a. haben wir die Menge aller Ordnungszahlen von der Mächtigkeit $\aleph_0$ untersucht. Es liegt nahe, auch einmal die Menge W *aller* Ordnungszahlen überhaupt zu betrachten. W ist (wie jede Menge von Ordnungszahlen) wohlgeordnet und hat eine Ordnungszahl α: $\overline{W} = \alpha$.

Nach Satz VII 7 ist α größer als alle Elemente von W, also größer als alle Ordnungszahlen überhaupt. Das ist aber ein Widerspruch, da ja α selbst eine Ordnungszahl ist und zur Menge W *aller* Ordnungszahlen gehören müßte.

Wir können dieses ärgerliche Ergebnis auch so formulieren: Unsere Antinomie behauptet, daß eine Aussage ($\alpha \in W$) und gleichzeitig die Negation dieser Aussage gelten soll:

$$\alpha \in W, \quad \neg\,(\alpha \in W). \tag{1}$$

Wir wollen die Antinomie (1) die *erste Cantorsche Antinomie* nennen. *Cantor* hatte sie im Jahre 1895 entdeckt und 1896 in einem Brief *Hilbert* mitgeteilt. Unabhängig davon ist *Burali-Forti* auf diesen Widerspruch gestoßen und hat ihn 1897 veröffentlicht [199]). Die Antinomie (1) heißt deshalb auch die *Burali-Fortische Antinomie*.

Auch aus den Sätzen über die Mächtigkeiten kann man eine ähnliche Antinomie deduzieren. *Cantor* hat über sie ([W] S. 448) am 31. August 1899 in einem Brief an *Dedekind* berichtet.

Es sei $\mathscr{S}$ die Menge aller Mengen. Jede Menge M mit einer beliebigen Mächtigkeit $\mathfrak{a}$ ist also in $\mathscr{S}$ als Element enthalten: $M \in \mathscr{S}$. Denken wir uns nun zu jeder Kardinalzahl $\mathfrak{a}$ einen „Repräsentanten" $M_\mathfrak{a}$ ausgewählt und betrachten wir die Vereinigungsmenge

$$\mathscr{T} = \bigcup M_\mathfrak{a}. \tag{2}$$

---

[199]) Rendic. Palermo 11, S. 154–194.

$\mathscr{T}$ selbst muß auch eine Mächtigkeit haben, etwa $\mathfrak{a}_0$. Nun ist nach S. 85 stets $\mathfrak{a}_0' = 2^{\mathfrak{a}_0} > \mathfrak{a}_0$. Dabei ist $\mathfrak{a}_0' = 2^{\mathfrak{a}_0}$ die Mächtigkeit der Menge aller Teilmengen einer Menge M von der Mächtigkeit $\mathfrak{a}_0$. Da in (2) über *alle* Mächtigkeiten summiert wird, muß auch ein Repräsentant $M_{\mathfrak{a}_0'}$ in dieser Vereinigungsmenge vorkommen. $M_{\mathfrak{a}_0'}$ ist also eine Teilmenge von $\mathscr{T}$, und wir haben deshalb $\mathfrak{a}_0' \leq \mathfrak{a}_0$. Die beiden Aussagen

$$\mathfrak{a}_0' > \mathfrak{a}_0, \quad \mathfrak{a}_0' \leq \mathfrak{a}_0 \tag{3}$$

bilden wieder eine Antinomie, die *2. Cantorsche Antinomie*.

Wir haben hier für die „Vielheiten" $\mathscr{S}$ und $\mathscr{T}$ ganz unbeschwert den Namen „Menge" gebraucht. Nach der allgemeinen Definition der „Menge" [200]) ist das ja auch berechtigt. Jetzt aber, wo sich herausstellt, daß über $\mathscr{S}$ und $\mathscr{T}$ in sich widerspruchsvolle Aussagen möglich sind, müssen wir die Mengenbildung offenbar auf irgendeine Weise einschränken. Cantor machte das so ([W] S. 443): Er spricht von „Vielheiten" (oder „Systemen", „Inbegriffen") und unterscheidet konsistente und inkonsistente Vielheiten.

> Eine Vielheit kann nämlich so beschaffen sein, daß die Annahme eines „Zusammenseins" *aller* ihrer Elemente auf einen Widerspruch führt, so daß es unmöglich ist, die Vielheit als eine Einheit, als „ein fertiges Ding" aufzufassen. Solche Vielheiten nenne ich *absolut unendliche* oder *inkonsistente Vielheiten*.

Diese inkonsistenten Vielheiten sollen nicht mehr als *Mengen* bezeichnet werden. *Mengen: Das sind die konsistenten Vielheiten.*

Übrigens hat *Cantor* den Begriff des *Absolut-Unendlichen* schon früher eingeführt. In den *Mitteilungen zur Lehre vom Transfiniten* unterscheidet er [201]) das „nur *in Deo* realisierte Absolut-Unendlich" und das Transfinite, das allein Gegenstand seiner Theorie sein soll. Es scheint, daß sich für ihn die beiden an verschiedenen Stellen eingeführten Begriffe „Absolut-Unendlich" nicht decken. Es sieht weiter so aus, als ob er das Auftreten der Antinomien nicht sehr tragisch genommen hat. Er versucht jedenfalls noch Aussagen zu machen über die in sich widerspruchsvollen „inkonsistenten" Systeme. Auf einer Seite eines Briefbuches findet sich eine (offenbar an keiner Stelle veröffentlichte) Notiz:

> Bis uns das Gegenteil bewiesen wird, halten wir folgenden Satz für richtig:
> *Satz:* Die inkonsistenten Vielheiten sind alle aequivalent, so daß es ausgeschlossen ist, sie als Grundlage für eine Zahlbildung zu benutzen; der Grund hierfür dürfte in der ihnen wesentlich zukommenden Zersplitterung zu suchen sein.

---

[200]) Vgl. S. 70.
[201]) [W] S. 378; vgl. auch S. 111.

Hier können wir *Cantor* nicht folgen. Man soll das Auftreten von Antinomien nicht auf die leichte Schulter nehmen. Man kann mit den Mitteln der mathematischen Logik heute leicht folgendes zeigen: *Läßt man in einem Axiomensystem einen Satz A und die Negation non A (im Zeichen: ⌐ A) zu, so ist jede beliebige Aussage B beweisbar* [202]). Dann wird also jede Aussage unsinnig, und man tut gut, auf jede Aussage über „inkonsistente Vielheiten" zu verzichten.

Es scheint, daß nach Veröffentlichung der ersten Antinomie durch *Burali-Forti* die Mathematiker diese „Panne" nicht sehr ernst nahmen. Man hoffte, durch eine Variation der Definitionen und der Beweisführung solche ärgerlichen Konsequenzen ausschließen zu können. Erst die Russelsche Antinomie hat die Mathematiker und die Philosophen aufgescheucht.

Bevor wir darüber berichten, wollen wir uns über die hier benutzte Terminologie einigen. Gelegentlich braucht man in der mathematischen Literatur die Begriffe *Antinomie* und *Paradoxie* synonym. Wir meinen: Das ist nicht zweckmäßig. Man beraubt sich damit wichtiger Aussagemöglichkeiten.

Man bezeichnet doch auch solche Sätze als „paradox", die gar nicht in sich widerspruchsvoll sind, sondern nur dem Anfänger (der unzulässig verallgemeinert) falsch zu sein scheinen. Ein Musterbeispiel für eine *Paradoxie* (in diesem Sinne) ist der Satz über die eineindeutige Zuordnung der natürlichen Zahlen zu den geraden Zahlen:

$$\begin{matrix} 1 & 2 & 3 & 4 & 5 & 6 \dots \\ \updownarrow & \updownarrow & \updownarrow & \updownarrow & \updownarrow & \updownarrow \\ 2 & 4 & 6 & 8 & 10 & 12 \dots \end{matrix} \qquad (4)$$

Durch die Zuordnung (4) kann man die Menge N der natürlichen Zahlen auf eine echte Teilmenge (die Menge der geraden Zahlen) abbilden. Diese Zuordnung (4) heißt die *Galileische Paradoxie*. Was ist an dieser Abbildung „paradox"? Für den, der nur mit endlichen Mengen umgegangen ist, erscheint es „unglaubwürdig", daß man eine Menge auf einen echten Teil dieser Menge abbilden kann. Für den, der sich mit den Anfangsgründen der Mengenlehre befaßt hat, ist es eine Trivialität, und er mag sich wundern über die Bezeichnung „Paradoxie".

Irgendwo sind wir aber alle „Anfänger", und so gibt es gerade in der Mengenlehre Sätze, richtige Sätze, die falsch zu sein *scheinen*, wenn man unzulässig verallgemeinert. Im Kap. XI 4 wird eine Paradoxie behandelt werden, die auch manchen geschulten Mathematikern schwer eingeht.

---

[202]) Vgl. dazu *Meschkowski* [C 31], S. 64 ff.

Wir wollen also die Bezeichnung Paradoxie benutzen für richtige Sätze, die dem Anfänger falsch zu sein *scheinen*. Die Aussage: *Satz A ist paradox* ist also eine psychologische, keine mathematische Feststellung. Dagegen behauptet eine Antinomie die Gültigkeit eines Satzes A *und* die der Negation non A. *Paradoxien* sind bedeutsam für die Bildung des Menschen durch die Beschäftigung mit der Mathematik [203]), *Antinomien* bringen Unheil: Wenn man These und Antithese gelten läßt, hört jedes vernünftige Schließen auf.

Die von *Cantor* angegebenen Schlüsse führen auf echte Antinomien, ebenso die Russellsche Deduktion.

2. Die Antinomien von Russell und Shen Yuting

Es gibt Mengen, die sich selbst als Element enthalten, z. B. die Menge aller abstrakten Begriffe oder die Menge aller Mengen. Die Mengen aber, mit denen es der Mathematiker gewöhnlich zu tun hat, haben diese Eigenart nicht. Eine Menge von Punkten (Zahlen) ist etwas anderes als ein Punkt (eine Zahl), und so gehören alle diese Mengen zur Russelschen Menge $\mathcal{R}$:

Das ist *die Menge aller Mengen, die sich nicht selbst als Element enthalten.*

Nehmen wir nun an, daß $\mathcal{R}$ sich selbst als Element enthalte:

$$\mathcal{R} \in \mathcal{R} \qquad (5)$$

$\mathcal{R}$ ist nach Definition aber gerade die Menge der Mengen, die sich *nicht* selbst als Element enthalten. Aus (5) folgt deshalb

$$\neg (\mathcal{R} \in \mathcal{R}). \qquad (6)$$

Da (5) zu (6) im Widerspruch steht, ist die Annahme (5) falsch. Nehmen wir also an, (6) sei richtig. Da $\mathcal{R}$ nach Definition *alle* die Mengen umfassen soll, die sich nicht selbst als Element enthalten, muß $\mathcal{R}$ dazu gehören: Aus (6) folgt (5).

Es gibt mancherlei scherzhafte Einkleidungen der Russellschen Antinomie, die wir hier nicht darstellen wollen [204]). Aber über eine neue, erst in jüngster Zeit gefundene mengentheoretische Antinomie wollen wir berichten.

---

[203]) Weiteres zum Thema Paradoxie und Antinomie findet man im Kapitel III meiner Schrift *Mathematik als Bildungsgrundlage* [C 32].

[204]) Man findet sie z. B. in *Meschkowski:* Wandlungen des mathematischen Denkens [C 31].

Shen Yuting [205]) nennt eine Menge M grundlos („ungrounded"), wenn es eine Folge(nicht notwendig verschiedener) Mengen $A_1, A_2, A_3 \ldots$ gibt, für die

$$\ldots \in A_3 \in A_2 \in A_1 \in M$$

gilt. Jede andere Menge heißt eine *Grundmenge* („grounded"). Eine Menge, die sich selbst als Element enthält, ist gewiß *grundlos*, denn wir haben ja $\ldots \in M \in M \in M \in M$. Es sei nun $\mathcal{G}$ die *Menge aller Grundmengen*.

Wir fragen: *Ist $\mathcal{G}$ grundlos?* Nehmen wir an, das sei der Fall. Dann gibt es also eine Folge von Mengen A_ν mit der Eigenschaft

$$\ldots \in A_3 \in A_2 \in A_1 \in \mathcal{G}.$$

Nach dieser Darstellung ist aber auch A_1 eine grundlose Menge. Sie ist in $\mathcal{G}$ als Element enthalten. Das ist aber ein Widerspruch, da $\mathcal{G}$ genau alle Grundmengen umfassen sollte. Also ist $\mathcal{G}$ eine Grundmenge. Nach Definition ist $\mathcal{G}$ aber die Menge aller Grundmengen. Sie muß also auch sich selbst als Element enthalten: $\mathcal{G} \in \mathcal{G}$. Dann haben wir aber

$$\ldots \in \mathcal{G} \in \mathcal{G} \in \mathcal{G},$$

und damit ist gezeigt, daß $\mathcal{G}$ doch grundlos ist.

3. Auswege

Seit der Veröffentlichung *Russells* im Jahre 1903 ist viel über Antinomien der Mengenlehre von Mathematikern und Philosophen geschrieben worden [206]).

Cantor selbst hat zu diesem Thema nichts mehr veröffentlicht, aber wir wissen aus seinem Briefwechsel z. B. mit *Jourdain*, daß er sich ernstlich mit dem Antinomienproblem beschäftigte. Man versuchte, die „inkonsistenten" Mengen zu erkennen und zu charakterisieren, wohl in der Meinung, daß man getrost wie bisher argumentieren könne, wenn man nur jene Mengen ausschließe, die zu Antinomien Anlaß geben. *Jourdain* wollte (vgl. Briefanhang Nr. 19) die zur Menge aller Ordnungszahlen äquivalenten Mengen als „inkonsistent" etikettieren.

---

[205]) The Journal of math. Logic, 18, Nr. 2, 1953.

[206]) Ausführliche Literaturhinweise zum Antinomienproblem findet man bei *Fraenkel-Bar-Hillel* [C 16].

Aber ist damit das Problem gelöst? Wer sagt uns, daß es nicht noch ganz andersartige in sich widerspruchsvolle Begriffsbildungen geben kann?
Schoenfließ versuchte, das Problem allgemeiner anzupacken. Er argumentierte [207]) so:
Nach dem Satz vom Widerspruch ist von den beiden Sätzen

(A) *Dem Begriff $\mathfrak{A}$ kommt die Eigenschaft $\mathfrak{B}$ zu*

(B) *Dem Begriff $\mathfrak{A}$ kommt die Eigenschaft $\mathfrak{B}$ nicht zu*

stets genau einer richtig. Der Satz (B) gilt als bewiesen, wenn die Annahme (A) auf einen Widerspruch führt. Das ist das Prinzip des indirekten Beweises.

Was aber, wenn beide Sätze, (A) und (B), auf Widersprüche führen? Dann ist nur der Schluß möglich, daß der Begriff $\mathfrak{A}$ *in sich widerspruchsvoll* ist. Da man sich in der Mathematik normalerweise nicht mit solchen Begriffen befaßt, kommen solche Antinomien nicht vor. Sie sind aber denkbar, und man müßte beim Auftreten einer Antinomie den Schluß ziehen, daß der Begriff $\mathfrak{A}$ *inkonsistent* (in sich widerspruchsvoll) ist. Daß solche Begriffsbildungen ausgeschlossen sind, liegt für die Mengenlehre schon in der Cantorschen Forderung [208]) begründet, daß die Mengen „wohldefiniert" sein sollen. In sich widerspruchsvolle Begriffe sind eben nicht „wohldefiniert".

Um die Überlegungen von *Schoenfließ* zu verdeutlichen und um der schwer attackierten Mengenlehre zu Hilfe zu kommen, wollen wir in einer klassischen Disziplin der Mathematik eine Antinomie aufbauen.

Man nennt bekanntlich [209]) ein schlichtartiges Polyeder $\mathfrak{P}$ *regulär*, wenn in jeder Ecke gleich viel Kanten zusammenstoßen und die Polygone (auch „Flächen" genannt) von $\mathfrak{P}$ gleich viel Ecken haben. Es wird *nicht* gefordert, daß die Seiten und Winkel gleich seien. Ein Beispiel für ein reguläres Polyeder ist das in Abb. 10 dargestellte *Hexaeder* (Sechsflach). Nach dem Eulerschen Polyedersatz gilt für alle schlichtartigen Polyeder

$$e - k + f = 2. \qquad (7)$$

---

[207]) *Die logischen Paradoxien der Mengenlehre.* Jahresber. DMV XV, 1906, S. 19–25.

[208]) Vgl. die Definition auf S. 70.

[209]) Die hier benutzten Definitionen und Lehrsätze findet man in *Meschkowski:* Grundlagen der euklidischen Geometrie, BI-Taschenbuch, Mannheim 1966.

Dabei sind e, k und f die Anzahlen der Ecken, Kanten und Flächen des Polyeders. Für *reguläre* Polyeder gibt es natürliche Zahlen φ und ε, die die Beziehungen

$$f \cdot \varphi = 2k, \tag{8}$$
$$e \cdot \varepsilon = 2k \tag{8'}$$

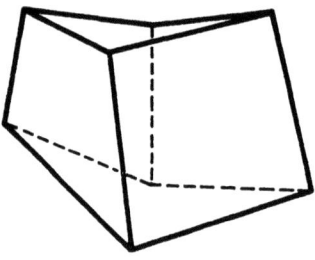

erfüllen. Dabei ist φ die Zahl der Kanten, die zu einer Fläche des Polyeders gehören, ε entsprechend die Zahl der Kanten, die in einer Ecke zusammenstoßen. Für das Hexaeder z. B. ist $\varphi = 4$, $\varepsilon = 3$. Die Beziehungen (8) und (8') drücken aus, daß jede Kante zu zwei Flächen bzw. zu zwei Ecken gehört. $f \cdot \varphi$ bzw. $e \cdot \varepsilon$ ist daher gerade die *doppelte* Kantenzahl.

Wir wollen nun für das *reguläre Fünfflach* den folgenden Satz beweisen:

(A) *Für das reguläre Fünfflach ist $k = 9$.*

Aus (7) folgt nämlich im Falle $f = 5$:

$$k = e + 3. \tag{9}$$

Setzen wir (9) in (8') ein, so folgt:

$$e = \frac{6}{\varepsilon - 2}. \tag{10}$$

Da e und ε natürliche Zahlen ≥ 3 sind, kommen nur die beiden Lösungen von (10) in Betracht:

1. $\varepsilon = 4$, $e = 3$,
2. $\varepsilon = 3$, $e = 6$.

Der Fall 1. scheidet aus, da es ein Fünfflach mit 3 Ecken nicht gibt. Es bleibt also (wegen (9)):

$$\varepsilon = 3, \ e = 6, \ k = 9.$$

Damit ist (A) bewiesen.

Wir beweisen jetzt: (B) *Für das reguläre Fünfflach ist $k \neq 9$.*
Setzt man nämlich $k = 9$ in (8) ein, so folgt $5 \cdot \varphi = 18$.
Das ist aber unmöglich, da ja φ eine ganze Zahl ist. Damit haben wir die beiden sich widersprechenden Aussagen (A) und (B) bewiesen.
Jeder, der die elementare Theorie der Polyeder kennt, kann einwenden, daß das ein fauler Trick sei: Es gibt ja gar kein *reguläres* Fünfflach. Aus (7), (8) und (8') kann man *beweisen*, daß nur die fünf Platonischen Körper

Tetraeder, Hexaeder, Oktaeder, Dodekaeder, Ikosaeder

regulär sind; andere gibt es nicht. Der Begriff „reguläres Fünfflach" ist in sich widerspruchsvoll.

Gerade darauf kommt es uns an. Mit in sich widerspruchsvollen Begriffen kann man Antinomien herzaubern. Es gibt Fälle, in denen die Inkonsistenz eines Begriffes sofort ersichtlich ist (in unserem Beispiel für jeden, der über die Grundlagen der Geometrie gut Bescheid weiß); in anderen Fällen (z. B. im Neuland der Mengenlehre) ist die Inkonsistenz eines Begriffes nicht sofort zu erkennen. Sie erweist sich durch das Auftreten von Antinomien.

In der Geometrie können wir (z. B. mit Hilfe des Hilbertschen Systems) aus den Axiomen der Anordnung und Verknüpfung *beweisen*, daß es nur die oben genannten fünf regulären Körper gibt. Man braucht also nicht auf das Auftreten von Antinomien zu warten, um die Inkonsistenz des „regulären Fünfflachs" zu erkennen.

Die Schwierigkeit für die Mengenlehre lag damals gerade darin, daß es noch kein axiomatisches Fundament für die neue Disziplin der Mathematik gab. Es wird jedenfalls deutlich, daß die allzu allgemeine Definition des Begriffes *Menge* (vgl. S. 70) bedenklich ist.

Soll man wirklich alle „Objekte der Anschauung oder des Denkens" als Mengen zulassen und dann später, wenn sich Widersprüche zeigen, einer Vielheit das Recht, „Menge" zu sein, aberkennen? Das ist doch kein für die Mathematik geeignetes Verfahren.

Stellen wir zunächst einmal fest, welche (bisher als Mengen bezeichneten) Vielheiten die „bürgerlichen Ehrenrechte" in der Mathematik verlieren müssen. Aus den beiden Cantorschen und der Russellschen Antinomie folgt, daß die folgenden Mengen inkonsistent sind:

1. Die Menge aller Mengen (M_1),
2. die Menge aller Ordnungszahlen (M_2),
3. die Menge aller Kardinalzahlen (M_3),
4. die Russellsche Menge ($\mathcal{R}$),
5. die Menge $\mathcal{G}$ aller Grundmengen.

Wie steht es nun mit den folgenden Mengen:

6. die Menge aller zu einer gegebenen unendlichen Menge M äquivalenten Mengen (M_4),
7. die Menge aller Ordnungszahlen von Mengen der Mächtigkeit $\aleph_0$ (M_5)?

Man kann leicht zeigen, daß auch die unter 6. genannte Menge M_4 inkonsistent ist. Man kann nämlich eine Teilmenge dieser Menge der inkonsistenten *Menge aller Mengen* M_1 zuordnen. Dazu bilde man die Vereinigungsmenge

$$M_m^* = M \cup \{m\}. \tag{11}$$

Dabei soll m alle Elemente von M_1 (also alle Mengen überhaupt) durchlaufen. Ist M eine unendliche Menge von der Mächtigkeit $\mathfrak{a}$, so ist auch M_m^* eine Menge mit der Mächtigkeit $\mathfrak{a}$, da wir ja nur ein *Element* m hinzugefügt haben. Durch (11) ist aber eine eineindeutige Abbildung zwischen $\{M_m^*\}_{m \in M_1} \subset M_4$ und M_1 hergestellt.

Wenn die „Menge aller Mengen" kein Heimatrecht in der Mathematik hat, dann muß man es auch jeder „Menge aller zu einer Menge M äquivalenten Mengen" versagen. Dieses Beispiel macht klar, daß man unter Umständen auch auf solche „Mengen" verzichten muß, denen man die Inkonsistenz nicht sofort ansieht.

Die unter 7. genannte Menge (die Menge der Zahlen der zweiten Zahlklasse) spielt in der Cantorschen Theorie eine große Rolle. Bisher hat das Arbeiten mit dieser Menge nie zu einem Widerspruch geführt. Aber woher wissen wir, daß das auch in aller Zukunft nicht geschehen kann?

Cantor selbst sagt dazu [210]:

> ... Wäre es nicht denkbar, daß schon diese [211] Vielheiten „inkonsistent" seien, und dass der Widerspruch der Annahme eines „Zusammenseins aller ihrer Elemente" sich *nur noch nicht bemerkbar* gemacht hätte? Meine Antwort ist, dass diese Frage auf *endliche Vielheiten ebenfalls auszudehnen* ist und dass eine genaue Erwägung zu dem Resultat führt: sogar für endliche Vielheiten ist ein „Beweis" für ihre „Konsistenz" *nicht zu führen.* Mit anderen Worten: Die Tatsache der „Konsistenz" endlicher Vielheiten ist eine einfache, unbeweisbare Wahrheit, es ist „*Das Axiom der Arithmetik*" (im alten Sinne des Wortes). Und ebenso ist die „Konsistenz" der Vielheiten, denen ich die Alephs als Kardinalzahlen zuspreche „das Axiom der erweiterten transfiniten Arithmetik".

---

[210] In einem Brief an *Dedekind* vom 28. August 1899, [W] S. 447.
[211] Gemeint sind die Cantorschen Alephs.

Cantor hat mit diesem Briefabschnitt Überlegungen vorweggenommen, die die Mathematiker im 20. Jahrhundert noch intensiv beschäftigen sollten. Wenn nun einmal durch die Entdeckung der Antinomien die Frage der Widerspruchsfreiheit gestellt wird, kann sie für *alle* Teile der Mathematik gestellt werden. Cantor wehrt sich mit einigem Recht dagegen, daß seine junge Theorie mit mehr Mißtrauen behandelt wird als die klassischen Disziplinen der Mathematik.

Immerhin erscheint der Aufbau eines Axiomensystems für die Mengenlehre angebracht. Die Schwierigkeit ist dabei folgende: Man muß auf irgendeine Weise festlegen, welche Mengen Gegenstand der Theorie sein sollen. Man darf den Rahmen nicht zu eng wählen: sonst ist die Theorie nicht leistungsfähig. Man darf aber auch nicht zu großzügig sein; sonst hat man doch wieder „inkonsistente" Mengen dabei.

Wir werden über die Axiomatisierung der Mengenlehre (die nicht mehr durch *Cantor* selbst erfolgte) noch zu berichten haben [212]). An dieser Stelle mag der Hinweis genügen, daß die Entdeckung der Antinomien in der Mengenlehre zu intensivem Arbeiten an den Grundlagenfragen geführt hat.

Es war vor allem *David Hilbert*, der Vorschläge für eine *Metamathematik*, eine Theorie des mathematischen Schließens, gemacht hat. Er will die Mathematik so weit formalisieren, daß Beweise für die Widerspruchsfreiheit eines Axiomensystems möglich werden. Wie ein solcher Beweis geführt werden kann, hat er (u. a.) für die Aussagenlogik an einem System von 5 Axiomen gezeigt.

Auch die Mengenlehre will er in dieser Weise gesichert sehen. In seinem Aufsatz „Über das Unendliche" [213]) sagt er darüber:

> Fruchtbaren Begriffsbildungen und Schlußweisen wollen wir, wo immer nur die geringste Aussicht sich bietet, sorgfältig nachgehen und sie pflegen, stützen und gebrauchsfähig machen. Aus dem Paradies, das *Cantor* uns geschaffen, soll uns niemand vertreiben können.

Zwei Jahre später sagt er über die Einführung neuer, „idealer Elemente" in der Mathematik:

> Freilich eine Bedingung, eine einzige, aber auch unerläßliche, ist stets an die Anwendung idealer Elemente geknüpft; diese ist der Nachweis der Widerspruchsfreiheit.

Die Mathematiker des 20. Jahrhunderts, die sich aus dem Cantorschen Paradies nach dem Wort von *Hilbert* nicht vertreiben lassen wollen, mußten also

---

[212]) Siehe Kap. XIII!
[213]) Math. Ann. 95, 1926, S. 161–190.

ihre Seßhaftigkeit durch eine axiomatische Fundierung der Mengenlehre rechtfertigen. Wir werden noch darüber berichten, wie das geschehen ist.

An dieser Stelle wird aber schon deutlich, daß gerade durch die genialen Forschungen *Cantors ein* Grundzug seiner eigenen Weltsicht in Frage gestellt wurde: der Einbau der Mathematik in ein metaphysisches System, die Möglichkeit „gemischter, mathematisch-metaphysischer Beweisführung [215]).

In der modernen Mathematik geht es (nach einem Wort von *Hilbert* [216])) *nicht um Wahrheit, sondern um Sicherheit*, um die Sicherheit nämlich, daß in einer mathematischen Theorie niemals die Aussage *A und ihre Negation non A* abgeleitet werden können. Für diese Sicherheit ist der moderne Mathematiker bereit, einen hohen Preis zu zahlen: Er verzichtet (wie *Reidemeister* sagt) auf den „Glanz des Seins", der deutlich über dem Denken *Platons* und seiner Nachfahren lag. Auch bei *Cantor* geht es immer wieder um das „Seiende", um Hilfsdienste für eine als Ontologie verstandene Metaphysik, die womöglich noch Hilfswissenschaft einer Theologie sein kann [217]).

Diese Wandlung des Denkens ist nicht das Ergebnis einer nihilistischen Laune. Sie ist ein Ergebnis konsequenter intellektueller Redlichkeit. Sie ist fundiert in den Ergebnissen der modernen Grundlagenforschung in Mathematik und Physik. Damit ist nicht gesagt, daß jede metaphysische Fragestellung a priori sinnlos sei [218]). Probleme dieser Art können aber jedenfalls nicht mit den Methoden der exakten Forschung gelöst werden, auch nicht mit „gemischt mathematisch-metaphysischen" Beweisführungen.

Wir können an dieser Stelle keine ausführliche Erörterung über die Grundlagenforschung des 20. Jahrhunderts unterbringen [219]). Schließen wir mit einem bemerkenswerten Gespräch zwischen *Gerhard Kowalewski* und *Georg Cantor*. Wir erinnern uns: Nach dem Bericht von *Kowalewski* waren für *Cantor* die aufsteigenden Kardinalzahlen „etwas Heiliges, gewissermaßen die Stufen, die zum Throne der Unendlichkeit emporführen". Ähnliches läßt sich dann wohl auch über die Ordnungszahlen sagen. Jetzt aber tritt hier eine (die erste Cantorsche) Antinomie auf.

---

[214]) Über das Unendliche, Ges. Abh. Bd. 3, Berlin 1935.

[215]) Vgl. den Brief von *Cantor* an *P. Esser* in [B 7] und den Brief Nr. 14 im Anhang.

[216]) In der unter [214]) genannten Arbeit.

[217]) Vgl. dazu S. 111 f.

[218]) Man lese dazu *Stegmüller:* Metaphysik, Wissenschaft, Skepsis. Frankfurt–Wien 1954.

[219]) Näheres findet man z. B. bei *Kleene* [C 24]. Eine erste Einführung gibt [C 31].

Da erinnerte ihn *Kowalewski* [220])
an eine Stelle aus den Reden Salomons bei der Einweihung des Tempels (2. Chronik 6, Vers 18, und 1. Kön. 8, Vers 27): „Denn sollte in Wahrheit Gott bei den Menschen auf Erden wohnen? Siehe der Himmel und aller Himmel Himmel können dich nicht fassen." „Aller Himmel Himmel" – erinnert das nicht stark an „aller Mengen Menge"? Was Salomo sagt, lautet, ins Mathematische übersetzt: Gott, das höchste Unendliche, kann überhaupt nicht erfaßt werden, weder durch eine Menge noch durch die Menge aller Mengen.

Kowalewski berichtet, daß „*Cantor* solche religiösen Gedanken sehr liebte". Wir erfahren aber leider nicht, was er geantwortet hat. Wenn *Cantor* „solche Gedanken liebte", hätte er sich vielleicht auch mit der Tatsache abfinden können, daß der Brückenschlag von der Mathematik zur Metaphysik, daß auch eine rationale Fundierung religiöser Aussagen nicht gelingen kann. *Kowalewski* hat dem Auftauchen der Antinomien eine religiöse Deutung gegeben, die übrigens gut zu der frommen Resignation von *Cantors* Vater paßte [221]). Wir haben aber keinerlei Zeugnisse dafür, daß *Georg Cantor* selbst und aus sich heraus ähnliche Einsichten vertrat. Es scheint, daß er bis in seine späten Jahre an jedem „Quentchen Metaphysik" festhielt.

---

[220]) [B 4], S. 120.
[221]) Vgl. dazu das Zitat auf S. 142!

XI. Der Wohlordnungssatz

1. Das Auswahlaxiom

Es gibt nur wenige Begriffe und grundlegende Sätze der Mengenlehre, die nicht auf *Georg Cantor* selbst zurückgehen. Der Cantor-Bernsteinsche Satz (S. 74) ist zuerst von *Cantor* ausgesprochen, doch von *Bernstein* bewiesen worden. Ähnlich steht es mit der Aussage, daß mit den Cantorschen Alephs *alle* Mächtigkeiten von Mengen erfaßt sind. *Cantor* hat das mehrfach behauptet; er glaubte schon, einen Beweis zu haben (vgl. S. 140), mußte aber dann doch einsehen, daß er sich geirrt hatte.

Der Beweis der für *Cantor* so wichtigen These gelang erst (im Jahre 1904) *Ernst Zermelo*, der später auch die erste Axiomatisierung der Mengenlehre versuchte.

Er legte seinem Beweis das *Auswahlaxiom* zugrunde, das wir in seiner einfachsten Fassung so formulieren können:

A_1 *Zu jedem Mengensystem* $\mathfrak{M} = \{M\}$, *das nur nichtleere paarweise disjunkte Mengen M enthält, existiert eine Auswahlmenge A, die von jedem $M \in \mathfrak{M}$ genau ein Element $m \in M$ enthält.*

Das Axiom erscheint einleuchtend: Denkt man sich als „Mengensystem" die Mengen der wahlberechtigten Menschen eines Wahlkreises, so kann man doch aus jedem „Wahlkreis" einen „Repräsentanten" ins „Parlament", d. h. in die „Auswahlmenge" A schicken. Aber das Zermelosche Axiom bezieht sich nicht nur auf endliche Mengen. Es behauptet die Existenz einer „Auswahlmenge" für *beliebige* Systeme von (disjunkten, nichtleeren) Mengen. Es wird nicht gesagt, daß es in jedem Fall möglich sein wird, eine solche Auswahl effektiv zu vollziehen. Das Axiom behauptet nur, daß eine solche Menge *existiert*. Wer in der Mathematik reine Existenzaussagen ablehnt und nur „konstruktive" Aussagen zulassen will, dürfte gegen das Zermelosche Axiom Einwendungen erheben. Wir werden auf diese Bedenken noch zurückkommen (Kap. XV), wollen zunächst aber die Deduktionen *Zermelos* darstellen.

Bemerken wir zuerst, daß man dem Axiom noch eine andere Fassung geben kann:

$\boxed{A_2}$ $\mathfrak{M} = \{M\}$ *sei eine Menge von nichtleeren Mengen. Dann gibt es eine Funktion F, die jeder Menge M aus $\mathfrak{M}$ ein bestimmtes Element a_M der Menge $\bigcup_{M \in \mathfrak{M}} M$ so zuordnet, daß für jedes $M \in \mathfrak{M}$ gilt*

$F(M) = a_M \in M.$

Entscheidend ist bei dieser neuen Fassung, daß nicht mehr gefordert wird, daß die Mengen des Systems $\mathfrak{M}$ *disjunkt* seien. Die beiden Fassungen des Auswahlaxioms sind gleichwertig:

$\boxed{A_1} \Leftrightarrow \boxed{A_2}$.

Daß $\boxed{A_1}$ aus $\boxed{A_2}$ folgt, ist fast trivial. Die Menge der Bildwerte $\{a_M\} = \{F(M)\}$ ist ja die (in $\boxed{A_1}$ A genannte) Auswahlmenge, die gewiß auch dann existiert, wenn die Mengen von $\mathfrak{M}$ disjunkt sind.

Aber auch die Umkehrung $\left(\boxed{A_1} \Rightarrow \boxed{A_2} \right)$ ist richtig.

Um das einzusehen, betrachten wir die Menge der Paare

$N(M) = \{(M, a)\}, a \in M, M \in \mathfrak{M}.$

Zwei Paare (M_1, a) und (M_2, b) gelten dann und nur dann als gleich, wenn

$M_1 = M_2, a = b$

ist. Wir wenden nun das Axiom $\boxed{A_1}$ auf das Mengensystem

$\mathfrak{N} = \{N(M)\}_{M \in \mathfrak{M}}$

an. Die Mengen *dieses* Systems sind offenbar paarweise disjunkt. Sind nämlich die Mengen $N(M_1)$ und $N(M_2)$ verschieden, so sind M_1 und M_2 und damit auch alle Paare (M_1, a) und (M_2, b) verschieden (selbst wenn $a = b$ ist!).

Auf $\mathfrak{N}$ können wir jetzt A_1 anwenden und gewinnen damit eine Auswahlmenge A, die diesmal eine Menge von Paaren ist. Aus jeder der Mengen $N(M)$ wird dabei *ein* Paar ausgewählt, das wir mit (M, a_M) bezeichnen können:

$A = \{(M, a_M)\}, M \in \mathfrak{M}.$

Diese Menge ist aber die Funktion F, von der in $\boxed{A_2}$ die Rede ist:

$F : M \to a_M,$ oder

$F(M) = a_M, a_M \in M.$

Das Zermelosche „Auswahlaxiom" wird im Englischen auch als „multiplicate axiom" bezeichnet. Um diese Sprechweise verständlich zu machen, wollen wir das schon in Kap. VI eingeführte *kartesische Produkt* in seiner allgemeinen Form definieren.

Es seien T eine Menge und $f : f(t) = M_t$ eine Funktion, die den Elementen $t \in T$ Mengen M_t eines Mengensystems $\mathfrak{M} = \{M_t\}_{t \in T}$ zuordnet. Dann bedeutet

$$P \mathfrak{M} = \prod_{t \in T} M_t$$

die Menge, deren Elemente alle möglichen Mengen („Komplexe") sind, die genau ein Element aus jeder der Mengen M_t enthalten. Für $T = \{1, 2\}$ hat man dann wieder die Menge der Paare; im allgemeinen Fall schreibt man auch

$$P \mathfrak{M} = M_a \times M_b \times M_c \times \ldots$$

Ist eine der Mengen M_t leer, so ist natürlich auch das kartesische Produkt gleich der leeren Menge. Nun kennt man ja aus der Algebra solche Ringe (von gewissen Restklassen z. B.), in denen ein Produkt gleich 0 ist, ohne daß einer der Faktoren verschwindet. Der Ring der ganzen, der Ring der rationalen und der Ring der reellen Zahlen sind dagegen „nullteilerfrei". Hier gilt der Satz: *Ist ein Produkt gleich Null, so ist einer der Faktoren gleich Null.*

Fragen wir uns, wie es mit den kartesischen Produkten in der Mengenlehre steht. Ist es denkbar, daß

$$P \mathfrak{M} = \emptyset$$

ist, ohne daß eine der Mengen M_t die leere Menge ist? Das würde doch bedeuten: Es gibt keine „Komplexe", keine Mengen, die aus jeder der Mengen M_t genau ein Element enthalten.

Das Zermelosche Axiom besagt, daß das nicht möglich ist. Wir können es deshalb auch so formulieren:

Das kartesische Produkt $P \mathfrak{M} = \prod_{t \in T} M_t$ eines disjunkten Mengensystems $\mathfrak{M}$ ist nur dann die leere Menge, wenn einer der Faktoren M_t die leere Menge ist.

2. Anwendungen

Es ist nützlich, an dieser Stelle an den Unterschied zwischen der „klassischen" und der „formalistischen" Auffassung vom Wesen der Axiome zu erinnern. Der moderne Formalist *setzt* seine Axiome, und es wird nicht gefragt, woher er sie hat. Es kommt nur darauf an, daß sie widerspruchsfrei sind und geeignet, eine für den einen oder anderen Zweck brauchbare Theorie aufzubauen.

Nach klassischer Konzeption waren die Axiome „ewige" Wahrheiten, die das selbstverständliche Fundament der logischen Schlüsse des Mathematikers bildeten. Die Axiomatisierung einer Theorie (etwa der euklidischen Geometrie) bedeutete dann, daß man sich die Grundlagen der Geometrie *bewußt machte* und in ein paar Sätzen zusammenfaßte.

Ähnlich waren die ersten Schritte zur Axiomatisierung der Mengenlehre. *Cantor* hatte keine Axiome. Zur Deduktion des wichtigen Wohlordnungssatzes schien es *Zermelo* richtig, die Grundlage seines Beweises durch ein *Axiom* festzulegen. Er hatte bei seiner ersten Veröffentlichung 1904 noch kein komplettes Axiomensystem; nur die Grundlage seines Beweises für die Möglichkeit der Wohlordnung sollte bewußt gemacht werden.

Um später die Einwände gegen das Zermelosche Axiom besser würdigen zu können, wollen wir uns klarmachen, daß man in den üblichen Beweisen der klassischen Analysis dieses Zermelosche Axiom schon längst benutzt hatte, ohne es freilich als Grundlage des Schließens ausdrücklich zu formulieren. Nehmen wir als Beispiel den Satz: h sei ein Häufungspunkt einer Menge M von reellen Zahlen. Dann kann man aus M eine Folge $\{m_n\}$ auswählen, die gegen h konvergiert.

Zum Beweis betrachtet man etwa die Folge $\{J_n\}$ der Intervalle $\left(h - \frac{1}{n}, h + \frac{1}{n}\right)$

Da h Häufungspunkt von M ist, gibt es in jedem der Intervalle (mindestens) ein Element von M. Wir wählen eine solche Folge $\{m_n\}$ aus; sie konvergiert gegen h. Die Auswahl erfolgt aus den Mengen der Durchschnitte $M \cap J_n$. Sie sind nicht disjunkt, aber nach $\boxed{A_2}$ gibt es eine „Auswahlfunktion", die uns die gewünschte Folge liefert. Dieser Satz der Analysis ist eine reine „Existenzaussage". Wir haben ja kein konstruktives Verfahren, nach dem man in jedem Fall die Auswahl vollziehen könnte.

Es ist nicht schwer, weitere Beweisführungen in der klassischen Analysis zusammenzutragen, die – ohne daß man sich das in jedem Fall bewußt macht – das Auswahlaxiom benutzen. Unter diesen Umständen erscheint es durchaus angemessen, wenn diese Schlußweise jetzt auch in der allgemeinen Mengenlehre angewandt wird.

3. Der Wohlordnungssatz

Wir beweisen nun den wichtigen und umstrittenen
Satz von Zermelo: Jede Menge kann wohlgeordnet werden.
Dieser Satz ist eine Existenzaussage; es wird kein konstruktives Verfahren zur Herstellung der Wohlordnung angegeben. Deshalb sollte man zur Vermeidung von Mißverständnissen den Satz eher so formulieren:
Zu jeder Menge M existiert eine wohlgeordnete Menge W, die dieselben Elemente hat wie M.
Zum Beweis dieses Satzes bezeichnen wir mit $\mathfrak{T}$ die Menge der nichtleeren Teilmengen M' von M ($M' \subset M$).
Gewisse Teilmengen M' lassen sich wohlordnen, z. B. die endlichen Teilmengen. Es sei nun A eine nichtleere wohlgeordnete Teilmenge von M. Ist $a \in A$, so soll A_a wieder (vgl. S. 101) den durch a gegebenen *Abschnitt* von A bedeuten [222]). Nach dem Axiom $\boxed{A_2}$ gibt es eine Auswahlfunktion, die jeder Teilmenge $M' \subset M$ eines ihrer Elemente zuordnet: $m' = f(M')$. Wir interessieren uns nun insbesondere für Teilmengen des Typs $M - A_a$. Dabei ist A irgendeine wohlgeordnete Teilmenge von M. Man beachte, daß a nicht zum Abschnitt A_a gehört, wohl aber zur Komplementärmenge $M - A_a$; es ist also stets $a \in M - A_a$.
Wir nennen nun eine wohlgeordnete Teilmenge $A \subset M$ *regulär*, wenn

$$f(M - A_a) = a \qquad (1)$$

gilt für alle $a \in A$. Da $a \in M - A_a$ ist, kann es durchaus reguläre Teilmengen geben.
Tatsächlich ist die aus dem einen Element m mit der Eigenschaft [223]) $m = f(M)$ gebildete Teilmenge $A^{(1)} = \{m\}$ regulär. Für $A^{(1)} = \{m\}$ ist doch $A_m^{(1)}$ die leere Menge, und wir haben tatsächlich die Bedingung (1) erfüllt:

$$f(M - A_m^{(1)}) = f(M - \emptyset) = f(M) = m.$$

Es sei nun $f(M - \{m\}) = m_1$ und

$$A^{(2)} = \{m, m_1\},$$

dann ist auch $A^{(2)}$ wieder eine reguläre Menge. Denn wir haben $f(M - A_m^{(2)}) = m$ und

$$f(M - A_{m_1}^{(2)}) = f(M - \{m\}) = m_1.$$

---

[222]) Ist b das erste Element von A, so ist $A_b = \emptyset$. Auch die leere Menge gilt als „Abschnitt".

[223]) Auch M selbst ($M \subset M$!) muß ja durch f ein Bild $f(M)$ zugeordnet werden.

Man könnte sich vorstellen, daß man Teilmengen von M auf verschiedene Weise regulär ordnen könnte. *Immer muß jedenfalls $m = f(M)$ das erste Element sein.* Ist nämlich a das erste Element der regulär geordneten Teilmenge A, so ist $A_a = \emptyset$, und nach (1) wird $a = f(M - A_a) = f(M) = m$.

Wir behaupten nun: *Jede Teilmenge von M läßt sich auf höchstens eine Weise regulär ordnen.*

Es sei A eine reguläre wohlgeordnete Teilmenge von M und A' eine durch Umordnung von A entstehende Teilmenge, die ebenfalls regulär ist. A' enthält also dieselben Elemente wie A, ist aber auf andere Weise so wohlgeordnet, daß (1) erfüllt ist. Dann ist die wohlgeordnete Menge A einem Abschnitt von A' ähnlich (oder umgekehrt) oder es gilt $A \simeq A'$. Nehmen wir an, A sei einem Abschnitt $A_{x'}$ von A' ähnlich. Dann wird jedenfalls bei dieser Zuordnung das Element m auf sich selbst abgebildet, da ja m in jeder regulär geordneten Menge das erste Element ist. Es sei nun p das erste Element von A, das bei der Ähnlichkeitsabbildung $A \leftrightarrow A_{x'}$ nicht auf sich selbst abgebildet wird, etwa auf ein Element $q \neq p$.

Die vor p bzw. q stehenden Elemente in den beiden wohlgeordneten Mengen A und A' stimmen dann überein, und wir haben $A_p = A_q'$. Daraus folgt aber nach (1)

$$p = f(M - A_p) = f(M - A_q') = q,$$

entgegen der Annahme $p \neq q$. Daraus folgt, daß A und A' identisch sind.

Wenn also eine wohlgeordnete Teilmenge $A \subset M$ überhaupt regulär geordnet werden kann, dann ist das nur auf eine Weise möglich. Wir wollen im folgenden in allen Teilmengen $A \subset M$, die regulär geordnet werden können, diese Ordnung als gegeben voraussetzen.

Aus unserer Schlußweise folgt dann weiter:

Von irgend zwei verschiedenen regulären Teilmengen A und B von M ist eine ein Abschnitt der anderen.

Nach den allgemeinen Sätzen über wohlgeordnete Mengen ist immer eine (sagen wir hier: A) einem Abschnitt der anderen (hier: B) oder der anderen selbst ähnlich. Nach der eben durchgeführten Überlegung ergibt sich für reguläre Mengen, daß dabei jedes Element von A auf sich abgebildet wird. Da A von B verschieden sein sollte, ist A tatsächlich ein Abschnitt von B.

Es sei nun *Z die Menge der Elemente von M, die in mindestens einer regulären Menge von M vorkommen.* Sie ist gewiß nicht leer, da ja $m = f(M)$ dazu gehört. Wir wollen nun die Menge Z ordnen. Dazu benutzen wir einfach die in den regulären Mengen auftretende Ordnung. Es seien t und u

Elemente von Z, A und B reguläre Teilmengen, in denen t bzw. u vorkommt. Wie eben festgestellt wurde, ist A ein Abschnitt von B oder umgekehrt. Nehmen wir an, es sei $A \subset B$. Haben wir $t \in A$, $u \in B$, so ist dann auch $t \in B$. In dieser regulären Menge sei etwa $t \prec u$. *Dann soll diese Ordnung auch für Z gelten.*

Die so definierte Ordnung von Z ist offenbar eine *Wohlordnung*, da sie ja von gewissen wohlgeordneten Mengen übernommen wurde. Wir zeigen nun, daß die Menge Z sogar eine *reguläre* Menge ist: Es sei z irgendein Element von Z, A eine reguläre Teilmenge von M, die z enthält. Nach der Definition der Ordnung für Z ist dann $A_z = Z_z$, und aus

$$f(M - Z_z) = f(M - A_z) = z$$

folgt, daß Z regulär ist.

Wir behaupten jetzt, daß $Z = M$ gilt.

Wäre es nicht so, so wäre die Menge $M - Z$ nicht leer; a sei ihr „ausgezeichnetes" Element: $f(M - Z) = a$, $a \in M - Z$. Wir bilden nun die Menge

$$A = Z \cup \{a\}.$$

Diese Menge ist wohlgeordnet, wenn wir vorschreiben, daß alle Elemente von Z *vor a* stehen. Sie ist sogar *regulär*. Da die Abschnitte von Z die Regularitätsbedingung erfüllen, haben wir das nur noch für den durch a gegebenen Abschnitt nachzuweisen. Und da haben wir tatsächlich

$$f(M - (Z \cup \{a\})_a) = f(M - Z) = a.$$

Dann gehört aber auch a einer regulären Menge an, müßte also zu Z gehören. Aus diesem Widerspruch folgt tatsächlich: $M = Z$.

4. Folgerungen, Einwände

Die für die Cantorsche Theorie wichtigste Folgerung aus dem Beweis von Zermelo ist der

Satz: Je zwei Mächtigkeiten sind vergleichbar.

Da jede Menge wohlgeordnet werden kann, ist ihre Mächtigkeit gleich der einer Ordnungszahl. Die zu den Ordnungszahlen gehörenden Mächtigkeiten sind aber die Cantorschen Alephs (S. 79). Für irgend zwei dieser Kardinalzahlen $\aleph'$ und $\aleph''$ gilt aber $\aleph' < \aleph''$, $\aleph' = \aleph''$ oder $\aleph' > \aleph''$. Damit ist auch der beim Beweis des Bernsteinschen Satzes (S. 74 f.) noch offengebliebene Fall geklärt: *Es gibt keine nicht vergleichbaren Mengen.*

Damit ist ein wichtiges bis zum Jahre 1904 noch offenes Problem der Mengenlehre gelöst.

Weit ist heute das Feld der Anwendungen des Zermeloschen Axioms in der allgemeinen Mengenlehre, in der Theorie der Halbordnungen, in der Geometrie der Punktmengen. Es kann nicht unsere Aufgabe sein, darüber an dieser Stelle ausführlich zu berichten. Nur ein – im allgemeinen als „paradox" angesehenes – Ergebnis der Mengengeometrie soll hier Beachtung finden, weil es für die Diskussion um die „Geltung" des Auswahlprinzips von Bedeutung ist.

Man nennt zwei Punktmengen M und N des dreidimensionalen euklidischen Raumes *endlich-äquivalent*, wenn es möglich ist, M und N je in n disjunkte Teilmengen zu zerlegen derart, daß die Teilmengen von M denen von N paarweise kongruent sind:

$$M = M_1 \cup M_2 \cup \ldots \cup M_n, \; M_\nu \cap M_\mu = \emptyset \text{ für } \nu \neq \mu,$$
$$N = N_1 \cup N_2 \cup \ldots \cup N_n, \; N_\nu \cap N_\mu = \emptyset \text{ für } \nu \neq \mu, \qquad (2)$$
$$M_\nu \equiv N_\nu \text{ für } \nu = 1, 2, 3, \ldots, n.$$

Dabei heißen zwei Punktmengen A und B *kongruent*, wenn es möglich ist, A durch eine Bewegung (Drehung, Parallelverschiebung, Spiegelung) auf B abzubilden.

Man beachte, daß von den Punktmengen nicht verlangt wird, daß sie Körper im Sinne der Elementargeometrie seien. Man kann ja den hier gegebenen Kongruenzbegriff auf beliebige Punktmengen des R_3 anwenden.

Dann gilt der folgende, zuerst von *Hausdorff* bewiesene Satz [224]:

Die Oberfläche einer Kugel vom Radius 1 ist zur Oberfläche von zwei Kugeln vom Radius 1 endlich-äquivalent.

Mit ähnlichen Mitteln kann man auch noch beweisen:

Sind M_1 und M_2 zwei Punktmengen des R_3, die eine Vollkugel enthalten, so sind sie endlich-äquivalent.

Diese beiden Sätze erscheinen auch erfahrenen Mathematikern „paradox". An dieser Stelle wird deutlich, daß wir gut tun, die Begriffe „Paradoxie" und „Antinomie" zu unterscheiden. Eine Antinomie liegt hier nicht vor. Man kann ja nicht etwa beweisen, daß die Negation der hier genannten Sätze richtig sei. Aber was heißt es dann, daß die Sätze *paradox* sind? Es heißt, daß sie uns unglaubwürdig zu sein scheinen, wenn wir von den für die Körper der Elementargeometrie gültigen Sätzen ausgehen.

Man kann nach dem zweiten der zitierten Sätze sagen, daß jeder Würfel jedem Tetraeder endlich-äquivalent ist, aber man darf dabei natürlich nicht

---

[224] Der Beweis steht z. B. bei *Meschkowski:* Ungelöste und unlösbare **Probleme der Geometrie**, Braunschweig 1960.

fordern, daß die in (2) auftretenden Teilmengen wieder Polyeder seien. Dann wäre der Satz gewiß nicht richtig. Wir sind aber alle geneigt, zu verallgemeinern. Das Galileische Paradoxon (S. 146) galt deshalb als paradox, weil die entsprechende Aussage für *endliche* Mengen falsch wäre. Ähnlich ist es hier: Da wir uns im allgemeinen nur mit sehr einfachen Punktmengen befassen („Körpern" der Elementargeometrie), können wir uns nicht leicht vorstellen, daß für die allgemeineren Punktmengen andere Gesetzlichkeiten gelten. Das kann man *paradox* nennen. Aber die Begegnung mit solchen Paradoxien ist überaus nützlich: Sie zeigt uns, daß wir nicht unzulässig verallgemeinern dürfen.

Mit diesen Bemerkungen über die Paradoxie haben wir zugleich einem Einwand widersprochen, der gelegentlich gegen die Gültigkeit des Auswahlaxioms erhoben wird: *Es führt zu paradoxen Ergebnissen.*

Es tut dem Menschen gut, wenn er häufig mit Paradoxien konfrontiert wird, und für den Mathematiker gehört das einfach zu seiner Ausbildung.

Wesentlich gewichtiger ist ein anderer Einwand: *Das Auswahlaxiom ist nicht „konstruktiv".* Es wird kein Verfahren angegeben, nach dem man die Auswahl effektiv vollziehen kann, und infolgedessen kann man auch die in den beiden zitierten Sätzen der Mengengeometrie auftretenden Teilmengen nicht effektiv angeben. Man kann nur – mit Hilfe des Auswahlaxioms – beweisen, daß es sie „gibt".

Es ist durchaus sinnvoll zu fragen, wie man die Mathematik „konstruktiv" aufbauen kann. Man muß dann natürlich Schwierigkeiten in der Beweisführung und manchen „Substanzverlust" hinnehmen. Es gibt mancherlei Ansätze zu einer „konstruktiven" Mathematik [225].

Aber das Interesse für konstruktive Methoden schließt doch die Berechtigung einer axiomatisch fundierten Mathematik nicht aus, in der auch reine „Existenzsätze" bewiesen werden.

In der Theorie der analytischen Funktionen gab es zu Anfang dieses Jahrhunderts viele reine Existenzaussagen (z. B. über Möglichkeiten der konformen Abbildung), die erst später konstruktiv (durch Berechnung von Abbildungsfunktionen z. B.) belegt wurden. Die Beschränkung der Mathematik auf das, was aus dem Begriff der ganzen Zahlen aufgebaut werden kann, erscheint schon mit Blick auf die Vielzahl der Anwendungen verschiedenartiger Strukturen nicht mehr angemessen. Lassen wir doch das schöne Wort *Cantors* gelten: *Das Wesen der Mathematik liegt in ihrer Freiheit.*

---

[225] Vgl. dazu Kap. XV.

XII. Die späten Jahre

1. Der Heidelberger Kongreß

Schon 1897 in Zürich stand die Cantorsche Theorie im Vordergrund des öffentlichen Interesses. In noch stärkerem Maße war das 1904 bei der internationalen Mathematiker-Tagung in Heidelberg der Fall. Hatte Zürich freundliche Anerkennung gebracht, so brachte diesmal ein Referat eine Widerlegung der grundlegenden Ansichten *Cantors*.

Der als „äußerst scharfsinnig und absolut zuverlässig"[226]) geltende Professor *Julius König* aus Budapest bewies, daß die Mächtigkeit $\aleph$ des Kontinuums, die nach *Cantors* (immer noch nicht bewiesener) Vermutung gleich der Mächtigkeit $\aleph_1$ der ersten Zahlklasse sein sollte, unter den Alephs überhaupt nicht vorkomme.

Die Hörer *Königs* kannten den auch noch im Jahre 1904 veröffentlichten Beweis von *Zermelo* für die Möglichkeit der Wohlordnung jeder Menge noch nicht. Sie fanden beim ersten Hören keinen Fehler in den Deduktionen und sahen durch den Budapester Mathematiker die Grundvorstellungen *Cantors* widerlegt: Die Mächtigkeit $\aleph$ des Kontinuums war nach *König* von $\aleph_1$ verschieden; es war deshalb auch nicht möglich, für ein Kontinuum eine Wohlordnung herzustellen.

Diese Feststellungen waren die Sensation des Kongresses. Selbst die sonst gegenüber mathematischen Tagungen so zurückhaltenden Tageszeitungen berichteten darüber, und der Großherzog ließ sich (durch *Felix Klein*) informieren.

Über die Haltung *Cantors* nach diesem Vortrag gehen die Berichte von Teilnehmern an der Tagung auseinander. *Schoenfließ* schreibt in seinem Nachruf „Zur Erinnerung an Georg Cantor"[227]), „daß er von vorne herein das *König*sche Resultat trotz seiner *exakten* Beweisführung nicht für richtig hielt". „Er pflegte scherzweise zu sagen, er hege kein Mißtrauen gegen den *König*, nur gegen seinen Minister".

---

[226]) [B 4], S. 201.
[227]) [B 11], S. 100.

Kowalewski berichtet aber (S. 202):

> Cantor ergriff damals das Wort in tiefer Bewegung. Es kam darin auch ein Dank gegen Gott vor, daß er ihm vergönnt habe, diese Widerlegung seiner Irrtümer zu erleben.

Am nächsten Tag freilich stellte sich schon heraus, daß der Königsche Beweis falsch war. „*Zermelo*, ein äußerst scharfsinniger und rasch arbeitender Denker, machte diese wichtige Feststellung."

Schoenfließ weiß noch von einem „Nachkongreß" in Wengen zu erzählen, auf dem sich *Hilbert, Hensel, Hausdorff* und *Schoenfließ* zusammenfanden. Auch *Cantor* kam noch dazu, und es war „geradezu ein dramatischer Augenblick, als *Cantor* eines Morgens in dem Hotel erschien, in dem *Hilbert* und ich wohnten, im Frühstückssaal geraume Zeit auf uns wartete, um überreif zur Aussprache, wie er war, uns und der Umwelt sofort eine neue Widerlegung des Königschen Theorem vorzuführen".

Die Berichte von *Kowalewski* und *Schoenfließ* decken sich nicht in allen Einzelheiten. Aber es wird doch durchaus klar, daß die Mengenlehre zu Beginn des 20. Jahrhunderts im Vordergrund des Interesses für viele Mathematiker stand. Man erkannte die Bedeutung der Cantorschen Ideen, und jüngere Mathematiker sahen ihre Aufgabe darin, das Werk *Cantors* fortzusetzen.

Das erste Ergebnis dieser Bemühungen war der von *Zermelo* gefundene Beweis des Wohlordnungssatzes (Kap. XI); es folgten dann die mancherlei Versuche zur Axiomatisierung der Mengenlehre, von denen noch zu reden sein wird (Kap. XIII).

2. Mathematische Gesellschaften

Es dürfte kaum einen Mathematiker geben, der so wie *Georg Cantor* das Gespräch zwischen den Mathematikern gesucht und gefördert hat. Als Student war er Mitglied des damals jungen „Mathematischen Vereins" in Berlin; ein Jahr lang war er ihr Vorsitzender. Mit seinem Freund *Mittag-Leffler* überlegte er, wie man die Diskussion zwischen den Mathematikern verschiedener Sprache (durch die Acta Mathematica) fördern könne (vgl. auch Brief Nr. 9).

In seinem Kopf entstand der Plan, eine „Deutsche Mathematiker-Vereinigung" zu gründen. Es gelang ihm, die Widerstände zu überwinden. Der „Heidelberger Aufruf" von 1889 (anläßlich der 62. Versammlung Deutscher Naturforscher und Ärzte) hatte Erfolg. Am 18. September 1890 kommt es zur Gründung, und *Cantor* wird bis zum Jahre 1893 der Vorsitzende der neuen Vereinigung. Er ist an der Herausgabe der „Jahresberichte" beteiligt, und der erste Band bringt seinen Vortrag „Über eine elementare Frage der Mannigfaltigkeitslehre" ([W] S. 278–281), in dem er zum ersten Male sein berühmtes „Diagonalverfahren" benutzt, um den Teilmengensatz zu beweisen.

1893 legt er aus Gesundheitsrücksichten den Vorsitz nieder. Aber ihm bleibt die Kommunikation unter den Mathematikern ein Anliegen. Er hat in diesen Jahren viel Korrespondenz mit Kollegen anderer Länder, und er versucht, einen Zusammenschluß der Mathematiker auf internationaler Basis zu erreichen. Den ersten Schritt sollen allgemeine Kongresse bilden, und er ist bemüht, *Poincaré* dafür zu gewinnen, daß die Mathematiker seines Landes den ersten Schritt tun. Er will den Franzosen die Initiative dadurch erleichtern, daß er die Wahl von Paris als Tagungsort in Aussicht stellt.

Tatsächlich fand der erste internationale Kongreß 1897 in Zürich statt. Paris ist der Ort für die nächste Tagung im Jahre 1900; vier Jahre später war dann in Heidelberg jene Tagung, in der *König* seinen erregenden Vortrag hielt. Es folgten dann die Kongresse in Rom (1908) und Cambridge (1912). Der für 1916 vorgesehene Kongreß (Stockholm) kam nicht zustande, des Krieges wegen.

Cantor hat an diesen Kongressen nicht mehr teilgenommen. Über die Tagung in Rom erhielt er von *Zermelo* einen interessanten Bericht (siehe Briefanhang, Nr. 20). Dieses Schreiben spiegelt die Meinungskämpfe wider. Aus diesem Bericht wird erkennbar, wie die Cantorschen Theorien sich gegen manche Widerstände [228] langsam unter den Mathematikern durchsetzen. Es waren in jenen Jahren vor allem Forscher des Auslandes, die die Bedeutung der Mengenlehre erkannten. „Mit Vergnügen und Stolz" erinnert sich *Gutzmer* [229]) anläßlich der *Cantor*-Feier im Jahre 1915 an eine Bemerkung eines (von ihm nicht genannten) italienischen Kollegen während der Rom-Tagung 1908: „Sie sind ja jetzt in Halle, da haben Sie auch *Cantor. Cantor* ist einer der schönsten mathematischen Köpfe Deutschlands."

Schon vorher hatten englische und norwegische Wissenschaftler die Bedeutung der Forschung *Cantors* gewürdigt: *Georg Cantor* wurde 1901 Ehrenmitglied der London Mathematical Society und erhielt im Jahre 1904 von der Royal Society die Sylvester-Medaille. In der Würdigung heißt es:

> „*Georg Cantor*, for his brillant researches in the theory of aggregates and of sets of points of the arithmetic continuum, of transfinite numbers, and Fourier's Series."

---

[228]) Vor allem *Henri Poincaré* hatte einige Einwände.
[229]) [B 5] S. 270.

Er wurde Mitglied der Mathematischen Gesellschaft zu Charkow und korrespondierendes Mitglied des R. Instituto Veneto de Science, Lettere ed Arti. Er wurde Ehrendoktor von Christiania (1902) und St. Andrews (1912) [230].

3. Arbeit an zahlentheoretischen Problemen

In den meisten Wissenschaften ist zäher Fleiß die Voraussetzung für den Erfolg. Der Naturforscher kann oft erst nach langwierigen Versuchen mit vielen Meßreihen ein Ergebnis registrieren. Anders ist es in der Mathematik. Hier kann ein genialer Einfall die Tür zu neuen Welten öffnen. Die Arbeit *Cantors* ist ein schönes Beispiel dafür. Seine Idee, durch die eineindeutige Zuordnung Ordnung zu schaffen unter den mancherlei unendlichen Mengen, erwies sich als überaus fruchtbar. Das Gleiche gilt für den Einfall, der dem Diagonalverfahren zugrunde liegt.

Man kann also ein bedeutender Mathematiker werden, wenn man Phantasie hat. Es hat in der Tat große Mathematiker gegeben, deren schöpferische Leistung in der Fähigkeit zu mathematischer Intuition lag. Zäher Fleiß und Kleinarbeit lag ihnen nicht.

Es erscheint durchaus bemerkenswert, daß *Georg Cantor* nicht nur geniale Einfälle hatte; er konnte auch ausdauernd arbeiten und monatelang sich mit elementaren Rechnungen herumplagen, wenn er einem mathematischen Gesetz auf der Spur war. Er interessierte sich in seinen späteren Jahren wieder verstärkt für die Zahlentheorie. Insbesondere nahm ihn die *Goldbachsche Vermutung* gefangen. Nach *Goldbach* soll jede gerade Zahl als Summe zweier Primzahlen darstellbar sein:

$$2N = x + y. \tag{1}$$

Tatsächlich hat man bisher keine gerade Zahl gefunden, für die der Satz falsch wäre. Es stellt sich sogar heraus, daß die Zahl der möglichen Zerlegungen (1) bei mancherlei Schwankungen mit wachsendem N immer größer wird. *Cantor* nahm diese Feststellung zum Anlaß, um die Gesetzlichkeiten der durch $n = \psi(N) = \psi^*(2N)$ gegebenen Anzahlfunktion ψ bzw. ψ^* zu untersuchen. Dabei ist $\psi(N)$ die Anzahl der verschiedenen Zerlegungen (1), ohne Rücksicht auf die Reihenfolge. Die Zerlegungen $n = x + y = y + x$ sollen also *einfach* gezählt werden.

Für $2N = 84$ hat man z. B. die 9 Zerlegungen

$$84 = 1 + 83 = 5 + 79 = 11 + 73 = 13 + 71 = 17 + 67 =$$
$$= 23 + 61 = 31 + 53 = 37 + 47 = 41 + 43,$$

also $\psi(42) = 9$.

---

[230] Nach Auskunft der Universität St. Andrews fand die Ehrenpromotion 1912 statt, nicht (wie bei *Fraenkel* [W] S. 473) angegeben, 1911.

Cantor hat in seiner Arbeit [A 31] die Zerlegungen der geraden Zahlen bis 1000 mitgeteilt. Er gibt für jede dieser geraden Zahlen den Summanden x in der Zerlegung (1) an und den Wert von $\psi(N)$. Bei 84 steht entsprechend

84   1, 5, 11, 13, 17, 23, 31, 37, 41   9

Wir geben im folgenden eine Tabelle für $n = \psi(N) = \psi^*(2N)$ für die geraden Zahlen $2N$ von 2 bis 120.

Tabelle zur Goldbachschen Vermutung

$2N$	2	4	6	8	10	12	14	16	18	20	22	24
n	1	2	2	2	2	2	3	2	3	3	3	4
$2N$	26	28	30	32	34	36	38	40	42	44	46	48
n	3	2	4	3	4	4	3	3	5	4	4	6
$2N$	50	52	54	56	58	60	62	64	66	68	70	72
n	4	3	6	3	4	7	4	5	6	3	5	7
$2N$	74	76	78	80	82	84	86	88	90	92	94	96
n	6	5	7	5	5	9	5	4	10	4	5	7
$2N$	98	100	102	104	106	108	110	112	114	116	118	120
n	4	6	9	6	6	9	7	7	11	6	6	12

Eigenartigerweise ist diese Arbeit von *Zermelo* nicht in die „Gesammelten Schriften" *Cantors* aufgenommen worden. Vielleicht erschien ihm diese Fleißarbeit nicht bedeutsam genug?

Cantor erwähnt, daß er sich 10 Jahre lang mit der Berechnung dieser Tabelle (und auch mit dem Studium ihrer Gesetzlichkeiten) beschäftigt hat, also seit 1884 [231]).

In der Arbeit [A 31] teilt *Cantor* nur die Ergebnisse seines Rechnens mit. Tatsächlich hat er versucht, aus dieser Tabelle Gesetzlichkeiten der Funktion ψ herauszufinden. Das geht aus seinen Briefen an *Hermite* vom 30. No-

---

[231]) Das ist das Jahr mit der ersten gesundheitlichen Krise und der Auseinandersetzung mit *Kronecker*. Vielleicht hat *Cantor* in der harten und nüchternen Arbeit des Rechnens Ablenkung gesucht.

vember 1895 (Briefanhang Nr. 16) und an *Laisant* vom 25. April 1895 hervor.

Er teilt *Laisant* die Ergebnisse für die Zahlen 20, 22, 24, ... bis 120 mit und weist darauf hin, daß immer bei den Vielfachen von 6 relative Maxima [232]) liegen.

Abb. 11 zeigt die Abhängigkeit von $\psi^*(2N) = \psi(N)$ von $2N$ für die Zahlen von 76 bis 120.

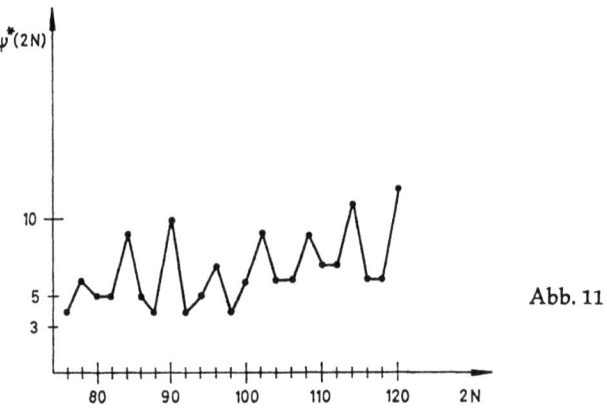

Abb. 11

Auch in dem Brief an *Hermite* weist *Cantor* darauf hin, daß, von $N = 9$ an, „ohne Ausnahme", die Maxima jene Stellen sind, für welche

$N \equiv 0 \bmod 3$

gilt.

Für die Funktionswerte $\psi(3N)$ findet er („ohne Ausnahme") die relativen Maxima bei den Zahlen N, für die

$N \equiv 0 \bmod 5$

gilt. Die relativen Maxima von $\psi(3 \cdot 5 \cdot N)$ findet *Cantor* „ausnahmslos" bei Zahlen N mit

$N \equiv 0 \bmod 7$,

und er *vermutet* den Satz:

Sind 3, 5, 7, 11, ..., p alle ungeraden Primzahlen bis p und ist q die nächste größere Primzahl, setzt man das Produkt $3 \cdot 5 \cdot 7 \cdot ... p = P$, so sind die Stellen, für welche $\psi(P \cdot N)$ ein relatives Maximum wird, diejenigen, für welche $N \equiv 0 \bmod q$ ist.

---

[232]) N gilt als relatives Maximum von $\psi(N)$, wenn

$\psi(N-1) \leqq \psi(N), \quad \psi(N+1) \leqq \psi(N)$ ist.

Um diese Vermutung zu prüfen, betrachten wir in Abb. 12 die graphische Darstellung einiger Ergebnisse der Cantorschen Rechenarbeit. Hier ist $\psi(3N) = \psi^*(3 \cdot 2N)$ als Funktion von $6N$ dargestellt. Tatsächlich haben wir fast immer für die Vielfachen von 30 (also für die Zahlen mit $N \equiv 0 \bmod 5$) relative Extrema. Der Satz stimmt aber *nicht* für $N = 155$, $6N = 930$. Hier liegt kein Extremum vor, und andererseits haben wir relative Extrema auch für $6N = 828, 858, 882, 924, 966$.

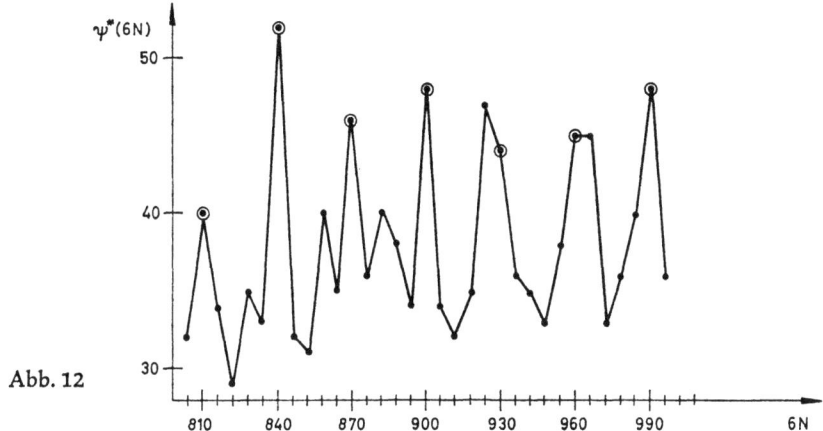

Abb. 12

Ähnliche Feststellungen kann man für die Vielfachen von 30 machen. Tatsächlich liegen die Extrema mehrfach (aber nicht immer) an den von *Cantor* vermuteten Stellen. Mit dieser Feststellung wird die Arbeit Cantors nicht entwertet. Das erste Gesetz über die Extrema gilt ja auch nur für die Zahlen mit $N \geqq 9$. Es erscheint durchaus möglich, daß das von *Cantor* vermutete allgemeine Gesetz über die Extrema eine hinreichende Bedingung enthält für *genügend große Zahlen N*.

Im Nachlaß *Cantors* findet sich noch ein weiterer Beleg für das zahlentheoretische Interesse *Cantors* und seine Fähigkeit zu zähem Durchhalten im numerischen Rechnen. Ein Diarium (mit dem Datum 30ter Oct. 1897) enthält die Berechnung der (periodischen) Kettenbrüche, die zu den Quadratwurzeln

$$\sqrt{101}, \sqrt{102}, \ldots, \sqrt{307}$$

gehören. Man kann interessante Gesetzlichkeiten in den Perioden dieser Kettenbrüche erkennen, aber in diesem Buch sind nur die reinen Rechnungen festgehalten, und es wird nicht ersichtlich, welches Ziel *Cantor* mit dieser Fleißarbeit verfolgte.

An dieser Stelle wollen wir auch *Cantors* Interesse für die *Shakespeare*-Forschung registrieren. In jenen Jahren wurde von den Anglisten die Theorie diskutiert, daß die unter dem Namen *Shakespeares* bekannten Dramen von Sir *Francis Bacon* verfaßt seien.

Man fragt sich zunächst verwundert, woher *Cantors* Eifer für die Lösung eines Problems kommt, das so völlig abseits von seiner Facharbeit liegt. Wir finden die Antwort in einem Brief [233]) an Pater *Jeiler* (Brief Nr. 15). *Cantor* glaubt nach der Lektüre des Glaubensbekenntnisses von Sir *Francis Bacon* ([A 37]), daß der als Vorkämpfer modernen naturwissenschaftlichen Denkens geschätzte „kings solliciter" auch ein ernsthafter Christ war. *Cantor* sieht hier so etwas wie eine Geisterverwandtschaft und beschäftigt sich eingehender mit den Schriften dieses umstrittenen Mannes. Er findet in einem Leipziger Antiquariat in einer alten Schrift die von *Rawley* herausgegebenen Gedichte auf den Tod von Sir *Francis Bacon* [234]). Es fällt ihm auf, daß *Bacon* hier mehr als „Poet" denn als Mann der Wissenschaft gefeiert wird. Liegt es an der blumenreichen Sprache dieser Dichter-Amateure, oder ist *Bacon* tatsächlich ein Dichter, dessen Werk fälschlich einem anderen zugeschrieben wird? *Cantor* findet, daß die Verfechter der *Bacon-Shakespeare*-Theorie doch Recht haben, trotz des Widerspruchs vieler Fachgelehrter.

Cantor nimmt nun den Kampf für seine „Entdeckung" auf. Er veröffentlicht das Glaubensbekenntnis von *Bacon* ([A 37]) und die Rawleyschen Gedichte ([A 38]). Es ficht ihn nicht an, daß er damit auf einem Gebiet, in dem er nicht zu Hause ist, gegen die Mehrzahl der Fachgelehrten steht. Er setzt als Motto über das Vorwort zur Rawleyschen Sammlung ein Wort von *Tertullian*:

Nullus sapiens, nisi seculo stultus fiat.

Heute wird die *Shakespeare-Bacon*-Theorie von den Anglisten allgemein abgelehnt. Damals schien sein Kampf nicht ganz so aussichtslos. Wir dürfen ihn jedenfalls als einen Beweis für seine ständige Bereitschaft werten, unbekümmert um die Meinung anderer das als richtig Erkannte zu vertreten.

4. Das letzte Jahrzehnt

Es leben heute nur noch wenige Menschen, die persönliche Erinnerungen an *Georg Cantor* haben. Auch die meisten Wissenschaftler aus der Generation seiner Schüler sind in den letzten Jahren gestorben. Wir fragten Lord *Russell* nach seinen Kontakten mit *Georg Cantor*. Er hat *Cantor* in seinen „Portraits

---

[233]) Noch viele andere Briefe *Cantors* zeugen von seinem Eifer für die *Bacon-Shakespeare*-Theorie.
[234]) Vgl. dazu sein Vorwort zu [A 38].

from Memory" ([B 10]) gewürdigt, hat aber leider *Cantor* nicht persönlich kennengelernt [235]). Ein Treffen war gelegentlich eines England-Besuches verabredet, kam aber nicht zustande, weil *Cantor* der Krankheit eines Sohnes wegen seine Reise vorzeitig abbrechen mußte.

Einige der heute noch lebenden Enkel *Cantors* erinnern sich zwar aus ihrer frühen Kindheit an die imponierende Gestalt ihres berühmten Großvaters, können aber kaum zu seiner Würdigung aus eigenen Reminiszenzen beitragen. Da war schon ein Gespräch mit Frau Dr. *Loeschke*, einer Nichte *Cantors*, ergiebiger.

Sie war in der Zeit vor dem Weltkrieg Gast im Hause ihres Onkels. *Cantor* war gerade von einem Sanatoriumsaufenthalt zurückgekehrt. Er war eine in Halle überall bekannte und geachtete Persönlichkeit, und es war für das junge Mädchen eine freundliche Erfahrung, wenn ihr Onkel bei Spaziergängen durch die Stadt von allen Seiten respektvoll gegrüßt wurde. Er war nicht sehr gesprächig, schien meist in Gedanken versunken zu sein. Immer aber war er liebenswürdig und höflich zu seiner jungen Nichte, besonders aber zu seiner Frau, der er nach dem Essen mit einem Handkuß dankte.

Dieser Bericht wird ergänzt durch briefliche Mitteilungen von Frau *Alice Guttmann*, einer Nichte von *Cantors* Frau *Vally*. Auch sie war viele Jahre hindurch mehrere Wochen zu Gast im Hause ihres Onkels.

Ich sah ihn kaum, nur zu den Mahlzeiten, wo wir Jungen das Wort führten. Mein Onkel saß immer schweigend da, tief in Gedanken verloren. Ich habe ihn nie ein Wort sprechen hören. Meine Tante schien stets sehr bedrückt. Einer kleinen Sache bei Tisch erinnere ich mich: wenn die Schüssel herumgereicht wurde und zu ihm gelangte, nahm er zerstreut, abwesend, wie mechanisch von dem Gericht, immer wieder, bis meine Tante, die ihn zu beobachten schien, sagte: „Georg, ich glaube, Du hast genug", denn sein Teller war bedenklich voll! Er schien nicht zu wissen, was er tat!

Mein Onkel war vergraben in seinem enorm großen Studierzimmer, das alle 4 Wände mit Büchern bedeckte, vom Fußboden bis zur Decke. Dort schien er sein Leben zu führen, für sich allein, abgesondert auf seinem eigenen Planeten, uns übrigen unbekannt. Wie sehr ich es wünschte, ihn wirklich gekannt zu haben – doch er war ja nie sichtbar. In meinem Elternhaus fing ich hin und wieder Bemerkungen auf, daß mein Vater [236]) (sein Schwager) den Charakter meines Onkels sehr hoch stellte, seine Reinheit und Güte, und daß seine Geistesgröße ihn ungeheuer beeindruckte. Mein Vater schien meinen Onkel zu vergöttern. Dann wurde auch von seinen tagelangen, periodischen Abwesenheiten vom eigenen Heim in Halle gesprochen, das er plötzlich ‚auf eigenem Fuß', so zu sagen, verließ. Danach brachte man ihn

---

[235]) Nach einem Brief an den Vf. vom 26. Februar 1966.
[236]) Dr. *Paul Guttmann*, Direktor des Moabiter Krankenhauses in Berlin.

in ein Krankenhaus und danach kam er zurück und alles schien wieder seinen gewohnten Gang zu nehmen; bis zum nächsten Mal. Ich machte mir ein Bild von seinen überreizten, exaltierten Stimmungen, doch möchte ich mir kein Urteil erlauben, könnte es ja auch nicht."

Falls dieser Bericht über den in sich gekehrten und geistesabwesenden *Cantor* der Frau eines Mathematikers unter die Augen kommt, könnte er Erinnerungen wecken: Es kommt häufig vor, daß der intensiv mit dem Problem beschäftigte Forscher ein schweigsamer und nur mit Vorsicht ansprechbarer Tischgenosse ist. Aber in dem Bericht der Nichte *Cantors* ist wieder von seinen Depressionszuständen die Rede, bei denen die Deutung durch die Last der Forschungsarbeit unzulänglich erscheint.

Seit dem für *Cantor* so erregenden Jahr 1884 traten sie immer wieder auf und waren wohl auch der Anlaß für seine vorzeitige Emeritierung im Alter von 60 Jahren. Wir haben auch aus seinem letzten Jahrzehnt keine großen Veröffentlichungen mehr.

Als ihm im Jahre 1912 die Ehrendoktorwürde von St. Andrews angetragen wurde, mußte Frau *Vally Cantor* den schottischen Kollegen leider mitteilen [237], daß ihr Gatte von seiner Erkrankung noch immer nicht ganz wiederhergestellt sei, so daß es dem behandelnden Arzt zweifelhaft erschien, „ob er es wagen darf, die große Reise nach Schottland im Juli zu unternehmen".

Nach Auskunft von Dr. *Stahl*, einem Schwiegersohn *Cantors*, ist dann *Cantor* doch in Begleitung seiner Tochter *Marie* nach St. Andrews gereist. Er berichtet darüber: „Die denkwürdige Reise nach St. Andrews war für meine Frau mit der immerwährenden Sorge um krankhafte Erregungen des Vaters überschattet, verlief aber ohne die befürchtete Störung".

Die Frage nach dem Charakter dieser Erkrankung ist heute schwer zu beantworten. *Schoenflieβ* hat versucht [238], sie aus der intensiven Arbeit am Kontinuumproblem und der Enttäuschung über die Gegnerschaft *Kroneckers* zu deuten. Es bleibt die Frage offen, ob damit die die letzten Jahrzehnte des genialen Mathematikers überschattenden Krankheitszustände ausreichend motiviert sind.

Geben wir zu dieser Frage einem Enkel *Cantors* das Wort, dem Mediziner Prof. Dr. *Ulrich Schneider*. Er schreibt am 22. Februar 1966 an den Verfasser:

> Unser Großvater dürfte ein cyclothymer Typ gewesen sein, der in seinen Aufbau- und Blütejahren wie so viele Menschen hohe und gedrückte Gemütslagen hatte, und zwar innerhalb noch als „gesund" zu bezeichnender

---

[237] In einem Brief am 20. Mai 1912.
[238] [B 12] S. 16.

Streuungsbreite. Ja, die Hochphasen der Enthemmung können sogar seinem Gedankenflug in geistiges Neuland behilflich gewesen sein. Ich kannte hier noch Caratheodory, der solches ebenfalls für möglich erachtete angesichts der Kühnheit der geistigen Vorstöße ... Ich stimme Ihnen zu, daß auch der Gegenstand seiner geistigen Arbeit eine Art von Erschöpfung bei entsprechender Disposition zu geistig-gemütsmäßiger Unzuverlässigkeit begünstigen könnte. Eine befriedigende, wirklich vertretbare und publizierbare Auffassung werden wir, d. h. Sie als Autor und ich als Nachkomme, nicht erwarten können.

Lassen wir es also mit dieser Feststellung bewenden.

Ein Höhepunkt in den letzten Lebensjahren war die Feier seines 70. Geburtstages am 3. März 1915. An diesem Tage wurde deutlich, daß *Cantor* jetzt auch in Deutschland einen großen Kreis von Freunden und Verehrern hatte. Bei einem Festakt in Halle wurde sein Werk in einer Ansprache von *Gutzmer*, dem Rektor der Universität gewürdigt. *Wilhelm Lorey* berichtete ([B 4]) über den Plan einer *Georg-Cantor*-Ehrung durch den Kreis der Freunde und Schüler. Man hatte geplant, einen Aufruf in vier Sprachen an Mathematiker und Philosophen aller Kulturnationen zu schicken mit der Bitte, sich an einer Ehrung des Schöpfers der Mengenlehre zu beteiligen. Man war von einem glänzenden Erfolg dieses Planes überzeugt. Aber der Weltkrieg zwang den Freundeskreis, sich auf Deutschland und Österreich zu beschränken. „Diese *Georg-Cantor*-Ehrung, die Schüler und Freunde Ihnen zum 70. Geburtstag darbringen wollen, soll eine Marmorbüste werden, die von Künstlerhand gefertigt in der Universität ihren Platz finden soll, um kommenden Geschlechtern die Züge des großen Hallischen Mathematikers zu bewahren." Diese Büste steht noch heute in der Hallischen Universität [239].

Schließen wir den Bericht über diesen Ehrentag *Cantors* mit einem Satz aus dem Brief, den *Constantin Caratheodory* zu diesem Tag im Namen der mathematischen Gesellschaft in Göttingen schrieb [240]:

... würden wir Ihren Werken nicht gerecht werden, wollten wir sie nur an der Größe ihrer Wirkung oder als Mittel zu Mehrung der Wissenschaft beurteilen. Nein! Wer in Ihre Lehre einzudringen getrachtet hat, der hat etwas an sich Erhabenes geschaut, das seinen unermeßlichen Wert in sich selber trägt.

5. Internationale Würdigung

Georg Cantor starb am 6. Januar 1918 in Halle. Von den vielen Würdigungen *Cantors* nach seinem Hinscheiden ist ein Brief *Hilberts* an *Else Cantor* (die älteste Tochter) besonders bemerkenswert [241] ([B 8], S. 55):

---

[239] Ein Foto dieser Büste zeigt die Tafel neben dem Titelblatt.
[240] Vgl. auch das Schreiben von *E. Landau* (Brief Nr. 22).

„...obwohl das Leben Ihres Vaters, unseres lieben Georg Cantors, abgeschlossen war, so berührt und ergreift mich doch aufs tiefste die Todesnachricht. Ist es doch nicht bloß der große Gelehrte und Forscher von einzig dastehender Originalität, sondern auch der großzügige Mensch und treue anhängliche Freund, den wir nicht mehr haben, der aber desto fester in unserem Gedächtnis leben wird. Gerade vor einigen Tagen hatte ich Gelegenheit zu erfahren, wie stark die Lehren Ihres Vaters auf eine kongeniale Natur wirken. Ich setzte Einstein auf meinem Besuch bei ihm in Berlin das klassische Verfahren auseinander, wie Ihr Vater die Unmöglichkeit bewiesen hat, die irrationalen Zahlen „abzuzählen" usw. Und Einstein, der alles sofort erfaßte, war ganz überwältigt von der Großartigkeit dieser Gedanken...

Wenn bessere Zeiten gekommen sein werden, hoffe ich sehnlichst, Sie einmal wiederzusehen, damit wir uns der vergangenen Zeiten erinnern –

Ihr getreuer D. H.

Cantor hatte das Schicksal, das großen Denkern nur selten erspart bleibt: In den Jahren ihres Schaffens fehlt ihnen die ermutigende Anerkennung der Zeitgenossen, die auf dem Wege ins Neuland nur zögernd folgen wollen. Die Würdigung *Cantors* setzte erst in den Jahren ein, in denen seine Schaffenskraft schon gehemmt war. Die volle Bedeutung seiner Arbeit aber wurde erst Jahre und Jahrzehnte nach seinem Tode von der Mehrzahl der Mathematiker anerkannt.

Es waren der Schwede *Mittag-Leffler*, später französische und angelsächsische Mathematiker, die zuerst die Bedeutung des Cantorschen Werkes erkannten.

Von der Freundschaft mit *Mittag-Leffler* war schon ausführlich die Rede. Fügen wir hier noch eine Bemerkung *Cantors* über *Hermite* hinzu, der *Cantor* besonders in den letzten Jahren seines Lebens verbunden war. Er schreibt an *W. H. Young* [241]:

During the last ten years of his life, I was on terms of intimate friendship with Hermite, for whom I have an unbounded respect. Hermite and Weierstraß [242] also had entirely overcome their earlier prejudices systematically stimulated by Kronecker. The praises Hermite pours out to me in his letters, which I still possess, on the subject of the *Mengenlehre*, are so great, and in my eyes, so undeserved, that I should not like to publish them for fear of incurring the reproach of being myself dazzled by them.

Wir wollen noch eine weitere Stelle aus dem (im Jahre 1908 geschriebenen) Brief an *W. H. Young* zitieren, die *Cantors* Enttäuschung über das geringe

---

[241]) Der Originalbrief *Cantors* ist uns nicht erhalten. *Young* gibt in [B 16] eine Übersetzung des Cantorschen Briefes.

[242]) Vgl. dazu Kap. XI!

Interesse der deutschen Mathematiker an der Mengenlehre zum Ausdruck bringt:

> I shall always remain gratefull to the London Mathematical Society for having made me one of his members, as well as to the Royal Society for the award of the Sylvester Medal, three-and-a-half years ago. You are quite right when you suggest in your letter that the recent great development of mathematics in Great Britain is heartily welcome to me. My greatest wish is to be able myself to see that country [243], with whose high-minded inhabitants I feel myself at one; quite otherwise is it with the Germans, who do not know me, also I have lived among them fifty-two years.

Es könnte sein, daß die Anerkennung seines Werkes bei der Feier seines 70. Geburtstages im Jahre 1915 ihn einigermaßen versöhnt hat. Es bleibt aber die Tatsache bestehen, daß Cantor zu Lebzeiten außerhalb Deutschlands mehr Verständnis fand als im eigenen Land. Die Rede *Youngs* vom 13. November 1924 („Presidential Adress", siehe [B 16]) berichtet von dem vollständigen Wandel in der Beurteilung der Mengenlehre in den letzten Jahren. Während früher die meisten Mathematiker die „Mengenlehre" als einen vorwiegend für die Philosophen interessanten Versuch ansahen, haben nun die meisten ihre Bedeutung für die moderne Analysis erkannt. *Young* weist auf die neue Zeitschrift „Fundamenta Mathematica" hin, die ausschließlich dem Gebiet der Mengenlehre gewidmet ist, und er betont, daß jeder Forscher auf dem Gebiet der Analysis jetzt (1924) „direkt oder indirekt" die Begriffe und selbst die Sätze der Mengenlehre benutzt.

Young hat also schon im Jahre 1924 die Bedeutung der Mengenlehre für die moderne *Analysis* erkannt. 40 Jahre später lesen wir in einigen wichtigen Lehrbüchern der Mengenlehre [244] die folgende Definition der Mathematik: „*Mathematik ist Mengenlehre*".

Wir wollen versuchen – um die *Wirkung Cantors* zu verdeutlichen – den Weg zu dieser Konzeption verständlich zu machen. Es wurde schon im Vorwort gesagt, daß wir in dieser Darstellung eine Auswahl aus der Fülle der modernen Publikationen zur Mengenlehre treffen müssen. Nicht über alle wichtigen Ergebnisse kann berichtet werden. Wir wollen aber zeigen, wie intuitive Vorstellungen *Cantors* Jahrzehnte später durch eine exakte axiomatische Fundierung der Theorie gerechtfertigt wurden.

Wenden wir uns also zunächst der Axiomatisierung der Mengenlehre zu!

---

[243] Das ist später geschehen. *Cantor* war noch mehrfach in England u. a. auf dem Wege nach St. Andrews zum Empfang des Ehrendoktor-Diploms, vgl. S. 174.

[244] Z. B. in [C 23].

XIII. Axiomatisierung der Mengenlehre

1. Das System von Zermelo

Im Jahre 1899 hatte *Hilbert* seine „Grundlagen der Geometrie" veröffentlicht. Er hat damit der klassischen Elementargeometrie ein solides Fundament gegeben. Aber damit ist die Bedeutung dieses Werkes nicht erschöpft: *Hilbert* verzichtete auf alle Ontologie der geometrischen Grundbegriffe und bezeichnete die Punkte, Geraden und Ebenen der Geometrie als „Dinge" von drei Systemen, deren gegenseitige Beziehungen durch die Axiome (und nur durch die Axiome!) festgelegt sind. Er konnte auf diese Weise einen widerspruchsfreien [245]) Aufbau der Geometrie leisten.

Es lag nahe, mit solchem formal-axiomatischen Verfahren auch die Mengenlehre zu fundieren. Es war nicht zufriedenstellend, wenn man zunächst die Mengenbildung (nach der allgemeinen Cantorschen Definition) [246]) unbeschränkt zuließ und dann jene Begriffsbildungen nachträglich ausschloß, die auf Widersprüche führten. Man wollte die Bildung von Mengen durch ein geeignetes System von Axiomen unter Kontrolle bringen.

Die ersten Versuche dieser Art stammen von *Zermelo* [247]) und *Russell* [248]). Sie sind in den letzten Jahren vielfach weitergeführt, ergänzt und variiert worden. Wir werden über diese Entwicklung der Axiomatik berichten, wollen aber eines der Systeme ausführlicher behandeln. In dieser Schrift geht es ja um das Werk *Georg Cantors,* und so kann man nicht erwarten, daß hier eine Darstellung der *modernen* Mengenlehre gegeben wird. Wir wollen eines der Systeme so weit entwickeln, daß wir daran dies zeigen können: Die Cantorschen Begriffsbildungen haben sich bewährt. Was zu Beginn unseres Jahrhunderts manchen Kritikern eine gewagte Begriffsbildung schien (die Kardinalzahl, die Ordnungszahl), war jetzt durch den Einbau in ein Axiomensystem in ähnlicher Weise fundiert wie etwa die „Objekte" der klassischen Analysis.

---

[245]) Die Widerspruchsfreiheit der Geometrie ist zurückgeführt auf die der Arithmetik.
[246]) Vgl. S. 70.
[247]) *Zermelo* [3].
[248]) *Russell* [2].

Wir wollen hier eingehender das Axiomensystem behandeln, das zuerst von Zermelo angegeben wurde. *Schoenfließ, Fraenkel* und (in neuerer Zeit) *Abian* haben es weiter entwickelt. Auch das von *Kuratowski* benutzte Axiomensystem geht auf *Zermelo* zurück, so daß es berechtigt erscheint, an diesem System die Bedeutung der Axiomatisierung für die Mengenlehre zu verdeutlichen.

Zermelo betrachtet einen *Bereich beliebiger Objekte.* „Es kann vorkommen, daß zwischen zwei seiner Objekte x und y eine Beziehung von der Form $x \in y$ besteht; wir sagen dann, x sei ein „Element" von y, und y sei eine „Menge"."

Ist jedes Element einer Menge M zugleich auch Element einer Menge N, so daß aus $x \in M$ stets $x \in N$ gefolgert werden kann, so heißt M eine *Untermenge* von N, im Zeichen [249] $M \subset N$.

Hier wird also nicht mehr *definiert*, was eine Menge sei. Es wird die durch das Zeichen $\in$ dargestellte Relation zwischen „Objekten" eingeführt, und die Eigenschaften dieser Relation werden nun durch einige Axiome festgelegt. Die Analogie dieses Starts zu dem *Hilberts* in seinen „Grundlagen" ist nicht zu verkennen.

Und nun die sieben Axiome [250] *Zermelos*:

Z 1	*Ist jedes Element einer Menge M gleichzeitig Element von N und umgekehrt, ist also gleichzeitig $M \subset N$ und $N \subset M$, so ist immer $M = N$. Oder kürzer: Jede Menge ist durch ihre Elemente bestimmt.*
Z 2	*(Axiom der Elementarmengen) Es gibt ein (uneigentliche) Menge, welche gar keine Elemente enthält, die „Nullmenge" $\emptyset$.* *Ist a irgendein Ding des Bereiches, so existiert eine Menge $\{a\}$, welche a und nur a als Element enthält. Sind a, b irgend zwei Dinge des Bereiches, so existiert immer eine Menge $\{a, b\}$, welche sowohl a als auch b, aber kein von beiden verschiedenes Ding x als Element enthält.*
Z 3	*(Axiom der Aussonderung) Ist die Klassenaussage $\mathfrak{E}(x)$ definit für alle Elemente einer Menge M, so besitzt M immer eine Untermenge $M_\mathfrak{E}$, welche alle diejenigen Elemente x von M, für welche $\mathfrak{E}(x)$ wahr ist, und nur solche als Elemente enthält.*
Z 4	*(Axiom der Potenzmenge) Jeder Menge T entspricht eine zweite Menge $\mathfrak{U} T$ (die „Potenzmenge" von T), welche alle Untermengen von T und nur solche als Elemente enthält.*

---

[249] Wir benutzen hier das heute übliche Zeichen für die Teilmengeneigenschaft, ebenso später $\emptyset$ (statt 0) für die leere Menge.

[250] Wir zitieren sein System im folgenden als System $\mathcal{Z}$.

|Z 5| *(Axiom der Vereinigung) Jeder Menge T entspricht eine Menge ⑤ T (die „Vereinigungsmenge" von T), welche alle Elemente der Elemente von T und nur solche als Elemente enthält.*

Wenn zum Beispiel T drei Elemente A, B, C enthält, und wenn A die beiden Elemente a und a', ferner B die beiden Elemente b und b', schließlich C die Elemente c und c' enthält, so hat die Menge ⑤ T sechs Elemente: a, b, c, a', b', c'.

|Z 6| *(Axiom der Auswahl) Ist T eine Menge, deren sämtliche Elemente von $\emptyset$ verschiedene Mengen und untereinander elementefremd sind, so enthält ihre Vereinigung mindestens eine Untermenge S_1, welche mit jedem Element von T ein und nur ein Element gemein hat.*

|Z 7| *(Axiom des Unendlichen) Der Bereich enthält mindestens eine Menge Z, welche die Nullmenge als Element enthält und so beschaffen ist, daß jedem ihrer Elemente a ein weiteres Element der Form {a} entspricht, oder welche mit jedem ihrer Elemente a auch die entsprechende Menge {a} als Element enthält.*

Durch das Axiom |Z 7| ist tatsächlich die Existenz mindestens einer unendlichen Menge gesichert, nämlich der Menge mit den Elementen

$$\emptyset, \{\emptyset\}, \{\{\emptyset\}\}, \{\{\{\emptyset\}\}\}, \ldots$$

Noch einige Bemerkungen zu den Axiomen |Z 1|, |Z 2| und |Z 3|! Es ist üblich, die Mengen (wenn möglich) durch Angabe ihrer Elemente zu charakterisieren. So bedeutet z. B.

$M = \{a, b, c\}$,

daß die Relationen $a \in M$, $b \in M$ und $c \in M$ (und keine weitere Relation $d \in M$) gelten. Nach Axiom |Z 1| ist dann z. B.

$A = \{1, 2\} = \{2, 1, 1\} = \{2, 1\}$.

Man kann aber diese Menge A auch so definieren: *A ist die Menge der Nullstellen der Gleichung*

$x^2 - 3x + 2 = 0$.

Die Form der Beschreibung einer Menge ist also unwesentlich. Die Menge ist durch ihre Elemente festgelegt.

Die Aussagen des Axioms |Z 2| kann man (wie noch gezeigt wird) durch schwächere Aussagen ersetzen. Entscheidend ist dafür die Möglichkeit der

Mengenbildung nach Axiom $\boxed{Z\,3}$. Hier liegt eine gewisse Schwäche im ersten Ansatz zur Axiomatisierung: Was eine definite Klassenaussage ist, wird nicht gesagt. Durch die Methoden der formalen Logik kann man hier zu einer präzisen Fassung des „Axioms der Aussonderung" kommen.

Gegen *Zermelos* Axiomatisierung der Mengenlehre hat *Poincaré* Bedenken erhoben. Da seine in den „Letzten Gedanken" angemeldeten Einwände charakteristisch sind für konservatives Denken in der Mathematik, wollen wir ihnen hier Raum geben. *Poincaré* behält in der Originalfassung seiner „Dernières Pensées" das deutsche Wort „Menge" bei. *Zermelo* lehnt ja die anschauliche Cantorsche Definition des Begriffes Menge ab, und *Poincaré* nimmt an, daß das französische Wort „ensemble" diese anschauliche Bedeutung „gebieterisch hervorruft". *Poincaré* gesteht *Zermelo* zu, daß seine ersten 6 Axiome als evident betrachtet werden können, wenn man nur eine *endliche* Anzahl von Elementen zuläßt: Die Art, wie durch $\boxed{Z\,7}$ die Existenz einer unendlichen Menge postuliert wird, erscheint ihm „recht absonderlich und künstlich". Aber das ist nicht sein entscheidendes Argument.

Zermelo lehnt ein Axiom

8. Beliebige Objekte bilden eine Menge

ab. Aus guten Gründen: Sonst hätten wir ja die Antinomien erneut zugelassen. Aber *Poincaré* fragt nun (S. 128): „Warum schwindet die Evidenz des Axioms (8), sobald es sich um unendlich viele Objekte handelt, während die Evidenz der ersten sechs bestehen bleibt?"

Das ist – so meint *Poincaré* – deshalb erstaunlich, weil die Axiome doch „ohne Ausnahme nur eine einzige Sache lehren": daß nämlich die nach bestimmten Gesetzen erfolgte Zusammenfassung von Dingen eine Menge „bildet". Warum wird das 8. Axiom verworfen, während die ersten sechs anerkannt werden? Das geschieht – *Zermelo* spricht das offen aus – um einem Widerspruch zu entgehen.

Poincaré hält also die Zermeloschen Axiome in ihrer Gesamtheit keineswegs für „evident", jedenfalls so weit sie sich auf unendliche Mengen beziehen. Und er ist auch nicht bereit, *Zermelo* das Recht zu einer formalistischen Betrachtungsweise zuzugestehen, wie sie *Hilbert* in der Geometrie eingeführt hat. *Poincaré* beschreibt das Hilbertsche Verfahren (a. a. O., S. 122) so:

> Hilbert führt zu Beginn seiner Geometrie „Dinge" ein, die er Punkte, Geraden und Ebenen nennt und indem er für einen Augenblick den gemeinen Sinn dieser Worte vergißt oder zu vergessen vorgibt, stellt er zwischen diesen „Dingen" gewisse Beziehungen fest, die jene definieren.

Damit dies berechtigt ist, ist es notwendig zu zeigen, daß die so eingeführten Axiome nicht zu Widersprüchen führen, und Hilbert ist dieser Nachweis bezüglich der Geometrie vollkommen gelungen, weil er die Methoden der Analyse als bereits gegeben voraussetzt und sich ihrer daher für diesen Nachweis bedienen konnte. Zermelo hat nicht nachgewiesen, daß seine Axiome Widersprüche ausschließen ...

Aus diesen Zeilen spricht das Mißtrauen gegen das Neue. *Poincaré* läßt *Hilbert* höchstens *für einen Augenblick* den offenbar absolut festliegenden *gemeinen Sinn* der geometrischen Grundbegriffe vergessen. Und solche Vergeßlichkeit wird immerhin gerechtfertigt durch den Nachweis, daß das formale System *Hilberts* widerspruchsfrei ist. Dabei ist *Poincaré* ohne weiteres bereit, die Widerspruchsfreiheit der Analysis als selbstverständlich gesichert gelten zu lassen.

Wir können heute rückschauend sagen, daß das „Vergessen" des *gemeinen Sinnes* der geometrischen Grundbegriffe in der modernen Mathematik doch tiefer reicht und länger dauert als *Poincaré* damals annehmen mochte. Vor allem aber ist zu fragen, weshalb wir uns denn auf die Widerspruchsfreiheit der Analysis verlassen können. Bewiesen ist sie bis heute nicht. Und es hat im 19. Jahrhundert mancherlei Schlußweisen in der Infinitesimalrechnung gegeben, aus denen man jede gewünschte Antinomie hätte deduzieren können. Natürlich wußten Mathematiker von Rang, daß man – um ein Beispiel für Trugschlüsse zu nennen – nicht jede konvergente unendliche Reihe von Funktionen ohne weiteres gliedweise differenzieren darf. Aber es gab und es gibt keinen Beweis dafür, daß die nach den anerkannten Regeln verfahrende Analysis niemals auf einen Widerspruch führen kann. Weshalb will man einer jungen mathematischen Disziplin nicht die Arbeitsbedingungen zugestehen, die man für die klassischen in Anspruch nimmt? Tatsächlich hat erst die Axiomatisierung der Mengenlehre (insbesondere die Einführung des Auswahlaxioms) dazu geführt, daß man sich über die Grundlagen der Analysis klar wurde. In den Beweisen der Infinitesimalrechnung wird an mehreren Stellen das Auswahlaxiom benutzt [251]). Es ist durchaus nützlich, wenn durch die Bemühungen um eine Fundierung der Mengenlehre klar wird, daß umstrittene Sätze dieser Theorie de facto schon lange Bestandteile unserer Beweise in der Analysis sind. Es ist eigenartig, daß das Bewußtmachen dieser Grundlagen so viel Widerspruch hervorrief. Der schwächste Punkt im Zermeloschen System scheint uns die vage Formulierung des Axioms $\boxed{Z\,3}$ zu sein. Es erscheint nötig, den Begriff „Klassenaussage $\mathfrak{E}\,(x)$" präziser zu fassen. Wir müssen uns versagen, sämtliche Versuche einer

---

[251]) Vgl. dazu S. 159.

Weiterführung der Ideen *Zermelos* hier zu registrieren [252]). Wir wollen *eine moderne Fassung des alten Systems* ausführlicher behandeln, um die Rechtfertigung *Cantors* durch die moderne Axiomatik nachzuweisen.

Wir werden dabei das Axiom mit der „Klassenaussage $\mathfrak{E}(x)$" durch eine Aussage über *Funktionale* ersetzen. Es erscheint deshalb zweckmäßig, diesen Begriff vorher zu definieren und geeignete Beispiele zu geben.

2. Prädikate und Funktionale

In der „naiven" Mengenlehre haben wir im allgemeinen die Mengen mit großen lateinischen Buchstaben, $A, B, C, \ldots$, die Elemente mit kleinen lateinischen Buchstaben $a, b, c, \ldots$ bezeichnet. Für Mengen von Mengen schließlich benutzten wir meist deutsche Buchstaben $\mathfrak{M}, \mathfrak{S}, \ldots$

Für die axiomatische Theorie ist eine solche Unterscheidung nicht zweckmäßig. Wir werden oft damit zu rechnen haben, daß eine Menge oder gar ein Mengensystem in einer anderen Menge wieder Element ist; deshalb bezeichnen wir alle „Dinge" unserer Mengenlehre jetzt mit kleinen lateinischen Buchstaben. $a, b, c, \ldots$ sind also beliebige „Objekte" des Zermeloschen „Bereichs" (vgl. S. 179). Solche Objekte a, für die $a \in b$ (für irgendein b) gilt, für die aber kein c existiert mit $c \in a$, heißen auch „Individuen". Zusammenfassend bezeichnen wir *alle* „Objekte" der Theorie $(a, b, c, \ldots)$ als „Mengen". $a \in b$ wird bei *Zermelo* formal gedeutet; man liest a ist in b enthalten.

$x, y, z, \ldots, x_1, y_1, z_1 \ldots$ sind Mengen*variable*, die sich zu den Mengen verhalten wie Zahlvariable zu Zahlen. Die Mengen und Mengenvariable werden auch als *Terme* bezeichnet. Für das Folgende ist der Begriff der *Formel* wichtig. Wir erklären:

Definition 1

1. Sind t_1 und t_2 Terme, so ist $t_1 \in t_2$ eine *Formel*.
2. Sind $A, B, C, \ldots$ Formeln, so ist jede aussagenlogische [253]) Verknüpfung dieser Formeln wieder eine *Formel*.
3. Ist $P(x, y)$ eine Formel, die die Variablen x und y enthält, so sind auch

$$\bigvee_x P(x,y), \quad \bigvee_y P(x,y), \quad \bigwedge_x P(x,y), \quad \bigwedge_y P(x,y)$$

Formeln.

---

[252]) Näheres findet man darüber z. B. bei *Fraenkel* und *Bar-Hillel* [C 16].

[253]) Es sei an die Bemerkung im Vorwort erinnert, daß wir hier die Elemente der formalen Logik voraussetzen und die Symbole so benutzen, wie sie im *Mathematischen Begriffswörterbuch* des Verfassers eingeführt sind.

Wir geben einige Beispiele für Formeln [254]:

$a \in b$, $(c \notin d) \Rightarrow (a \in b)$,
$(a \in b) \wedge (b \in c) \Rightarrow (d \in e)$, $(a \in b) \vee (b \in a)$,
$\bigwedge_z (z \in x) \vee (z \in y)$, $\bigvee_x (x \notin y) \wedge (x \in z)$.

Wir benutzen Definition 1, um durch eine Formel die Gleichheit von Mengen zu erklären:

Definition 2

Zwei Mengen a und b heißen *gleich* $(a = b)$, wenn sie dieselben Elemente haben [255]:

$$(a = b) \equiv [\bigwedge_x \{(x \in a) \Leftrightarrow (x \in b)\}]. \tag{1}$$

Nach dieser Definition können wir auch $a = b$ als Formel ansehen: es ist ja nur eine abgekürzte Schreibweise für die Aussage, die in der eckigen Klammer von (1) steht. Mit dieser Definition wird das erste Zermelosche Axiom überflüssig. Wir werden es in der Tat (vgl. S. 187) durch eine andere Aussage ersetzen.

Man sagt von einer Variablen x, daß sie in einer Formel *gebunden* vorkomme, wenn sie zu einem *Quantor* ($\bigvee_x$ oder $\bigwedge_x$) gehört; sonst gilt sie als *frei*. In den Formeln

$\bigvee_x (a \in x) \wedge (x \in y)$, $\bigwedge_x (y \in x)$,
$\bigvee_x \bigvee_z [(x \in y) \wedge (z \in y)]$

ist jedesmal die Variable x gebunden und die Variable y frei. Eine Formel, in der x als freie Variable vorkommt, bezeichnet man durch $F(x)$, $P(x)$ usw.; Formeln mit zwei freien Variablen werden entsprechend durch $F(x, y)$, $P(x, y)$, ... charakterisiert. Man bezeichnet solche Formeln auch als *Prädikate* mit einer, zwei usw. Veränderlichen.

Wir wollen im folgenden Prädikate $P(x)$, $F(x, y)$, ... für die Elemente gewisser vorgegebener Mengen betrachten. Dabei soll feststehen, ob die Aussage $P(a)$ (für ein bestimmtes a) *wahr* ist oder *falsch*. Wie wir zu dieser Entscheidung (wahr oder falsch) kommen, ist dabei uninteressant. Wir können etwa als Beispiel Relationen in der elementaren Arithmetik betrachten

---

[254] Für $\neg (a \in b)$ steht auch $a \notin b$.

[255] $\underline{A} \equiv \underline{B}$ steht für die Aussage: $\underline{A}$ ist durch $\underline{B}$ definiert. Man schreibt dafür auch $\underline{A} \underset{(Df)}{\Leftrightarrow} \underline{B}$.

oder aber für gewisse Elemente $a, b, c, \ldots$ einfach durch eine Tabelle festsetzen, welche Aussagen $a \in b$, $b \in c$ usw. wahr, welche falsch sein sollen. Es kommt uns darauf an, gewisse Typen von Prädikaten (für unsere Axiomatik) zu charakterisieren.

Dabei machen wir von der Tatsache Gebrauch, daß die Relation $a \in b$ für uns vorläufig ohne jeden Inhalt ist. Wir können sie für gewisse Beispiele definieren, wie wir wollen. Zum Verständnis der grundlegenden Definition des *Funktionals* geben wir einige Beispiele.

Beispiel (I)

Gegeben sei die Menge $M = \{2, 3, 5, 6, 10, 15, 30\}$ von natürlichen Zahlen. Die Relation $a \in b$ soll die Bedeutung haben $a \mid b$: *a ist ein Teiler von b*. Wir betrachten die Formel

$$F(x, y): \quad x \in 15 \land x \in y \land 15 \notin y \land x \neq y. \tag{2}$$

Setzen wir für x alle Zahlen von M ein und prüfen wir, ob die jeweils entstehende Aussageform mit der freien Variablen y für irgendwelche Zahlen y der Menge M zu einer wahren Aussage wird.

Das Ergebnis: Setzt man für x eine der Zahlen 2, 6, 10, 15 oder 30 ein, so ist $F(x, y)$ falsch [256]), welche Zahl y man auch wählt. Für

$x = 3, \; y = 6;$
$x = 5, \; y = 10$

ist $F(x, y)$ aber *wahr*.

Zu jedem x unserer Menge M gehört also *höchstens* ein y, für das (2) wahr ist.

Ersetzen wir nun (2) durch

$$F'(x, y): \quad x \in 15 \land x \in y \land x \neq y. \tag{2'}$$

Jetzt gehören zu $x = 3$ die Werte $y = 6$, $y = 15$ und $y = 30$, für die $F'(x, y)$ wahr ist.

Beispiel (II)

Wir betrachten die Menge der nichtnegativen ganzen Zahlen: $\{0, 1, 2, 3, \ldots\}$ und deuten $x \in y$ durch $x < y$.

---

[256]) Wir verwenden hier und im folgenden eine praktische aber nicht ganz korrekte Formulierung: Deutet man x und y als Variable, so ist $F(x, y)$ eine Aussageform und kann deshalb weder wahr noch falsch sein. Gemeint ist die jeweils aus $F(x, y)$ bei Ersetzung von x und y durch Elemente von M entstehende Aussage.

Das Prädikat

$$P(x, y): \quad x \in 4 \land x \in y \land y \in 2 \tag{3}$$

kann dann auch so geschrieben werden:

$$P(x, y): \quad x < y < 2. \tag{3'}$$

Es ist wahr für $x = 0, y = 1$ und *nur* für diese Werte.

Beispiel (III)

Gegeben seien die Mengen a, b, c; die Gültigkeit der Relation $x \in y$ werde durch folgende Tabelle festgelegt:

$\in$	a	b	c
a	f	w	f
b	f	f	w
c	f	f	f

(4)

Es soll also z. B. $a \in b$ wahr, $c \in b$ falsch sein, usf. Die Tabelle (4) ist z. B. realisiert, wenn wir für a, b und c die Mengen

$$a = A, \quad b = \{A, B\}, \quad c = \{\{A, B\}\}$$

setzen und das Zeichen $\in$ im Sinne der „naiven" Mengenlehre deuten. Betrachten wir jetzt das Prädikat

$$f(x, y): \quad [(a \in x) \Rightarrow (x \in c)] \land (x \in y). \tag{5}$$

Es ist wahr für $x = a$ und $y = b$ und $y = c$; für $x = c$ ist es immer falsch.

Definition 3

m sei eine Menge. Ein zweistelliges (binäres) Prädikat $F(x, y)$, bei dem zu jedem $x \in m$ höchstens ein y existiert, für das $F(x, y)$ wahr ist, heißt ein *Funktional in x für die Menge m*.

Gibt es zu vorgegebenem $x \in m$ ein solches y, so heißt dieses der *Partner* von x.

Die durch (2), (3) und (5) gegebenen Prädikate haben offenbar (für die jeweils betrachteten Mengen) den Charakter von Funktionalen; dagegen ist (2') *kein* Funktional, da ja zu $x = 3$ drei y-Werte gehören.

Für die Funktionale (2), (3) und (5) können wir jeweils die *Menge der Partner* notieren. Es sind dies die Mengen

$$\{6, 10\}, \{1\}, \{b, c\}.$$

Es wird in der Definition 3 *nicht* verlangt, daß auch die Partner y zur Menge m gehören. Wir geben noch ein Beispiel, bei dem das nicht der Fall ist. Es sei
$$m = \{x', x'', x'''\}, \quad t = \{\{x', a\}, \{x'', b\}, \{x''', b\}\}.$$
Dann ist [257]
$$x \in m \wedge \{x, y\} \in t$$
ein Funktional; die Menge der Partner ist offenbar $u = \{a, b\}$.

Nach diesen Vorbereitungen können wir die durch *Abian* angegebene moderne Fassung des klassischen Systems von *Zermelo* verstehen.

3. Das Axiomenystem 𝓐

Wir wollen das System $\mathscr{Z}$ nun durch eine moderne Fassung $\mathscr{A}$ ersetzen [258]). Wir benutzen dabei die Sprache der formalen Logik neben der Umgangssprache.

|A1| (*Existenzaxiom*) *Es gibt mindestens zwei Mengen a und b, die in der Relation $a \in b$ stehen* [259])

$$\bigvee_a \bigvee_b (a \in b). \tag{6}$$

|A2| (*Axiom der Extensionalität*) *Gleiche Mengen sind Elemente derselben Mengen.*

$$\bigwedge_x \bigwedge_y (x = y) \Rightarrow \bigwedge_z [(x \in z) \Rightarrow (y \in z)]. \tag{7}$$

|A3| (*Axiom der Ersetzung*) *Für jede Menge s und jedes binäre Prädikat $F(x, y)$, das Funktional in x für die Menge s ist, existiert die Menge der Partner* [260])

---

[257]) Das Zeichen $\in$ wird dabei im Sinne der naiven Mengenlehre verstanden.

[258]) Es geht im wesentlichen auf *Abian* zurück. Bei *Abian* fehlt aber das Existenzaxiom. Vgl. dazu S. 189.

Es erscheint zweckmäßig, sämtliche Axiome des Systems zunächst geschlossen aufzuführen. Dabei treten in den Axiomen 6 und 7 Begriffe auf (die leere Menge $\emptyset$, die Vereinigungsmenge $x \cup \{x\}$, disjunkte Mengen), die erst mit Hilfe der vorhergehenden Axiome definiert werden.

[259]) D. h., es gibt mindestens eine Menge, die nicht Individuum ist (nämlich b). Vgl. S. 189.

[260]) Die erste Zeile der Formel (8) besagt doch, daß $F(x, y)$ Funktional in x ist. Die zweite Zeile behauptet dann die Existenz einer Menge t, zu der gerade die Partner von x in bezug auf das Funktional $F(x, y)$ gehören.

$$\bigwedge_s \langle \bigwedge_x \bigwedge_y \bigwedge_z \{ [(x \in s) \wedge F(x,y) \wedge F(x,z)] \Rightarrow (y=z) \} \Rightarrow$$
$$\Rightarrow \bigvee_t \bigwedge_y \{ (y \in t) \Leftrightarrow \bigvee_x [(x \in s) \wedge F(x,y)] \} \rangle. \tag{8}$$

|A4| (*Axiom der Potenzmenge*) *Für jede Menge s existiert die Menge ihrer Teilmengen* [261])

$$\bigwedge_s \bigvee_t \bigwedge_x (x \in t) \Leftrightarrow (x \subset s). \tag{9}$$

|A5| (*Axiom der Summe*) *Für jede Menge s existiert die Menge aller Elemente der Mengen von s* [262])

$$\bigwedge_s \bigvee_t \bigwedge_x [(x \in t) \Leftrightarrow \bigvee_z (z \in s \wedge x \in z)]. \tag{10}$$

|A6| (*Unendlichkeitsaxiom*) *Es gibt eine Menge w mit den beiden Eigenschaften* [263])

1. $\emptyset \in w$.
2. *Wenn* $x \in w$, *dann gilt auch* $x \cup \{x\} \in w$.

$$\bigvee_w [\emptyset \in w \wedge \bigwedge_x \{(x \in w) \Rightarrow \langle x \cup \{x\} \in w \rangle\}]. \tag{11}$$

|A7| (*Auswahlaxiom*) *Für jede disjunkte Menge s, die nicht die leere Menge als Element enthält, existiert eine Auswahlmenge t von s* [264])

$$\bigwedge_s \bigwedge_z \bigwedge_y \langle [(z \in s) \wedge (y \in s) \wedge (z \neq y)] \Rightarrow$$
$$\bigvee_u [(u \in z) \wedge \bigwedge_v \{(v \notin z) \vee (v \notin y)\}] \rangle \Rightarrow \tag{12}$$
$$\bigvee_t \bigwedge_z \langle (z \in s) \Rightarrow \bigwedge_x \bigvee_w \{[(x \in t) \wedge (x \in z)] \Leftrightarrow (x = w)\} \rangle.$$

---

[261]) $x \subset s$ (x ist Teilmenge von s) ist in XIII 1 definiert.

[262]) Man schreibt dafür auch
$$t = \cup s = \bigcup_{z \in s} z. \tag{10'}$$

[263]) Vgl. S. 192 ff.

[264]) In der ersten Zeile der Formel (12) kommt zum Ausdruck, daß sich die Aussage in der zweiten Zeile auf verschiedene Elemente von s bezieht. Die zweite Zeile besagt, daß diese verschiedenen Elemente weder leer sind noch ein gemeinsames Element enthalten, sie sind *disjunkt*. Die dritte Zeile schließlich behauptet die Existenz der Auswahlmenge t, zu der aus jeder Menge z von s genau ein Element gehört.

4. Elementare Sätze

Aus unseren Axiomen folgt, daß man Mengen auch durch einstellige (monadische) Prädikate $P(x)$ charakterisieren kann:

Satz 1 (Separationssatz)

Für jede Menge s und für jedes monadische Prädikat $P(x)$ existiert die Menge aller x ($x \in s$), für die $P(x)$ gilt.

Zum Beweis braucht man nur mit Hilfe von $P(x)$ ein binäres Prädikat zu definieren. Das Prädikat

$$F(x, y): \quad (x = y) \wedge P(y) \tag{13}$$

ist offenbar ein Funktional in x für die Menge s. Danach ist wegen $\boxed{A\,3}$ eine Definition einer Menge durch

$$t = \{x\, /\, x \in s \wedge P(x)\} \tag{14}$$

gerechtfertigt.

Satz 2

Es gibt genau eine Menge $\emptyset$, die keine Elemente hat und Teilmenge jeder Menge ist.

Zum Beweis gehen wir von der Menge b aus, deren Existenz durch das Axiom $\boxed{A\,1}$ gesichert ist [265]). Nach Satz 1 existiert dann die Menge

$$t = \{x\, /\, x \in b \wedge (x \neq x)\}. \tag{15}$$

Da es kein x mit $x \neq x$ gibt, ist die durch (15) gegebene Menge t leer. Wir bezeichnen sie mit $\emptyset$.

Sie ist in jeder Menge als Teilmenge enthalten, denn die Definition des Enthaltenseins ($\subset$) lautet doch so:

$$x \subset y \equiv \bigwedge_z (z \in x) \Rightarrow (z \in y).$$

Für $x = \emptyset$ ist die Prämisse falsch, und da eine falsche Aussage jede Aussage impliziert, haben wir in der Tat $\bigwedge_y \emptyset \subset y$. Aus der Definition der Gleichheit von Mengen folgt, daß es nicht mehr als eine Nullmenge geben kann.

---

[265]) Bei *Abian* fehlt das hier $\boxed{A\,1}$ genannte Existenzaxiom. Deshalb scheint uns der Beweis der Existenz von $\emptyset$ dort unvollständig. Allerdings wird später die Existenz einer unendlichen Menge postuliert, die $\emptyset$ als Element enthält. Aber die Axiome der Mengenlehre sollen doch (um Zirkelschlüsse zu vermeiden) nur die Existenz solcher Mengen postulieren, deren Elemente als existent vorgegeben sind. Deshalb halten wir das Axiom $\boxed{A\,1}$ für unvermeidlich. Es findet sich übrigens auch bei *Kuratowski*.

Satz 3

Es gibt eine Menge mit den [266]) Elementen
$$\emptyset, \{\emptyset\}, \{\{\emptyset\}\}.$$

Zum Beweis gehen wir von der Potenzmenge der Nullmenge aus, die ja nach Axiom $\boxed{A\,4}$ existiert. Das ist die Menge (mit einem Element!)
$$\mathfrak{P}(\emptyset) = \{\emptyset\}.$$

Wir können weitere Potenzmengen bilden und erkennen so zunächst die Existenz der folgenden Mengen:

$$\mathfrak{P}\,[\mathfrak{P}\,(\emptyset)] = \mathfrak{P}\,(\{\emptyset\}) = \{\emptyset, \{\emptyset\}\},$$
$$\mathfrak{P}\,(\mathfrak{P}\,[\mathfrak{P}\,(\emptyset)]) = \mathfrak{P}\,(\{\emptyset, \{\emptyset\}\}) = \tag{16}$$
$$= \{\emptyset, \{\emptyset\}, \{\{\emptyset\}\}, \{\emptyset, \{\emptyset\}\}\}.$$

Nach Axiom $\boxed{A\,3}$ existiert dann auch die Menge

$$\mathfrak{P}^* = \{x \,/\, x \in \mathfrak{P}\,(\mathfrak{P}\,[\mathfrak{P}\,(\emptyset)]) \wedge (x \neq \{\emptyset, \{\emptyset\}\})\}, \tag{17}$$
also
$$\mathfrak{P}^* = \{\emptyset, \{\emptyset\}, \{\{\emptyset\}\}\}. \tag{18}$$

Satz 4

Sind a, b, c beliebige Mengen, so existiert auch die Menge
$$m = \{a, b, c\}.$$

Zum Beweis bilde man das Prädikat

$$f(x, y): \quad [(x = \emptyset) \wedge (y = a)] \vee [(x = \{\emptyset\}) \wedge (y = b)] \vee$$
$$\vee \,[(x = \{\{\emptyset\}\}) \wedge (y = c)].$$

Es ist Funktional in x für die Menge $\mathfrak{P}^*$. Nach Axiom $\boxed{A\,3}$ existiert dann auch die Menge der Partner dieses Funktionals. Das ist gerade die Menge m.

Wir wollen jetzt noch zeigen, welche Bedeutung die Vorschrift im Axiom $\boxed{A\,3}$ hat, daß $F(x, y)$ *Funktional* sein muß.

---

[266]) Man kann leicht zeigen (durch Wiederholung der hier benutzten Schlußweise), daß auch für jede (fest vorgegebene) natürliche Zahl k die Menge
$$\{\emptyset, \{\emptyset\}, \ldots \{\emptyset\}_k\}$$
existiert. Dabei steht $\{\ \}_k$ für $\{\ldots\{\ldots\}\ldots\}$ mit k Klammern. Wir vermeiden solche Schlüsse, weil wir den Begriff der natürlichen Zahl hier nicht voraussetzen wollen; er soll ja erst mengentheoretisch begründet werden (Abschnitt XIII 5).

Beachten wir zunächst, daß das Prädikat $x \subset y$ *kein* Funktional für die Menge
$$\mathfrak{P}^* = \{\emptyset, \{\emptyset\}, \{\{\emptyset\}\}\}$$
ist. Setzt man nämlich $x = \emptyset$, so hätte man z. B. $x \subset \{\emptyset\}$ und $x \subset \{\{\emptyset\}\}$; es gibt also für $x = \emptyset$ mindestens zwei zugeordnete Mengen y. Setzen wir uns einmal für einen Augenblick über diesen Umstand hinweg. Dann könnte man folgende Schlüsse ziehen: Die Menge
$$u = \{y \mid \bigvee_{x}(x \in \{\emptyset\} \land (x \subset y))\}$$
existiert. x ist aber die leere Menge, und die ist nach Satz 2 in allen Mengen als Teilmenge enthalten. u wäre also *die Menge aller Mengen!* Wir hätten dann
$$\bigwedge_{y}(y \in u).$$
Nach dem Separationssatz (Satz 1) existiert dann aber auch
$$n = \{y \mid (y \in u) \land (y \notin y)\}.$$
n ist offenbar die *Russelsche Menge* (vgl. S. 147). Wir haben dann
$$y \in n \Leftrightarrow y \notin y$$
und gewinnen für $y = n$ die bekannte Antinomie. Zur Vermeidung dieser Schlüsse ist in das Axiomensystem die Sicherung eingebaut, daß $F(x, y)$ Funktional sein muß [267]).

Wir wollen an dieser Stelle nicht die Elemente der Mengenlehre vollständig aus den Axiomen des Systems $\mathcal{A}$ entwickeln. Bemerken wir abschließend nur noch, daß (nach Axiom $\boxed{A\,5}$) die Existenz von Vereinigungsmengen und Durchschnitten von Mengen gesichert ist. Sind etwa r, s, t gegebene Mengen, so existiert nach $\boxed{A\,5}$ die Vereinigungsmenge
$$v = \bigcup(r, s, t),$$
nach Satz 1 aber auch
$$d = \bigcap(r, s, t) = \{x \mid (x \in v) \land (x \in r) \land (x \in s) \land (x \in t)\}. \tag{10'}$$
Im allgemeinen Fall hat man (vgl. (10'))
$$d = \bigcap s = \bigcap_{z \in s} z = \{x \mid x \in \bigcup s \land \bigwedge_{z}[(z \in s) \Leftrightarrow (x \in z)]\}. \tag{10''}$$

---

[267]) Damit ist freilich nur gezeigt, daß die Russelsche Menge *auf diesem Wege* nicht in die Theorie eindringen kann. Will man die Mengenbildung durch eine axiomatische Vorschrift einschränken, so kann man dem System $\mathcal{A}$ noch ein „Regularitätsaxiom" hinzufügen, das alle Mengen ausschließt, die sich selbst als Element enthalten. Vgl. dazu [C 1], S. 120.

5. Die natürlichen Zahlen

Schon *Cantor* selbst hat versucht, die Theorie der natürlichen Zahlen mengentheoretisch zu begründen. Sein Verfahren ist von *Zermelo* (bei der Herausgabe seiner gesammelten Werke) als inkonsequent kritisiert worden (vgl. S. 88). Es erscheint deshalb bedeutsam, daß aus den Axiomen des Systems $\mathcal{A}$ auch die Axiome für das Rechnen mit natürlichen Zahlen deduziert werden können.

Die hier gegebene Definition der natürlichen Zahlen geht auf *J. v. Neumann* zurück; er hat diesen Ansatz zuerst im Jahre 1923 in einem Brief an *Zermelo* mitgeteilt und dann in seinen Arbeiten zur Axiomatisierung veröffentlicht.

Die Grundlage für die Theorie der natürlichen Zahlen ist das Unendlichkeitsaxiom $\boxed{A6}$. Danach gibt es eine Menge w, die u. a. die folgenden Elemente enthält:

$$\emptyset, \emptyset \cup \{\emptyset\} = \{\emptyset\}, \{\emptyset\} \cup \{\{\emptyset\}\} = \{\emptyset, \{\emptyset\}\},$$
$$\{\emptyset, \{\emptyset\}\} \cup \{\{\emptyset, \{\emptyset\}\}\} = \{\emptyset, \{\emptyset\}, \{\emptyset, \{\emptyset\}\}\},$$
$$\ldots$$
$$\ldots$$

Das brauchen aber noch nicht alle Elemente von w zu sein. Ist jedenfalls m irgendeine Menge, die zu w gehört, dann gehört auch $m \cup \{m\}$ dazu. Es ist deshalb für die weiteren Aussagen nützlich zu erklären:

Definition 4
Für irgendeine Menge x heißt
$$x^+ = x \cup \{x\}$$
der *unmittelbare Nachfolger* von x.

Satz 5
Es gibt eine einzige Menge ω mit den Eigenschaften

$$\emptyset \in \omega \tag{18}$$

und

$$(x \in \omega) \Rightarrow (x^+ \in \omega), \tag{19}$$

die zugleich Teilmenge jeder Menge h mit den Eigenschaften $\emptyset \in h$ und $(y \in h) \Rightarrow (y^+ \in h)$ ist.

Zum Beweis gehen wir aus von einer Menge w, die die Bedingungen (18) und (19) erfüllt. Sie existiert nach Axiom $\boxed{A6}$. $\mathfrak{P}(w)$ sei die Potenzmenge von w und g die Menge aller Teilmengen h von w, die die Bedingungen (18) und (19) erfüllen. Jede Menge h hat also die Eigenschaften

$$\emptyset \in h, \ (x \in h) \Rightarrow (x^+ \in h).$$

g existiert als Teilmenge von $\mathfrak{P}(w)$ nach Satz 1. Es ist ja
$$g = \{h \mid h \in \mathfrak{P}(w) \wedge (\emptyset \in h) \wedge (x \in h \Rightarrow x^+ \in h)\}.$$
Nach unseren Bemerkungen über den Durchschnitt existiert dann auch die Menge
$$\omega = \cap g = \bigcap_{h \in g} h.$$
Wir haben nun zu zeigen, daß ω die Bedingungen (18) und (19) erfüllt.

Da $\emptyset$ zu jeder Menge von g gehört, gehört $\emptyset$ auch zum Durchschnitt dieser Mengen. Ist $x \in \omega$, so gilt $x \in h$ für alle $h \in g$. Dann gilt auch $x^+ \in h$ für alle $h \in g$; deshalb haben wir auch $x^+ \in \omega$. Es sei nun v eine *beliebige* Menge, die die Bedingungen (18) und (19) erfüllt. Dann hat offenbar $\omega \cap v$ diese Eigenschaft. Nach Definition des Durchschnitts ist also
$$\omega \cap v \subset \omega \subset w.$$
$\omega \cap v$ ist also eine Menge $h \in g$. Nach Definition von ω gilt daher
$$\omega \subset \omega \cap v$$
also auch $\omega \subset v$.

Nehmen wir nun an, daß es eine zweite Menge ω^* mit den Eigenschaften von ω gebe. Dann haben wir nach der Definition von ω (bzw. ω^*):
$$\omega \subset \omega^*, \ \omega^* \subset \omega,$$
also $\omega = \omega^*$.

Diese Menge ω wird nun als die Menge der natürlichen Zahlen [268]) erklärt:

Definition 5

Die Elemente von ω heißen *natürliche Zahlen*. Es sind die folgenden Bezeichnungen üblich:

$$\begin{aligned}
0 &= \emptyset, \\
1 &= \{\emptyset\} = \{0\}, \\
2 &= \{\emptyset, \{\emptyset\}\} = 1 \cup \{1\} = \{0, 1\}, \\
3 &= \{\emptyset, \{\emptyset\}, \{\emptyset, \{\emptyset\}\}\} = 2 \cup \{2\} = \{0, 1, 2\}, \\
4 &= 3 \cup \{3\} = \{0, 1, 2, 3\}, \\
5 &= 4 \cup \{4\} = \{0, 1, 2, 3, 4\}, \\
6 &= 5 \cup \{5\} = \{0, 1, 2, 3, 4, 5\}, \\
&\ldots
\end{aligned} \quad (20)$$

---

[268]) Hier wird auch 0 als natürliche Zahl bezeichnet. Sonst ist es oft üblich, nur die Zahlen 1, 2, 3, ... als natürliche Zahlen gelten zu lassen.

Weiter ist nach *Definition 4*:

$$1 = 0^+, \ 2 = 1^+, \ 3 = 2^+, \ldots \tag{21}$$

Nach Satz 5 existiert die Menge ω aller natürlichen Zahlen, weiter die Potenzmenge von ω (Axiom $\boxed{A\,4}$) und die nach Satz 1 möglichen Teilmengen.

Wir wollen nun zeigen, daß für die Menge ω die bekannten Peanoschen Axiome erfüllt sind.

Satz 6
Ist N eine Teilmenge von ω mit den Eigenschaften:

$$\emptyset \in N, \ (x \in N) \Rightarrow (x^+ \in N), \tag{22}$$

so ist $N = \omega$.

Das ist das Prinzip der *vollständigen (finiten) Induktion*. Da für die Menge N (22) gilt, ergibt sich nach Satz 5 $\omega \subset N$. Wegen der Voraussetzung $N \subset \omega$ ist tatsächlich $\omega = N$.

Aus (20) erkennt man sofort:

Satz 7
Jedes Element einer natürlichen Zahl ist eine natürliche Zahl. Keine natürliche Zahl enthält sich selbst als Element.

Weiter zeigen wir:

Satz 8
Jedes Element einer natürlichen Zahl n ist Teilmenge dieser natürlichen Zahl:

$$\bigwedge_m [(m \in n) \Rightarrow (m \subset n)]. \tag{23}$$

Zum Beweis dieses Satzes benutzen wir die vollständige Induktion (Satz 6). Es sei N die Menge der natürlichen Zahlen n, für die (23) richtig ist.

Natürlich gehört 0 zur Menge N, da ja für die leere Menge $\emptyset$ die Prämisse von (23) falsch, die ganze Aussage also richtig ist.

Es sei nun $n \in N$. Wir wollen zeigen, daß dann auch $n^+ \in N$. Es sei x irgendein Element von n^+. Dann ist $x \in n$ oder $x = n$. Wenn $x \in n$ ist, dann haben wir nach (23) $x \subset n$ und a fortiori $x \subset n \cup \{n\}$. Ist andererseits $x = n$, so haben wir wieder $x \subset n \cup \{n\}$. Deshalb gehört auch n^+ zu N und nach Satz 6 ist $N = \omega$.

Satz 9
Sind die unmittelbaren Nachfolger zweier natürlicher Zahlen gleich, so sind die natürlichen Zahlen selbst gleich:

$$(n^+ = m^+) \Rightarrow (n = m). \tag{24}$$

Schreiben wir die Prämisse von (24) ausführlich:

$$n \cup \{n\} = m \cup \{m\}, \tag{24'}$$

und nehmen wir an, es sei $n \neq m$.

Danach ist $n \in m$ und $m \in n$. Das sieht man so ein: n ist ja Element der linken Seite der Gleichung (24'), muß also (nach Definition der Gleichheit) auch Element der rechten sein. Wir haben also

$$n \in m \text{ oder } n \in \{m\}, \text{d. h. } n = m.$$

Der zweite Fall sollte ausgeschlossen sein. Wir haben also $n \in m$ und entsprechend $m \in n$. Nach Satz 8 ist also auch $n \subset m$ und $m \subset n$, also $n = m$.

Satz 10
Keine natürliche Zahl hat den Nachfolger 0.

Wäre nämlich $n^+ = 0 = \emptyset$, so hätte n^+ keine Elemente. n^+ hat aber das Element n.

Definition 6
Eine natürliche Zahl m heißt *unmittelbarer Vorgänger* [269]) von n, wenn

$$m^+ = m \cup \{m\} = n \tag{25}$$

ist; im Zeichen: $m = n^-$.

Satz 11
Jede von Null verschiedene natürliche Zahl hat genau einen unmittelbaren Vorgänger.

Zum Beweis bemerken wir zunächst, daß 0 gewiß keinen Vorgänger hat (Satz 10), wohl aber die 1; es ist ja $1^- = 0$. Sei nun M die Menge der natürlichen Zahlen, die einen unmittelbaren Vorgänger haben, und $N = M \cup \{0\}$. $n \neq 0$ sei ein Element von N. Dann gibt es eine Zahl m, so daß $m^+ = n$ ist. Es ist aber $(m^+)^+ = n^+$. n^+ hat also einen unmittelbaren Vorgänger (nämlich m^+) und gehört damit zu N. Da auch 0 zu N gehört, ist nach Satz 6 $N = \omega$.

Für jede von Null verschiedene natürliche Zahl n gilt offenbar

$$(n^-)^+ = n.$$

Die bisher bewiesenen Sätze schließen aber die bekannten Peanoschen Axiome [270]) für die natürlichen Zahlen ein. Damit ist eine mengentheoretische

---

[269]) Vgl. dazu S. 100. Die hier gegebene Definition des Vorgängers kann natürlich in die allgemein für geordnete Mengen gültige eingeordnet werden.

[270]) Vgl. z. B. *Lenz* [C 28].

Begründung für das Rechnen mit natürlichen Zahlen gegeben. Sie hat den Vorteil, daß es nach dem Axiomensystem 𝒜 nur *eine* Menge ω geben kann.

Natürlich hat das hier durchgeführte Verfahren auch didaktische Nachteile. Diese mengentheoretische Fundierung des Rechnens ist gewiß nicht für den Anfangsunterricht in der Grundschule geeignet. Man mag da ein operatives Verfahren [271]) vorziehen. Aber es erscheint doch bedeutsam, daß es überhaupt möglich ist, das Rechnen mit natürlichen Zahlen in eine Theorie hineinzunehmen, die praktisch das Fundament für jede der modernen mathematischen Disziplinen liefern kann. Wir werden auf diesen Umstand noch eingehen.

6. Unendliche Mengen

Durch das Unendlichkeitsaxiom ist die Existenz zunächst *einer* unendlichen Menge gesichert. Aber durch Anwendung von $\boxed{A4}$ (Axiom der Potenzmenge) und des Separationssatzes kann man weitere unendliche Mengen gewinnen.

Für spätere Anwendungen wollen wir noch erwähnen, daß mit Hilfe der Axiome $\boxed{A6}$ und $\boxed{A3}$ auch eine Verallgemeinerung des Satzes 4 möglich ist.

Satz 12
Sind
$$a_1, a_2, a_3, \ldots$$
beliebige Mengen, so ist auch
$$A = \{a_1, a_2, a_3, \ldots\}$$
eine Menge.

Ohne das Unendlichkeitsaxiom konnten wir schon die entsprechende Aussage für endlich viele Mengen a_ν begründen [272]). Die Existenz der Menge A (Satz 12) ergibt sich jetzt einfach aus der Existenz der Menge ω der natürlichen Zahlen unter Benutzung des Axioms der Ersetzung $\left(\boxed{A3}\right)$:
$$F(n, y): \quad n \in \omega \wedge y = a_n$$
ist offenbar ein Funktional in n für die Menge ω, und A ist die Menge der Partner.

---

[271]) Z. B. nach *Lorenzen*.
[272]) Vgl. Satz 3 und die Fußnote!

Durch Anwendung von Satz 12 erkennt man sofort die Existenz der Menge

$\mathfrak{P} = \{\omega, \mathfrak{P}(\omega), \ldots, \mathfrak{P}^{(n)}(\omega), \ldots\}.$

Dabei sind die Mengen $\mathfrak{P}^{(n)}(\omega)$ erklärt durch

$\mathfrak{P}^{(0)}(\omega) = \omega, \mathfrak{P}^{(n+1)}(\omega) = \mathfrak{P}(\mathfrak{P}^{(n)}(\omega)).$

Ihre Existenz ist durch $\boxed{A\,6}$ und $\boxed{A\,4}$ gesichert.

7. Das kartesische Produkt

Wir haben schon in Kap. IV 3 das kartesische Produkt zweier Mengen x und y (im Zeichen: $x \times y$) als die Menge der geordneten Paare (a, b) ($a \in x$, $b \in y$) eingeführt. Wir müssen jetzt, bei der axiomatischen Fundierung der Mengenlehre, die „Existenz" dieser Menge (bei gegebenen Mengen x und y) nachweisen. Dabei ist ein Existenzbeweis in der axiomatischen Theorie keine ontologische Deduktion im Sinne *Cantors*. Es geht nur um den Nachweis, daß unser Axiomensystem $\mathcal{A}$ so eingerichtet ist, daß es die Bildung der genannten Menge geordneter Paare zuläßt.

Wenn wir aber unsere Theorie auf der Relation des Enthaltenseins gründen wollen, ist schon der Begriff des „geordneten" Paares (a, b) problematisch. Sind a und b Mengen (oder „Objekte" im Sinne *Zermelos*, vgl. S. 179), so existiert auch die Menge $\{a, b\}$ (vgl. Satz XIII 4). Wir haben aber vorläufig keine Möglichkeit, die *Reihenfolge* der Elemente zu unterscheiden. Es ist ja

$\{a, b\} = \{b, a\} = \{a, a, b\} = \{b, a, b, a\}$ usf.

Wir erklären deshalb:

Definition 7
Die Menge

$(x, y) = \{\{x\}, \{x, y\}\}$

heißt das *geordnete Paar* von x und y.

x ist jetzt vor y ausgezeichnet dadurch, daß $\{x\}$ als Element in der Menge (x, y) vorkommt. Es kann als das „erste" Element angesprochen werden, auch dann, wenn man (was ja zulässig ist) (x, y) so schreibt:

$(x, y) = \{\{x, y\}, \{x\}\}.$

Satz 13
Aus $(x, y) = (u, v)$ folgt $x = u, y = v$.

Nehmen wir zunächst an, daß $u \neq v$ sei. Wegen $\{x\} \in \{\{u\}, \{u,v\}\}$ folgt dann $\{x\} = \{u\}$, also $x = u$. Weiter ist $\{u,v\} \in \{\{x\}, \{x,y\}\}$. Wegen $\{x\} \neq \{u,v\}$ ist $\{u,v\} = \{x,y\}$. Aus $x = u$ schließen wir dann sofort auf $y = v$.

Im Falle $u = v$ haben wir

$$\{\{u\}, \{u,v\}\} = \{\{u\}, \{u,u\}\} = \{\{u\}\}.$$

Daraus folgt dann $\{x\} = \{x,y\} = \{u\}$, also $x = y = u$. Wir halten aus dieser Überlegung noch fest, daß $(x, x) = \{\{x\}\}$ ist.

Um nun die Definition des kartesischen Produktes vorzubereiten, beachten wir zunächst, daß aus $x \in a$, $y \in b$ folgt, daß die in $(x,y) = \{\{x\}, \{x,y\}\}$ auftretenden Mengen Teilmengen der Vereinigungsmenge $a \cup b$ sind. Wir haben deshalb:

$$\{x\} \in \mathfrak{P}(a \cup b),\ \{x,y\} \in \mathfrak{P}(a \cup b).$$

Danach gilt für das geordnete Paar (x, y):

$$(x,y) \subset \mathfrak{P}(a \cup b),\ (x,y) \in \mathfrak{P}(\mathfrak{P}(a \cup b)).$$

Jetzt können wir das *kartesische* Produkt als Teilmenge von $\mathfrak{P}(a \cup b)$ nach Satz 1 definieren:

Definition 8

Das *kartesische Produkt* zweier Mengen a und b ist gegeben durch

$$a \times b = \{w \,/\, w \in \mathfrak{P}(\mathfrak{P}(a \cup b)) \wedge C(w)\}. \tag{26}$$

Dabei ist das Prädikat $C(w)$ die Aussageform

$$C(w):\ w = (x,y) \text{ für irgendein } x \in a, y \in b. \tag{27}$$

Wir können (27) auch so formulieren:

$$C(w):\ \bigvee_{x \in a} \bigvee_{y \in b} w = \{\{x\}, \{x,y\}\}. \tag{27a}$$

Damit ist die Existenz von $a \times b$ (bei gegebenen a und b) gesichert.

Wir haben für das im Ersetzungsaxiom $\boxed{A\,3}$ auftretende Funktional gefordert, daß es durch das Zeichen $\in$ und durch logische Symbole definiert sei. Da die Aussagen und Aussageformen, die die Zeichen $=$ und $\subset$ benutzen, auf Formeln mit logischen Zeichen und dem Zeichen $\in$ zurückgeführt werden können, sind auch Formeln mit diesen Symbolen zulässig. Wir können jetzt hinzufügen, daß auch das Zeichen für das kartesische Produkt zur Definition von Funktionalen verwandt werden kann.

Wollte man auf solche Hilfsmittel zur Beschreibung der Funktionale verzichten, so müßte man seitenlange und unübersichtliche Formeln in Kauf nehmen.

Mit Hilfe des kartesischen Produktes können nun *Relationen* und *Funktionen* definiert werden. Eine Relation in einer Menge m ist bekanntlich [273]) eine Teilmenge des kartesischen Produktes $m \times m$. Wir wollen uns diesen Sachverhalt an einem einfachen Beispiel klarmachen. Für die Menge ω der natürlichen Zahlen ist ja [274]) $n < m$ erfüllt, wenn $n \in m$ gilt. Die Menge k der geordneten Paare (n, m), für die $n < m$ richtig ist, ist eine wohlbestimmte Teilmenge von $\omega \times \omega$:

$$(n, m) \in k \Leftrightarrow n \in \omega \wedge m \in \omega \wedge n \in m.$$

Eine Teilmenge o eines cartesischen Produktes $m \times m$ heißt allgemein eine *Ordnungsrelation*, wenn für diese Teilmenge die Ordnungsaxiome erfüllt sind. Wenn wir in VII 3 $a < b$ durch $(a, b) \in o$ ersetzen, so können wir sie so formulieren:

$$\begin{aligned}(a, b) \in o &\Leftrightarrow (b, a) \notin o, \\ (a, b) \in o \wedge (b, c) \in o &\Rightarrow (a, c) \in o.\end{aligned} \quad (28)$$

Die Aussage:

$$\underline{G}(m): \quad m \text{ ist eine geordnete Menge} \quad (29)$$

kann danach offenbar „formalisiert" werden zu einer Existenzaussage für eine Teilmenge von $m \times m$, die die durch (28) gegebenen Eigenschaften hat.

Wir wollen darauf verzichten, das Aufschreiben solcher Formeln weiter zu exerzieren. Begnügen wir uns mit dem Hinweis, daß auch die *Funktionen* als Teilmengen kartesischer Produkte eingeführt werden können.

Eine Abbildung (syn.: Funktion) f einer Menge a *in* eine Menge b ist eine Teilmenge von $a \times b$, die durch folgende Eigenschaften ausgezeichnet ist:

$$\begin{aligned}&\bigwedge_{x \in a} \bigvee_{y \in b} (x, y) \in f, \\ &(x, y) \in f \wedge (x, z) \in f \Rightarrow y = z.\end{aligned} \quad (30)$$

Wir sprechen von einer Abbildung (Funktion) von a *auf* b, wenn f (außer (30)) noch die Eigenschaft

$$\bigwedge_{y \in b} \bigvee_{x \in a} (x, y) \in f \quad (31)$$

---

[273]) Siehe z. B. *Meschkowski*: Einführung in die moderne Mathematik, Mannheim 1964, S. 98.
[274]) Vgl. Satz 4 a von Kapitel XIV!

hat, wenn also jedes Element von b auch als „Bild" eines Elementes $x \in a$ vorkommt. Eine Abbildung f von a *auf* b heißt *eineindeutig*, wenn verschiedenen Elementen von a verschiedene Elemente von b entsprechen:

$$[(x_1, y_1) \in f \wedge (x_2, y_2) \in f \wedge x_1 \neq x_2] \Rightarrow y_1 \neq y_2. \tag{32}$$

Wir nennen nun auch in der axiomatisierten Theorie zwei Mengen (nach Cantor) *äquivalent* ($a \sim b$), wenn eine eineindeutige Abbildung von a auf b möglich ist. Zwei geordnete Mengen heißen *ähnlich* ($a \simeq b$), wenn es eine eineindeutige *die Ordnung erhaltende* Abbildung von a auf b gibt.

Offenbar sind die Aussagen

$$a \sim b, \tag{33a}$$

$$a \simeq b \tag{33b}$$

formalisierbar: Man kann sie durch solche Sätze über Teilmengen des kartesischen Produkts $a \times b$ ersetzen, die durch das Zeichen $\in$ und die Symbole der formalen Logik ausgedrückt werden können.

Wir wollen dem Leser die Begründung dafür überlassen, daß auch die Aussage

$$\underline{W(m)}: \quad \text{Die Menge } m \text{ ist wohlgeordnet} \tag{34}$$

formalisierbar ist.

Fassen wir zusammen:

Die Aussagen (30), (33a), (33b) und (34) sind formalisierbar und können daher in Funktionale $F(x, y)$ des Ersetzungsaxioms eingebaut werden.

8. Andere Axiomensysteme

Wir haben unseren Betrachtungen das von *Schoenfließ, Fraenkel, Kuratowski* und *Abian* übernommene und weiter entwickelte Axiomensystem von *Zermelo* zugrunde gelegt. Wir wollen auch auf Grund dieses axiomatischen Ansatzes im nächsten Kapitel eine Definition der Ordnungs- und Kardinalzahlen geben und zeigen, wie sich die ursprünglich von *Cantor* geschaffenen Begriffe in einem modernen Axiomensystem ausnehmen.

Vorher aber wollen wir wenigstens *berichten*, daß es noch mancherlei andere Axiomensysteme für die Mengenlehre gibt.

Eine Möglichkeit zur Axiomatisierung der Mengenlehre geht von der Russellschen Typenlehre aus. Man kann unterscheiden zwischen den „Urelementen" in einer mengentheoretischen Betrachtung (z. B. den Punkten eines Raumes, den natürlichen oder rationalen Zahlen) und den Mengen, die diese Objekte jeweils zu einem Ganzen zusammenfassen. Schließlich kann man Mengen höheren Typus bilden, deren Elemente wieder Mengen (Mengen von Urelementen) sind, usf. Man kann eine Menge *homogen* nennen, wenn ihre Elemente entweder Urelemente oder Mengen gleichen Typs sind. So ist z. B. die Menge {{1, 2}, {3, 4}} homogen, nicht aber die Menge {1, {2, 3}}. Wenn man nur homogene Mengen zuläßt, sind offenbar die Antinomien ausgeschlossen, da die in den Antinomien auftretenden Mengen nicht homogen sind. Von *Russell*[275]) stammt eine Axiomatisierung der Mengenlehre, die den Typenbegriff benutzt.

Eine andere Möglichkeit bietet der Klassenkalkül von *J. v. Neumann*[276]). Er hat den Begriff der „zu großen" Menge eingeführt, der „Unmenge". Die „Menge aller Mengen" ist z. B. eine Unmenge. *J. v. Neumann* vermeidet die Antinomien, indem er nur die Mengen Elemente von Mengen (oder Unmengen) sein läßt; Unmengen dagegen können nicht Elemente sein.

Bemerkenswert an der Neumannschen Axiomatisierung ist die Tatsache, daß hier wohl zum ersten Male eine mengentheoretische Fundierung des Rechnens mit natürlichen Zahlen gegeben wird (vgl. dazu Brief Nr. 23). In der „Allgemeinen Mengenlehre" von *Klaua* wird eine Axiomatik zugrunde gelegt, die man als eine Synthese zwischen der Russellschen Typenlehre und den Methoden von *J. v. Neumann* deuten kann. Weitere Axiomensysteme stammen u. a. von *Bernays*, *Ackermann* und *Thiele*[277]).

---

[275]) *Russell* [D 22], [D 23].
[276]) *v. Neumann* [1], [2]; vgl. auch den Brief Nr. 23 im Anhang.
[277]) [C 5], [D 1], [D 8] im Literaturverzeichnis.

XIV. Moderne Theorie der Ordnungs- und Kardinalzahlen

1. Ordnungszahlen

Wir wollen in diesem Kapitel eine in ihren Grundzügen auf J. v. Neumann zurückgehende Theorie der Ordnungs- und Kardinalzahlen darstellen. Sie liefert axiomatisch fundierte [278]) Aussagen über jene Begriffe, deren erste „intuitive" Definition auch *Cantor* Anlaß zu Kritik gegeben hatte.

Wir setzen dabei den klassischen Begriff der *Wohlordnung* im Cantorschen Sinne voraus. Es gelten die für die Wohlordnung, aber auch die für die Ähnlichkeit, den Anfang und den Abschnitt im Kapitel VII gegebenen Definitionen. Wir können auch die grundlegenden Sätze über wohlgeordnete Mengen aus Kapitel VII übernehmen. Die Sätze VII 1 bis VII 4 sind ja nur einfache Folgerungen aus den Begriffen der Wohlordnung und der Ähnlichkeit.

Man überzeugt sich leicht, daß die hier übernommenen Definitionen sich in den axiomatischen Aufbau der Theorie nach dem System $\mathcal{A}$ einfügen.

Wir werden aber den Begriff der *Ordnungszahl* (nach J. v. Neumann) neu definieren und müssen natürlich die Aussagen über die Ordnungszahlen (von Kapitel VII) nochmals beweisen.

Definition 1

Eine Menge w heißt eine *Ordnungszahl*, wenn w so wohlgeordnet werden kann, daß für jedes Element $v \in w$

$$A_v = v \tag{1}$$

gilt. Dabei ist A_v der durch v bestimmte Abschnitt [279]).

Eine Ordnungszahl w ist danach durch die Beziehung des Enthaltenseins geordnet:

$$x < y \Leftrightarrow x \in y, \quad (x \in w, y \in w).$$

---

[278]) Wir benutzen hier weiter das Axiomensystem $\mathcal{A}$.

[279]) Siehe dazu Kap. VII. Wir benutzen hier die Buchstaben $u, v, w, \ldots$ für Ordnungszahlen, nicht mehr (wie in Kap. VII) $\alpha, \beta, \gamma, \ldots$ Dieser Wechsel in der Bezeichnung soll deutlich machen, daß die Ordnungszahlen hier anders definiert sind.

Aus $x \prec y$ folgt nämlich $x \in A_y = y$; ist umgekehrt $x \in y$ vorausgesetzt, so folgt $x \prec y$ aus $y = A_y$.

Nach dieser Definition sind die natürlichen Zahlen Ordnungszahlen (vgl. Kapitel XIII). Aber auch die Mengen

$$\omega, \omega^+ = \omega \cup \{\omega\}, (\omega^+)^+, ((\omega^+)^+)^+, \ldots$$

haben diese Eigenschaft. Wir geben die Begründung für ω^+ und ordnen dazu diese Menge so:

$$\omega^+ = \{0, 1, 2, 3, \ldots, \omega\}.$$

Offenbar ist dann $A_\omega = \omega$. Da die übrigen Elemente von ω^+ natürliche Zahlen sind, haben wir in der Tat für alle Elemente $v \in \omega^+$: $A_v = v$.

Satz 1

Ist w eine Ordnungszahl, so ist auch $w^+ = w \cup \{w\}$ eine Ordnungszahl.

Ist nämlich $x \in w^+$, so ist $x \in w$ oder $x = w$. Wir ordnen nun w^+ so:

$$w^+ = \{\ldots, w\}.$$

Dabei stehen die Punkte für die Elemente von w in ihrer Wohlordnung. Jedes Element von w steht in dieser Ordnung vor w. Es ist also $A_w = w$. Für die Elemente x von w gilt nach Voraussetzung $x = A_x$. Jedes Element von w^+ ist demnach gleich dem zugehörigen Abschnitt, und deshalb ist w^+ eine Ordnungszahl.

Satz 2

Jedes Element eines Elementes einer Ordnungszahl w ist auch Element von w selbst:

$$x \in v \land v \in w \Rightarrow x \in w. \tag{2}$$

Zum Beweis benutzen wir die Menge w^+, die ja nach Satz 1 auch eine Ordnungszahl ist. Wegen $v \in w$ haben wir in w^+: $w = A_w$. Aus $v \in w = A_w$ folgt also $v \prec w$. Weiter folgt aus $x \in v = A_v$: $x \prec v$. Wir haben also

$$x \prec v \prec w;$$

dann gilt aber auch $x \in A_w = w$.

Satz 3

Zwei Ordnungszahlen u und v sind genau dann gleich, wenn sie ähnlich sind.

Daß gleiche Ordnungszahlen ähnlich sind, ist trivial. Zeigen wir also, daß schon aus der Ähnlichkeit die Gleichheit folgt! Es sei $u \simeq v$; es gibt dann eine eineindeutige Abbildung

$$f: \quad x \to f(x) = y, \quad x \in u, y \in v,$$

die die Ordnung erhält.

Jede Ordnungszahl w hat als wohlgeordnete Menge ein erstes Element a. Dieses Element ist die leere Menge $\emptyset$. Gäbe es nämlich ein Element $b \in a$, so wäre nach Satz 2 auch b Element der Ordnungszahl w. Aus $b \in a \in w$ folgt aber $b < a$: a wäre dann nicht das erste Element von w.

Bei einer die Ordnung erhaltenden Abbildung muß das erste Element der einen Menge auf das erste der andern abgebildet werden:

$\emptyset = f(\emptyset)$.

Es gibt also gewiß einen Abschnitt A_b der Ordnungszahl u, für den $f(x) = x$ gilt für alle $x \in A_b$. Sei $f(b) = c$. Dann ist (da ja auch v eine Ordnungszahl ist) $c = A_c$. Zu A_c gehören aber die Elemente von v, die vor c liegen. Da die Ordnung erhalten bleibt, sind das die Elemente $f(x) = x$ mit $x \in A_b$, $b \in u$. Wir haben also $A_c = A_b$, nach Definition der Ordnungszahl also $c = b$.

Nach dem Prinzip der transfiniten Induktion ist dann $f(x) = x$ für alle Elemente $x \in u$.

Wir führen jetzt eine Ordnung für die Ordnungszahlen ein:

Definition 2

Eine Ordnungszahl u heißt *kleiner* als eine Ordnungszahl v ($u < v$), wenn u einem Abschnitt von v ähnlich ist.

Für die so definierte Ordnung gilt nun (in Analogie zu Satz VII 3a für die Cantorschen Ordnungszahlen):

Satz 4

Für irgend zwei Ordnungszahlen v und w gilt genau eine der drei Aussagen [280]:

$$v < w, \quad v = w, \quad v > w. \tag{3}$$

Das folgt sofort aus den allgemeinen Sätzen VII 2 und 3 über wohlgeordnete Mengen.

Wir können noch die Bemerkung hinzufügen:

Satz 4a

Gilt für zwei Ordnungszahlen v und w die Aussage $v < w$, so ist auch

$v \in w$, $v \subset w$

richtig. Aus $v \in w$ folgt wieder $v < w$, aus $v \subset w$ aber nur $v \leq w$.

$v \in w$ ergibt sich daraus, daß v einem Abschnitt von w ähnlich ist. Ein solcher Abschnitt ist, wie man sofort aus der Definition 1 erkennt, wieder

---

[280] $v > w$ steht für $w < v$.

eine Ordnungszahl. Ähnliche Ordnungszahlen sind aber (Satz 3) gleich. Jeder Abschnitt A_a von w ist aber gleich dem Element $a \in w$. Es gilt also $v \in w$. Wegen $a = A_a \subset w$ haben wir auch $v \subset w$. Ebenso leicht macht man sich die Umkehrung klar.

Satz 5
Der unmittelbare Nachfolger der Ordnungszahl v ist $v^+ = v \cup \{v\}$.

v^+ ist nach Definition 1 eine Ordnungszahl, und wegen $v \in v \cup \{v\}$ ist auch $v < v \cup \{v\}$. Es kann aber keine Zahl u mit der Eigenschaft $v < u < v^+$ geben. Aus $v < u$ folgt nämlich $v \in u$. Weiter ist (Satz 2) jedes Element von v dann auch Element von u. Dann ist aber $v \cup \{v\} \subset u$, also $v \cup \{v\} \leq u$.

Jede Ordnungszahl hat also einen unmittelbaren Nachfolger, nicht aber unbedingt auch einen unmittelbaren *Vorgänger*. Die Vorgänger der Ordnungszahl ω z. B. sind die natürlichen Zahlen. Aber für jede Zahl $n < \omega$ gibt es natürliche Zahlen m mit der Eigenschaft $n < m < \omega$.

Definition 3
Eine von $\emptyset$ verschiedene Ordnungszahl, die keinen unmittelbaren Vorgänger hat, heißt eine *Grenzzahl*. Das ist eine Verallgemeinerung der klassischen Definition der Limes-Zahl durch *Cantor*, vgl. S. 106.

Für die weiteren Überlegungen wollen wir nun den aus der klassischen Analysis vertrauten Begriff der *oberen Grenze* für beliebig geordnete Mengen verallgemeinern.

Definition 4
Es sei t eine Teilmenge einer geordneten Menge a: $t \subset a$. Ein Element $b \in a$ heißt eine *obere Schranke* von t, wenn $c \leq b$ gilt für alle Elemente $c \in t$:

$$b = OS(t) \Leftrightarrow c \in t \Rightarrow c \leq b.$$

$b^* \in a$ heißt die *kleinste obere Schranke* von t (im Zeichen: $b^* = \overline{\text{fin}}\, t$), wenn $b^* \leq b$ für alle oberen Schranken b von t:

$$b^* = \overline{\text{fin}}\, t \Leftrightarrow b^* = OS(t) \wedge \bigwedge_b b^* \leq b.$$

Daraus ergibt sich unmittelbar der folgende Satz für Ordnungszahlen:

Satz 6
Ist eine Ordnungszahl w eine Grenzzahl, so ist

$$w = \overline{\text{fin}}\, w. \qquad (4)$$

Hat w einen unmittelbaren Vorgänger w^-, so ist

$$w^- = \overline{\text{fin}}\, w. \qquad (4')$$

Satz 7

Für jede Menge w von Ordnungszahlen v gilt

$$\cup w = \overline{\text{fin }w}. \tag{5}$$

Zum Beweis dieses Satzes bemerken wir zunächst, daß jede Menge von Ordnungszahlen wohlgeordnet ist. Das wurde bereits als Satz VII 6 in der „naiven" Behandlung der Ordnungszahlen bewiesen. Der Leser überzeuge sich, daß der dort geführte Beweis auch auf die axiomatische Theorie übertragbar ist [281].

Da die Elemente u von $\cup w$ Elemente der Ordnungszahlen $v \in w$ sind, ist stets $u = A_u$. $\cup w$ ist also nach Definition 1 eine Ordnungszahl.

Weiter ist $\cup w$ eine obere Schranke für alle Elemente von w. Aus $v \in w$ folgt ja $v \subset \cup w$, also nach Satz 4a: $v \leq \cup w$. $\cup w$ ist aber die *kleinste* obere Schranke. Sei nämlich x irgendeine obere Schranke von w, so ist doch

$$v \leq x \text{ für } v \in w.$$

Die Elemente von $\cup w$ sind nun aber die Elemente y irgendwelcher Elemente $v \in w$:

$$\cup w = \{y/y \in v \wedge v \in w\}.$$

Aus [282] $y \in v, v \subset x$ folgt aber $y \in x$; $\cup w$ ist danach Teilmenge von x: $\cup w \subset x$, also $\cup w \leq x$. $\cup w$ ist also tatsächlich die kleinste obere Schranke.

Wir können diesen Satz über Mengen von Ordnungszahlen auch auf Ordnungszahlen selbst anwenden; jede Ordnungszahl w ist ja gleich der *Menge* A_w von Ordnungszahlen.

Nach Satz 6 ist daher

$$\cup w = \begin{cases} w \text{ für Grenzzahlen } w, \\ w^- \text{ sonst.} \end{cases} \tag{6}$$

Zum Beweis des nächsten Satzes werden wir von dem *Ersetzungsaxiom* Gebrauch machen. Wir wollen vorher klären, daß das dabei benutzte Funktional „zulässig" ist. Wir haben schon in Kapitel XIII 6 herausgestellt, daß die Aussagen (33b) und (34) formalisierbar sind. Man übersieht sofort, daß man (unter Beachtung der Definition des Abschnitts) auch die Aussage

$$\underline{O}(w): \quad w \text{ ist eine Ordnungszahl} \tag{7}$$

in ein formal geschriebenes Prädikat einbauen kann.

---

[281] An die Stelle der Menge $M(\alpha)$ für die Ordnungszahl α tritt hier für die Ordnungszahl w der Abschnitt A_w, also w selbst.

[282] $v \subset x$ folgt nach Satz 4a aus $v \leq x$.

Satz 8

Jede wohlgeordnete Menge ist zu genau einer Ordnungszahl ähnlich [283]).

Man übersieht sofort (nach Satz 3), daß es zu einer wohlgeordneten Menge nicht mehr als eine zu ihr ähnliche Ordnungszahl geben kann. Wir haben nur zu zeigen, daß es mindestens eine solche Ordnungszahl gibt.

Es sei nun a_0 das erste Element der gegebenen wohlgeordneten Menge a, a_1 der Nachfolger von a_0, usf. Dann können wir für einige Abschnitte von a die verlangte Ähnlichkeitsabbildung herstellen, etwa so:

$A_{a_1} = \{a_0\} \simeq \{\emptyset\} = 1,$
$A_{a_2} = \{a_0, a_1\} \simeq \{\emptyset, 1\} = 2,$
$A_{a_3} \simeq 3,$
...
...

Wir haben zu zeigen, daß wir dieses Verfahren so fortsetzen können, daß dabei die ganze Menge a erfaßt wird.

Es sei nun c ein Element von a mit folgender Eigenschaft: Für jeden Vorgänger b von c sei der Abschnitt A_b einer Ordnungszahl ähnlich:

$A_b \simeq w_b,\ O(w_b).$

Nehmen wir nun an, das Element c habe einen unmittelbaren Vorgänger d: $d^+ = c$. Dann gibt es eine Ordnungszahl v, für die die Abbildung

$A_d \simeq v_d$

gesichert ist. Dann ist $A_d \cup \{d\} = A_c$, und wir können die vorliegende Ähnlichkeitsabbildung offenbar so fortsetzen:

$A_c \simeq v_d{}^+ = v_d \cup \{v_d\}.$

Hat c dagegen keinen unmittelbaren Vorgänger, so ist

$c = \overline{\text{fin}}\, A_c.$

Es sei nun w^* die Menge der Ordnungszahlen w, die durch das folgende Funktional in x gegeben ist:

$P(x, w): A_x \simeq w \wedge O(w).$ (8)

x ist dabei Element der Menge A_c, $c \in a$. Nach den oben gemachten Bemerkungen ist das ein „zulässiges" Funktional; die Menge w^* ist also durch (8) auf Grund des Ersetzungsaxioms definiert:

$w^* = \{w\ /\ P(x, w)\}.$ (9)

---

[283]) Man sagt: Jede wohlgeordnete Menge *hat* eine Ordnungszahl.

w^* hat gewiß kein größtes Element w_m. Sonst wäre ja diese Ordnungszahl w_m einem gewissen Abschnitt A_m ähnlich, $m < c$. c sollte keinen unmittelbaren Vorgänger haben. Es gibt danach auch einen Abschnitt A_n ($m < n < c$), der zu einer Ordnungszahl der Menge w^* ähnlich ist. Es müßte aber dann $w_n > w_m$ sein, und das ist unmöglich.

$\overline{\text{fin}}\, w^*$ ist deshalb eine Ordnungszahl, die den Charakter einer *Grenzzahl* hat. Sie ist von allen Elementen von w^* verschieden. Wir können deshalb die Ähnlichkeitsabbildung fortsetzen. Es ist

$$A_c \simeq \overline{\text{fin}}\, w^*.$$

Fassen wir zusammen: *Wenn für alle Elemente x eines Abschnitts A_c der Abschnitt A_x einer Ordnungszahl ähnlich ist, dann gilt das auch für den Abschnitt A_c selbst.*

Daraus folgt nach dem *Prinzip der transfiniten Induktion* (Satz VII 4):

Es sei a^* die Teilmenge einer wohlgeordneten Menge a, bei der für jedes Element c ($c \in a^*$) der Abschnitt A_c einer Ordnungszahl ähnlich ist. Dann ist $a^* = a$.

Damit ist zunächst nur gezeigt, daß *jeder Abschnitt* von a einer Ordnungszahl ähnlich ist. Wir wiederholen nun die für A_c durchgeführte Fallunterscheidung: Nehmen wir zunächst an, a habe ein letztes Element z. Ist dann der Abschnitt $A_z \simeq w$, so ist offenbar $a \simeq w^+$. Hat a kein letztes Element, und ist $A_c \simeq w_c$ für alle $c \in a$, so ist $a \simeq \cup w_c$.

In der klassischen Theorie der Ordnungszahlen gibt es kein Analogon zu dem eben bewiesenen Satz 8: Wenn man die Ordnungszahl als Menge ähnlicher wohlgeordneter Mengen versteht, ist es trivial, daß zu jeder wohlgeordneten Menge auch eine Ordnungszahl gehört. Wenn wir die Ordnungszahl aber als einen „Repräsentanten" aus dieser Menge deuten, müssen wir sicherstellen, daß es in jedem Fall genau einen gibt.

Es wird sich zeigen, daß mit diesem Satz 8 die Vergleichbarkeit *aller* (in ihrer „Existenz" axiomatisch gesicherten) Mengen begründet werden kann. Wir müssen dazu eine neue Fassung des Begriffes der *Mächtigkeit* geben [284]).

---

[284]) Wir wollen darauf verzichten, hier noch eine moderne Arithmetik der Ordnungszahlen darzustellen. Sie unterscheidet sich nur unwesentlich von der von *Cantor* begründeten Theorie. Man findet eine moderne Arithmetik der Ordnungs- und Kardinalzahlen z. B. bei *Abian* [C 1] oder *Stoll* [C 39].

2. Kardinalzahlen

Wir benutzen jetzt den Begriff der *Ordnungszahl*, um die *Kardinalzahl* zu definieren.

Definition 5
Eine Ordnungszahl heißt eine *Kardinalzahl*, wenn sie zu keiner kleineren Ordnungszahl äquivalent ist.

Nach dieser Erklärung sind offenbar alle natürlichen Zahlen auch Kardinalzahlen. Aber auch die Menge ω der natürlichen Zahlen ist Kardinalzahl. Eine Ordnungszahl $\alpha < \omega$ ist ja eine natürliche Zahl, und es kann gewiß keine eineindeutige Abbildung zwischen der Menge ω und einer endlichen Menge geben. Die Mengen [285]

$$\omega^+, \omega^{++}, \omega^{+++}, \ldots$$

dagegen sind *keine* Kardinalzahlen. Sie sind ja alle zur Menge ω äquivalent (nicht ähnlich!).

Es ist bisher nicht beachtet worden, daß diese moderne Definition der Kardinalzahl sich schon bei *Cantor* findet. Das ist durchaus verständlich, denn diese Fassung der Definition sucht man in seinen Abhandlungen und in der Ausgabe seiner gesammelten Werke vergeblich. Sie steht in den Lebenserinnerungen von *Gerhard Kowalewski* ([B 3]). Dort heißt es auf S. 202:

> Übrigens kann man diese Mächtigkeit, wie es auch Cantors Gewohnheit war, durch die niedrigste oder die Anfangszahl jener Zahlenklasse repräsentieren und überhaupt die Alephs mit diesen Anfangszahlen identifizieren...

Die *Identifizierung* der Alephs mit den kleinsten Ordnungszahlen ist z. B. in dem Brief an *Dedekind* vom 28. Juli 1899 ([W] S. 443 ff.) noch nicht vollzogen. Offenbar stammen die (ein halbes Jahrhundert später aufgeschriebenen!) Erinnerungen *Kowalewskis* an die Vorträge *Cantors* [286] aus dem Anfang des 20. Jahrhunderts. Und *Cantor* hat hier eine Fassung seiner Theorie vorgetragen, die sich nicht unwesentlich von der der großen Arbeiten von 1895 und 1897 unterschied. Leider hat *Cantor* in diesen Jahren nichts mehr veröffentlicht, und so haben uns nur die Erinnerungen von *Gerhard Kowalewski* diese späte Fassung der Cantorschen Definition bewahrt.

Es ist ein schöner, wenn auch später Triumph des Cantorschen Genies: Die modernen axiomatischen Fassungen bestätigen in allen wesentlichen Punkten

---

[285] Vgl. Definition XIII 3.
[286] Vgl. dazu S. 142.

die „intuitiven" Ideen und Deduktionen des Schöpfers der Mengenlehre. Nur die Neumannschen Definitionen der natürlichen Zahl und der Ordnungszahl unterscheiden sich wesentlich von der Theorie *Cantors*. Aber schon die Arithmetik dieser Ordnungszahlen deckt sich wieder mit den schon von *Cantor* gegebenen Rechenregeln.

Zu den bemerkenswertesten Ergebnissen der Cantorschen Theorie gehören seine Aussagen über die *Zahlenklassen* [287]. Es zeigt sich, daß auch in der modernen Theorie diese Zusammenfassung von Ordnungszahlen zu einer Menge legitim ist:

Satz 9

Es existiert die Menge aller Ordnungszahlen, die zu einer gegebenen Ordnungszahl äquivalent sind.

Es sei w die gegebene Ordnungszahl und $\mathfrak{P}(w)$ ihre Potenzmenge, die nach Axiom $\boxed{A\,4}$ existiert. $\mathfrak{P}(w)$ kann (wie jede Menge) wohlgeordnet werden. Zu der $\mathfrak{P}(w)$ entsprechenden wohlgeordneten Menge gehört eine (zu $\mathfrak{P}(w)$ äquivalente) Ordnungszahl [288], etwa $v = \mathrm{ord}(w)$.

Da es nach dem klassischen Cantorschen Teilmengensatz (S. 85) keine eineindeutige Zuordnung zwischen w und $\mathfrak{P}(w)$ geben kann, ist v gewiß größer als w. Wir haben daher (Satz 4a) auch $w \in v$.

Es sei nun u eine zu w äquivalente Ordnungszahl [289]. Auch u muß (wie jede Ordnungszahl, vgl. Satz 4) mit v vergleichbar sein. Wegen $u \sim w$, $w < v$ kommt nur die Relation $u < v$ in Frage. Dann ist aber auch u ein Element von v: $u \in v$.

Die Menge aller zu w äquivalenten Ordnungszahlen ist also eine Teilmenge einer in ihrer Existenz gesicherten Menge, nämlich der Ordnungszahl v.

Nach dem Separationssatz XIII 1 existiert dann auch die Menge

$$Z(w) = \{u \,/\, u \in \mathrm{ord}\,\mathfrak{P}(w) \wedge u \sim w\}.$$

$Z(w)$ bezeichnen wir nach *Cantor* als die zu w gehörende Zahlenklasse. $Z(\omega)$ ist z. B. die zweite Zahlenklasse im Sinne *Cantors*. Zu ihr gehören u. a. die Ordnungszahlen

$$\omega^+ = \omega + 1,\ \omega^{++} = \omega + 2,\ \omega + 3,\ \omega + 4, \ldots$$

---

[287] Vgl. Kap. VII 6, Satz VII 8.

[288] Man schreibt heute meist $a = \mathrm{ord}\,b$ für „a ist die Ordnungszahl der wohlgeordneten Menge b".

[289] Beispiel: $w = \omega$, $u = \omega^+ : \omega^+ > \omega$, $\omega^+ \sim \omega$.

Man kann aber für die Ordnungszahlen (im Sinne der Definition XIV 1) auch Potenzen definieren und erkennt dann leicht, daß auch die Ordnungszahlen

$$\omega^2, \omega^\omega, \omega^{\omega+1}, \ldots$$

zur Zahlenklasse $Z(\omega)$ gehören.

Damit ist gezeigt, daß die Grundbegriffe der Cantorschen Mengenlehre sich in eine axiomatisch fundierte Theorie einbauen lassen. Wir müssen uns versagen, die moderne Theorie der Ordnungs- und Kardinalzahlen in aller Ausführlichkeit zu behandeln. Da es uns in dieser Schrift um das Werk *Cantors* geht, können wir uns damit begnügen, die Bestätigung seiner Ansätze in der neueren Forschung nachzuweisen.

3. Moderne Einsichten über das Kontinuumproblem

Wir wollen uns aber nicht versagen, über die modernen Erkenntnisse vom Zusammenhang der *Kontinuum-Hypothese* mit den Axiomen der Mengenlehre wenigstens zu berichten.

Man kann die Cantorsche Kontinuum-Hypothese VII 32 durch Aussagen über die höheren Zahlenklassen verallgemeinern.

Nach Definition 5 ist das Cantorsche $\aleph_0$ einfach gleich der Ordnungszahl ω. Die Vereinigungsmenge

$$\aleph_1 = \omega \cup Z(\omega) = \aleph_0 \cup Z(\aleph_0)$$

ist dann (wie bei *Cantor*) der unmittelbare Nachfolger von $\aleph_0$. Weitere Alephs kann man definieren durch

$$\aleph_n = \aleph_{n-1} \cup Z(\aleph_{n-1}).$$

In Verallgemeinerung von (VII 32) lautet nun die *verallgemeinerte Kontinuum-Hypothese* so:

$$2^{\aleph_n} = \aleph_{n+1}. \tag{9}$$

(9) schließt für $n = 0$ die klassische Hypothese *Cantors* ein.

Sierpinski hat gezeigt, daß aus der verallgemeinerten Kontinuum-Hypothese (9) das Auswahlaxiom $\boxed{A\,7}$ folgt. Aber damit ist die Cantorsche Frage nach dem Beweis der (speziellen oder verallgemeinerten) Kontinuum-Hypothese immer noch offen. Hier helfen die Untersuchungen von *K. Gödel* und *P. Cohen* weiter. Sie geben freilich eine Antwort, die *Cantor* ganz gewiß nicht erwartet hätte. Wir können die Ergebnisse der Grundlagenforscher zum Kontinuumproblem so zusammenfassen:

Die Kontinuum-Hypothese ist durch die Axiome $\boxed{A1}$ *bis* $\boxed{A6}$ *weder zu beweisen noch zu widerlegen.*

Das heißt ausführlicher: Wenn das System der Axiome [290]) in sich widerspruchsfrei ist, kommt man auch dann nie zu einem Widerspruch, wenn man die Hypothese (9) als Axiom hinzufügt. Das ist das Ergebnis von *Gödel* [C 17].

Umgekehrt: *Cohen* hat vor wenigen Jahren [D 3] gezeigt, daß auch die *Negation* der Kontinuum-Hypothese mit den übrigen Axiomen verträglich ist. Er benutzt für seine Deduktionen das Axiomensystem von *Zermelo* und *Fraenkel* (im Zeichen: $\mathscr{Z}$ - $\mathscr{F}$), das sich nur unwesentlich von dem System unserer Axiome $\boxed{A1}$ bis $\boxed{A6}$ unterscheidet. Sein wichtigstes Ergebnis lautet so:

Es gibt Modelle für $\mathscr{Z}$ - $\mathscr{F}$, *in denen folgendes geschieht:*
...

(3) *Das Auswahlaxiom gilt, aber es ist* $2^{\aleph_n} \neq \aleph_{n+1}$.

Wer sich in der Geschichte der Axiomatik einigermaßen auskennt, denkt sofort an eine bedeutsame Parallele: Zwei Jahrtausende lang hatten sich die Geometer um den Beweis des Euklidischen Parallelenpostulat vergebens bemüht [291]). Schließlich wurde durch die Entdeckung der Nichteuklidischen Geometrie durch *Bolyai* und *Lobatschewski* deutlich, daß das 5. Postulat *Euklids* unabhängig ist von den übrigen Axiomen. Fügt man es den Axiomen der Verknüpfung, der Kongruenz und der Stetigkeit hinzu, so gewinnt man die klassische euklidische Geometrie. Ersetzt man es durch die These, daß es durch einen Punkt zu einer Geraden mindestens zwei Parallelen gibt, so ist man auf die „hyperbolische" Geometrie geführt.

Cantors Bemühen um das Kontinuumproblem ist danach dem Eifer vieler Generationen von Mathematikern vergleichbar, die *Euklids* Parallelenpostulat beweisen wollten.

Es gibt aber keine Anzeichen dafür, daß *Cantor* selbst jemals die Möglichkeit der Nichtbeweisbarkeit und der Unabhängigkeit der Kontinuum-Hypothese erwogen hat. Offenbar lagen ihm formalistische Untersuchungen völlig fern.

Für ihn waren die mathematischen Sätze Thesen über etwas Seiendes; er war ja sogar davon überzeugt, daß den Mächtigkeiten $\aleph_0$ und $\aleph$ Realitäten

---

[290]) Das Auswahlaxiom ist ausdrücklich ausgelassen.
[291]) Vgl. dazu z. B. [C 31].

in der physikalischen Welt entsprachen [292]. Wir fürchten: Er hätte keine Freude gehabt an der „Auflösung" seiner Fragestellung durch die modernen Grundlagenforscher. Und doch gehört gerade die Anregung der metamathematischen Untersuchungen durch die Antinomien und die offenen Fragen der Mengenlehre zu den wichtigsten Auswirkungen des Cantorschen Werkes.

Versuchen wir eine Bilanz: Fragen wir, was *Cantor* für die moderne Mathematik bedeutet!

---

[292] Vgl. dazu Brief Nr. 10.

XV. Das Erbe Cantors

1. Was ist Mathematik

Die Antwort auf diese Frage scheint so einfach nicht zu sein. Jedenfalls finden wir in dem Buch von *Courant* und *Robbins* [C 11] mit diesem Titel keine explizite Antwort auf die gestellte Frage. Die Einleitung dieser Schrift schließt mit der Feststellung: „In jedem Fall, für Gelehrte und Laien gleichermaßen, kann nicht Philosophie, sondern nur das Studium der mathematischen Substanz die Antwort auf die Frage geben: Was ist Mathematik?"

Immerhin: Es gibt auch Versuche, das Ergebnis dieses „Studiums der Substanz" in einer knappen Formel zusammenzufassen. Bei *Klaua* [C 23] lesen wir in der Einleitung seiner „Allgemeinen Mengenlehre":

> Die Wissenschaft Mathematik – die in der Praxis, etwa in den Naturwissenschaften, breiteste Anwendung findet – fällt also beim heutigen Entwicklungsstand von Mathematik und Mengenlehre mit der Mengenlehre zusammen ...
>
> Unter *Allgemeine Mengenlehre* oder *Abstrakte Mengenlehre* versteht man dann dasjenige Teilgebiet der Mengenlehre, das nur die allgemeinsten und für die gesamte Mathematik grundlegenden mengentheoretischen Tatsachen behandelt.

Eine ähnliche Bemerkung finden wir in der Einleitung des Lehrbuches von *Abian* [C 1].

Ein Blick in moderne Lehrbücher der Algebra [293], der Wahrscheinlichkeitsrechnung oder der Geometrie zeigt, daß doch einiges für die schlichte Formel *Mathematik ist Mengenlehre* spricht. Die ersten Abschnitte solcher Lehrbücher sind im allgemeinen der Mengenlehre (und der formalen Logik) gewidmet. Eine algebraische Struktur ist eine *Menge*, in der gewisse Relationen und Verknüpfungen definiert sind, ein topologischer Raum ist eine *Menge*, in der gewisse Teilmengen den Charakter von „Umgebungen" haben. Die moderne Wahrscheinlichkeitsrechnung handelt von *Mengen* von Ereignissen, usf. Es zeigt sich, daß der Begriff der Menge in allen Zweigen der Mathematik anwendbar ist. Auf diese Weise erreicht man Gemeinsamkeiten in

---

[293] Wir nennen als Beispiele die Lehrbücher der Algebra von *Kochendörffer* (Berlin 1955), *Kurosch* (Leipzig 1964) und *van der Waerden* (Berlin-Heidelberg-New York 1966).

verschiedenen Disziplinen, die früher getrennt nebeneinander untersucht wurden. Die alte Aufteilung der Elementarmathematik in „Algebra" und „Geometrie" wird aufgelöst durch die Einsicht, daß es überall um Mengen geht, in denen Relationen definiert sein können. Es gibt Kongruenz- und Ordnungsrelationen in Mengen von Zahlen und in Mengen, die den Charakter von (metrischen oder topologischen) Räumen haben.

Bei der Feier von *Cantors* 70. Geburtstag im Jahre 1915 sprach [294]) *Gutzmer* von der „neuen Provinz", die *Cantor* „dem mathematischen Königreiche hinzugefügt" habe. Es war eine wichtige, manchem freilich noch unheimliche Provinz, die *Cantor* entdeckt (oder sollen wir sagen: geschaffen?) hatte. *Hilbert* hat sie ein „Paradies" genannt, aus dem sich die Mathematiker nicht mehr vertreiben lassen wollten. Aber schon *Gutzmer* erkannte im Jahre 1915, daß sich von der Mengenlehre her „befruchtende Gedankenströme in alle übrigen Provinzen ergossen haben".

Heute hat die mengentheoretische Denkweise (bei den meisten Mathematikern) alle „Provinzen" des „mathematischen Königreiches" beeinflußt, so daß die schlichte Formel *Mathematik ist Mengenlehre* gewagt werden kann. Wir werden noch von den Einwänden zu sprechen haben, die dieser Denkweise entgegenstehen. Schließen wir vorläufig den Hinweis auf den Siegeszug der Mengenlehre mit einem Blick auf die Schulmathematik. Wir finden heute überall auf unserem Planeten, wo wissenschaftlicher Unterricht gepflegt wird, Ansätze zu einer mengentheoretischen Durchdringung der Schularbeit. Das gilt nicht nur für die Gymnasien. Es gibt heute Rechenbücher für das erste Schuljahr, die das erste Verständnis für den Zahlbegriff an der eindeutigen Zuordnung von Mengen (von Äpfeln, Bällen usw.) zu gewinnen suchen.

2. Umstrittener Formalismus

Was würde *Georg Cantor* heute zur Stellung der Mengenlehre in der Mathematik sagen? Ganz gewiß wäre es für ihn eine schöne Genugtuung, daß die Grundzüge seiner Theorie heute als Fundament der gesamten modernen Mathematik gelten können. Und doch – er wäre kaum zufrieden mit der Denkweise der zeitgenössischen Mathematiker.

Er hat ganz gewiß erwartet, daß seine „Lehre dereinst Gemeingut der objektiv-gerichteten Wissenschaft werden" würde [295]). Denn „eine gewissere

---

[294]) [B 5].

[295]) Dieses und die folgenden Zitate stammen aus seinem Brief an Pater *Jeiler*, Pfingsten 1888, [B 1] 67–73.

Erkenntnis als von den Sätzen der transfiniten Zahlen- und Typentheorie besitze ich von keinen anderen Gegenständen der geschaffenen Natur".

Der „geschaffenen Natur": Hier haben wir wieder den Bezug auf die „Realgeltung" seiner Konzeptionen, für die er sich sogar die Bestätigung durch die Theologie wünscht; er erwartet, daß seine Lehre

> „insbesondere von derjenigen Theologie bestätigt werden wird, welche auf die heilige Schrift, Tradition und auf die natürliche Veranlassung des menschlichen Geschlechts sich gründet, welche drei in notwendiger Harmonie zueinander stehen".

Die moderne Mathematik aber ist formalistisch. Auch wir haben im Kapitel XIII die Sprache der zeitgenössischen Mathematik benutzt, wenn wir hier oder da feststellen, daß die „Existenz" irgendeiner Menge durch dieses oder jenes Axiom gesichert sei. Bei *Cantor* hatte das Wort „Existenz" noch mehr Gewicht. Es ging ihm nicht um die Widerspruchsfreiheit einer formalen Theorie. Ihm ging es um die „objektiv-metaphysische Erkenntnis" des Seienden. Er sieht, schon gegen Ende des 19. Jahrhunderts, das Aufkommen eines formalistischen Denkens, das ihm zutiefst zuwider war. Er schreibt zu Pfingsten 1888 an Pater *Jeiler*:

> Zum Verständnis der Lehre vom Transfiniten bedarf es keiner gelehrten Vorbereitung in der neueren Mathematik; sie kann für diesen Zweck eher schädlich als nützlich sein, weil die modernen Mathematiker in ihrer Mehrheit durch den glänzenden Erfolg ihres sich immer mehr vervollkommnenden Formelwesens, das immer mehr Anwendungen auf die mechanische Seite der Natur zuläßt, in einen Siegesrausch hineingeraten sind, der sie zur materialistischen Einseitigkeit verkommen läßt und sie für jegliche objektiv-metaphysische Erkenntnis und daher auch für die Grundlagen ihrer eigenen Wissenschaft blind macht.

Es ist nicht zu leugnen, daß seit 1888 die Beschränkung auf das sich „vervollkommnende Formelwesen" weitere Fortschritte gemacht hat.

Um diese Entwicklung zu würdigen, wollen wir fragen: *Was ist vom Werk Cantors geblieben?* Was gilt auch heute noch als „Gemeingut der objektivgerichteten Wissenschaft"? Man kann die Antwort sehr knapp formulieren: *Geblieben ist alles das, was formalisierbar ist!*

Wir haben ja in den letzten beiden Kapiteln die Grundzüge der modernen axiomatisch fundierten Mengenlehre so weit entwickelt, daß man dies erkennen konnte: Die „intuitiven" Begriffsbildungen *Cantors* (Ordnungszahl, Kardinalzahl usw.) sind durch den modernen Formalismus bestätigt worden. Aber man lese einmal seinen Brief an *Mittag-Leffler* vom 16. November 1884 (Brief-Anhang Nr. 10). Seine Vorstellungen über das „reale" Vorkommen von Mengen der Mächtigkeit $\aleph_0$ und $\aleph$ in der Natur dürfte heute von keinem

Naturwissenschaftler geteilt werden. Und ebensowenig wird er für „gemischt mathematisch-metaphysische" Beweise über Fragen der Kosmogonie Interesse finden; wir glauben, selbst bei den Theologen nicht.

Es hat schon seinen Grund, wenn der moderne Mathematiker das durch formalisierte Theorien Gesicherte schätzt. Gerade die kühnen Vorstöße *Cantors* haben ja diese Entwicklung zum Formalistischen entscheidend gefördert, sehr gegen seine eigenen Absichten. Aber die Entdeckung der Antinomie in der Mengenlehre führte mit Notwendigkeit auf die Frage, wie man die bisher als „sicher" geltende mathematische Wissenschaft gegen solche „Katastrophen" absichern könne. Man suchte das Heil in einer Formalisierung, die die Möglichkeit von Beweisen für Unabhängigkeit und Widerspruchsfreiheit formaler Systeme zuließ.

Die Ergebnisse der modernen Grundlagenforschung sind exakt fundierte Aussagen über die Möglichkeiten und Grenzen menschlicher Erkenntnis. *Heinrich Scholz* hat mit Recht eine besonders wichtige Arbeit von *Gödel* einmal eine „Kritik der reinen Vernunft vom Jahre 1931" genannt [296]. So hat *Cantors* Mengenlehre zwar nicht zum Aufbau einer modernen Metaphysik beigetragen, sie hat aber entscheidende Impulse gegeben zur Entwicklung einer sauber fundierten Erkenntnistheorie.

Aber muß deshalb die Mathematik zur [297] „Wissenschaft von den formalen Systemen" werden? Es gibt auch heute noch Mathematiker, die mit dieser Entwicklung nicht einverstanden sind. So lesen wir in der Einleitung der Schrift von *Courant* und *Robbins* ([C 11] S. XV):

> Der Lebensnerv der mathematischen Wissenschaft ist bedroht durch die Behauptung, Mathematik sei nichts anderes als ein System von Schlüssen aus Definitionen und Annahmen, die zwar in sich widerspruchsfrei sein müssen, sonst aber von der Willkür des Mathematikers geschaffen werden. Wäre das wahr, dann würde die Mathematik keinen intelligenten Menschen anziehen. Sie wäre eine Spielerei mit Definitionen, Regeln und Syllogismen ohne Ziel und Sinn. Die Vorstellung, daß der Verstand sinnvolle Systeme von Postulaten frei erschaffen könne, ist eine trügerische Halbwahrheit.

Wer das liest, ist geneigt, nach der „ganzen Wahrheit" zu fragen, also nach einer nicht nur formalistischen Deutung der Mathematik. Man sucht sie in dem Buch von *Courant* und *Robbins* vergebens. Dieses Werk ist eine schöne und gut lesbare Einführung, aber sie gibt doch keine explizite Antwort auf die im Titel gestellte Frage.

---

[296] Literaturangaben in [C 31].

[297] Nach einer Definition von *Curry*.

Wir können den Autoren in ihrer Polemik gegen den Formalismus nicht folgen. „Spiel" ist keineswegs immer ohne Sinn. Es gibt viele Bereiche der modernen Mathematik, die als formale Theorien entwickelt wurden und für die sich erst später Anwendungsmöglichkeiten in den Naturwissenschaften ergaben. Das gilt z. B. für die Theorie der Integralgleichungen, aber auch für die mancherlei Modelle von endlichen Geometrien. Als kürzlich in einem Kolloquium über Bildungsfragen von der didaktischen Bedeutung solcher Modelle gesprochen wurde, kam der Einwand, daß man in der Schule genug mit der „richtigen" Geometrie zu tun habe. Solche Systeme mit endlich vielen „Punkten" und „Geraden" haben doch keinerlei praktischen Wert. Hier konnte ein Vertreter der angewandten Mathematik darauf hinweisen, daß gerade die hier diskutierten Modelle neuerdings in der Informationswissenschaft angewandt werden.

Wo will man einen Grund finden für eine gesicherte Deutung der Mathematik jenseits des rein Formalistischen? Es ist nicht anzunehmen, daß man modernen Menschen den Glauben an die Realexistenz eines platonischen Ideenhimmels vorschlagen will [298].

Es bleibt der Bezug auf die Erfahrung, auf die physikalische Welt. In der Tat finden wir in vielen Lehrbüchern der Wahrscheinlichkeitsrechnung, der Mengenlehre usw. in der Einleitung einen Hinweis auf diese „Realität" der mathematischen Ideen. So heißt es bei *Klaua* ([C 23] S. 2):

> Alle Dinge, also auch die Mengen, sind Dinge der *objektiven Realität*; sie existieren also in der Realität und existieren dabei objektiv, d. h. sie sind unabhängig davon, was welcher einzelne Mensch und ob überhaupt ein Mensch diese Dinge in sein Bewußtsein aufnimmt.

Frage: *Wo* existieren die Cantorschen Mengen von der Mächtigkeit $\aleph_0$? *Wo* die von der Mächtigkeit des Kontinuums? *Wo* die von der Mächtigkeit $2^\aleph$? *Cantor* hat bekanntlich auf diese Frage eine klare Antwort gegeben [299]. Er glaubt an eine „Realexistenz" seiner Mengen nicht nur im Reich der Ideen, sondern auch in der physikalischen Welt. Aber gerade diesen Glauben teilt die moderne Physik nicht. In einer endlichen Welt mit nur endlich vielen Atomen gibt es nicht einmal abzählbar viele „Dinge". Es gibt auch in der Natur (nach unserer heutigen Einsicht) wohl keine stetigen Kurven, die von „Massenpunkten" beschrieben werden. Es scheint, daß *Cantors* „Paradies" nicht von dieser Welt ist. Man kann es auch so sagen: Die Cantorsche Theorie ist ein Beleg für die Tatsache, daß der menschliche Geist Strukturen

---

[298] Es gibt auch in unserer Zeit noch einige wenige „Platoniker". Man lese etwa *Finsler* [D 5].

[299] Vgl. dazu Kap. VIII.

erfassen kann, für die es *kein* Vorbild in der Natur gibt. Man kann vielleicht die Tätigkeit des schöpferischen Mathematikers mit der eines modernen Künstlers vergleichen, der in seinem Werk Visionen realisieren will, für die die Natur kein Gegenstück hat. Die durch das disziplinierte Denken des Mathematikers geschaffenen Welten scheinen uns bedeutsamer zu sein als die, die uns eigenwillige Künstler erschließen können. Aber da mögen die Künstler anderer Meinung sein. Die Schöpfungen des Mathematikers haben jedenfalls eine echte Chance, daß sie irgendwann einmal bei der Beschreibung der realen Welt von Nutzen sein können, wenn sich auch zunächst keine solchen Möglichkeiten zeigen.

Mit diesen Bemerkungen soll nicht ausgeschlossen sein, daß die „formalen Systeme" des Mathematikers mindestens in ihren einfachsten Modellen in Beziehung stehen zur physikalischen Welt. Aber die Untersuchung dieser Frage ist schwierig und sollte nicht in der Einleitung mathematischer Lehrbücher mit einem Satz abgetan werden.

Es erscheint jedenfalls nützlich, wenn man bei der Darstellung mathematischer Theorien diese schwierigen Grundlagenfragen beiseite läßt. In diesem Sinne möchten wir den Formalismus als ein *methodisches Prinzip* empfehlen. Wenn ein moderner Mathematiker seine Disziplin formalistisch deutet, so heißt das nicht unbedingt, daß für ihn Mathematik nur ein Spiel der Symbole und Formeln sei. Er läßt nur die schwierige Frage aus, was denn die Mathematik noch mehr sein kann als nur die Wissenschaft von den formalen Systemen. Dieses Verfahren hat den großen Vorteil, daß es in der (so verstandenen) Mathematik keine Meinungsverschiedenheiten gibt.

Formalismus als Methode: Wir meinen, daß sich auf diese Parole die überwiegende Mehrzahl der Mathematiker einigen könnte. Wir verzichten in der Mathematik auf ontologische Untersuchungen und auf die Festlegung philosophischer Standorte. Nicht deshalb, weil wir für Fragestellungen dieser Art kein Organ hätten. Wir halten es aber für einen Gewinn in einer zerstrittenen Welt, wenn im Bereich der Mathematik gemeinsame Aussagen möglich sind für Vertreter aller philosophischen oder politischen Konzeptionen.

A. Heyting hat die Abkehr von allen metaphysischen Spekulationen im Bereich der Mathematik einmal so begründet [300]):

> We have no objection against a mathematician privately admitting any metaphysical theory he likes... In fact all mathematicians... are convinced that in some sense mathematics bear eternal truth, but when trying to define precisely this sense, one gets entangled in a maze of metaphysical difficulties. The only way to avoid them is to banish them from mathematics.

---

[300]) *A. Heyting:* Intuitionism, Amsterdam 1956, S. 2.

Heyting ist einer der führenden Vertreter des Intuitionismus [301]) in der Mathematik. Auch die Anhänger von (in irgendeinem Sinne) konstruktiven Methoden lehnen eine metaphysische Fundierung der Mathematik ab [302]); sie sind aber trotzdem mit dem Formalismus (manche sagen auch: „Axiomatismus") nicht einverstanden.

Wir wollen solche Kritik am Formalismus nicht übergehen.

Die Intuitionisten lassen nur solche Begriffe gelten, die aus der „Urintuition" des Zählens gewonnen sind. Noch rigoroser als die Anhänger *Brouwers* verfahren die Vertreter einer konstruktiven Analysis, die von der Theorie der rekursiven Funktionen ausgehen (z. B. *Goodstein*).

Eine solche „konstruktive" Analysis ist schwerfälliger als die „klassische", und sie muß auf manche Aussagen verzichten, die sich in den üblichen Lehrbüchern der Differential- und Integralrechnung finden.

In einer entsprechend fundierten Mengenlehre wird man nur solche Mengen zulassen, die nach einem konstruktiven Bildungsgesetz aufgebaut werden können.

Mathematische Theorien, die (in dem einen oder anderen Sinne) „konstruktiv" arbeiten, haben in der Mathematik ebenso ihre Existenzberechtigung wie etwa die „Elementargeometrie" im Sinne *Hilberts*. Das ist jener Teil der euklidischen Geometrie, den man *ohne* Benutzung der Stetigkeitsaxiome begründen kann. Man kann auch die Mengenbildung in der einen oder anderen Weise für eine spezielle Theorie einschränken. *Aber man sollte nicht engherzig sein und diese Bescheidung auf bestimmte Arbeitsverfahren allen Mathematikern vorschreiben.* Wir halten den Vorschlag berechtigt, den *Hermes* kürzlich ([D 7] S. 93) zum „Grundlagenstreit" machte:

> Vielleicht sollte man sich dazu entschließen, den Grundlagenstreit zu beenden und nicht mit einem *entweder–oder*, sondern mit einem *sowohl–als-auch*. Nur so wird es möglich sein, all den großartigen gedanklichen Leistungen, die bisher von Mathematikern geschaffen worden sind, auch weiterhin in der Mathematik eine Heimat zu geben.

Wie sagte doch *Cantor* bei seinem Streit mit dem engherzigen *Kronecker*: Das Wesen der Mathematik liegt gerade in ihrer Freiheit ([W] S. 182).

3. Voraxiomatische Untersuchungen

Eine besondere Würdigung verdient in unserer Betrachtung über die Bedeutung der Mengenlehre die *operative Mathematik* von *Paul Lorenzen*.

---

[301]) Näheres über den Intuitionismus findet man in [C 24] oder in [C 31] Kap. VII.
[302]) *Curry* wirft den Intuitionisten freilich vor, daß sie die „Intuition" zu einer Gottheit gemacht haben; vgl. z. B. [C 31], S. 88 f.

Seine Theorie der Kalküle verzichtet auf willkürlich gesetzte Axiome und macht den Versuch, die üblichen Axiome der Logik und der Arithmetik aus den Gesetzlichkeiten einfacher Kalküle zu begründen. Er kann auf diese Weise eine Begründung des Rechnens mit natürlichen Zahlen geben, die schon für den Lehrer an einer Grundschule interessant sein kann. Jedenfalls ist die Begründung des elementaren Rechnens mit Zeichenfolgen

$|, \|, \|\|, \ldots$
$| + | = \|, \| + | = \|\|, \ldots$
$| \times | = |, \| \times | = \|, \ldots$

leicht zu durchschauen, fügt sich aber nicht so einfach in eine mengentheoretische Konzeption der Mathematik ein. Man kann natürlich nicht $\|\|$ als eine Menge $\{|\|\|\}$ von drei Strichen deuten, weil ja nach den üblichen Sätzen über die Gleichheit von Mengen sonst $\{\|\|\} = \{|\|\|\}$, also $\| = \|\|$ wäre. Natürlich kann man die Lorenzenschen Zeichen auch in die Neumannsche Theorie der natürlichen Zahlen einfügen und setzen:

$1 = \{|\}, 2 = \{|, \{|\}\}, \quad 3 = \{|, \{|\}, \{|, \{|\}\}\},$
$\ldots$

aber dieses Verfahren ist weit schwerfälliger als der Umgang mit dem reinen Kalkül.

Wir meinen: Der Aufbau der gesamten Mathematik aus den Grundkonzeptionen der Mengenlehre wird nicht dadurch entwertet, daß die Theorie der natürlichen Zahlen bei dieser Auffassung sich nicht so „elementar" gibt wie bei der operativen Begründung (oder bei der Benutzung rekursiver Funktionen). Man muß ja nicht verlangen, daß der Lehrer der Elementarschule in dem Sinne mengentheoretisch vorgeht, daß er die Neumannsche Theorie übernimmt.

Die entscheidende Schwierigkeit liegt doch darin, daß nach der üblichen Definition der Gleichheit von Mengen die Mengen $\|, \|\|, \ldots$ usw. nicht zu unterscheiden sind. Es sei daran erinnert, daß bei *Cantor* keineswegs Mengen mit gleichen Elementen immer als gleich galten. So hat er doch ursprünglich die Kardinalzahl einer Menge als eine „Menge von Einsen" eingeführt (vgl. Kapitel VI 1). Es ist gewiß die Einführung einer neuen Äquivalenzrelation unter Mengen möglich, die den Erfordernissen des Kalküls mit „Strichmengen" $|, \|, \|\|, \ldots$ gerecht wird.

Die operative Mathematik will aber nicht nur dem Elementarlehrer zeigen, wie man addiert und multipliziert. Es geht vielmehr um den Versuch, die ganze Mathematik ohne wesentlichen Substanzverlust durch die Operation mit Kalkülen zu begründen[303]). Dabei sind Mengen von Funktionen usw.

nur dann „zugelassen", wenn sie „konstruierbar" sind. *Lorenzen* räumt ein ([C 30] S. 36), daß „gegen die Aufstellung axiomatischer Theorien (hier der axiomatischen Mengenlehre)" logisch nichts einzuwenden sei.

Der einzige Einwand gegen die axiomatischen Mengenlehren (selbstverständlich nur gegen diejenigen, für die man kein konstruktives Modell hat) liegt in der Frage: Wozu eigentlich?

Wir wollen versuchen, diese Frage zu beantworten. *Lorenzen* bringt in seiner zitierten Schrift die klassische Theorie *Cantors* für die reellen Zahlen (eine schöne Huldigung für den Begründer der Mengenlehre). Er betont aber ausdrücklich, daß die „konzentrierten Folgen (rationaler Zahlen) [304] keine definite Menge, sondern nur eine Klasse" bilden. „Klassen" sind aber doch eigentlich in einer konstruktiven Theorie nicht zugelassen. So fehlt auch bei *Lorenzen* eine *explizite* Definition der reellen Zahl. Es heißt nur:

Durch Abstraktion bezüglich $\sim$ bilden wir aus den konzentrierten Folgen rationaler Zahlen jetzt „reelle Zahlen", d. h. wir beschränken unsere Aussagen über die Folgen auf (bezüglich $\sim$) invariante Aussagen – und schreiben die Aussagen dann als Aussagen über abstrakte Objekte, *die reellen Zahlen*.

In einer axiomatisch fundierten Mengenlehre ([C 39] S. 149) heißt es kürzer:

We define a real number as a $\sim$-equivalence class of Cauchy-sequences of rational numbers.

In der Sache liegt doch zwischen dem Lorenzenschen Verfahren und dem der Mengentheoretiker kein wesentlicher Unterschied. Man kann (nach einem englischen Sprichwort) nicht den Kuchen essen und in der Hand behalten. Man kann nicht ohne wesentlichen Substanzverlust Analysis treiben, wenn man die Mengenbildung wesentlich einschränkt.

Wir meinen weiter, daß der Verzicht auf explizit aufgeschriebene Axiome der Klarheit der Darstellung nicht unbedingt förderlich ist [305].

---

[303] Vgl. dazu die Schriften von *Lorenzen*.

[304] Syn. für Cauchy-Folgen bzw. Fundamentalfolgen.

[305] In [C 30], S. 8–9, begründet *Lorenzen* das Rechnen mit natürlichen Zahlen aus dem Ansatz

$$\Rightarrow |=|, \ m=n \Rightarrow m\,|\,=n\,|. \tag{2}$$

Es heißt dann (S. 9): „Gleichheitsaussagen $m = n$, die sich nicht nach (2) konstruieren lassen, sind falsch." Ein Axiomatiker würde diesen Satz gesperrt drucken und als Axiom bezeichnen, um den Irrtum auszuschließen, daß dieser Satz eine Folge von (2) sei. (2) gilt auch für die Addition von Restklassen, der erwähnte Satz aber nicht.

Mit diesen Bemerkungen wollen wir die „operative Mathematik" nicht abwerten. *Lorenzen* hat mit seinen Untersuchungen über die Begründung der „Axiome" aus den Eigengesetzlichkeiten der Kalküle eine wichtige Frage in Angriff genommen, die in der Tat die „formalistische" Mathematik offen gelassen hatte. *Woher kommen die Axiome?* Warum ist z. B. bei *Kleene* ([C 24] S. 82) die relativ komplizierte Formel

$$A(0) \wedge [\bigwedge_x A(x) \Rightarrow A(x')] \Rightarrow A(x) \tag{1}$$

Axiom, während die einfache Aussage $a = a$ eines Beweises bedarf? Für Willkürlichkeiten dieser Art gibt der Formalist keine Begründungen. Es ist durchaus bemerkenswert, daß man die Formel (1) für die vollständige Induktion nach *Lorenzen* aus den Eigenschaften der Kalküle begründen kann.

Eine andere offene Frage ist die folgende: *In welcher Beziehung stehen die Axiome des Mathematikers zu den „Erfahrungen" des Physikers?* Sie sind nicht einfach „Abstraktionen", wie manchmal voreilig gesagt wird. Wir wiesen schon darauf hin, daß es in der Welt des modernen Physikers offenbar keine unendlichen Mengen gibt. Trotzdem steht wohl die Mathematik in einer gewissen Beziehung zur „Erfahrung".

Leider hört die schöne Gemeinsamkeit aller Mathematiker auf, wenn wir die Welt der Formeln verlassen und Aussagen wagen über den „Seinsgrund" der Mathematik. Es ist vernünftig, solche Fragestellungen aus dem Alltag der mathematischen Arbeit zu verbannen und formalistisch zu verfahren. Diese Probleme sind auch zu schwierig, um in einer Bemerkung im Vorwort eines Lehrbuches erledigt zu werden.

Aber sollen wir diese Fragestellung den Philosophen überlassen? Es scheint eine vernünftige Aufgabe zu sein: In aller Vorsicht die im Bereich der Kalküle herrschende Sicherheit der Aussagen *auszuweiten auf* die hier angesprochenen Grundlagenprobleme.

Hans Reichenbach hat einmal die These aufgestellt, daß es unter „mathematischen Philosophen" keine Meinungsverschiedenheit geben könne. Er weiß natürlich auch, daß heute immer noch Kontroversen vorkommen, aber er ist optimistisch genug zu glauben, daß man sie durch klare und unmißverständliche Formulierung seiner Aussagen ausräumen könne. Er selbst hat eine Theorie aufgestellt über die „Realgeltung" der Geometrie in der physikalischen Welt, die sich von dem üblichen „Konventionalismus"[306]) unterscheidet.

---

[306]) Vgl. dazu [C 31], Kapitel VIII.

Einstein aber hatte kurz zuvor die Poincarésche These vertreten, daß es Sache der Übereinkunft sei, welche Geometrie zur Beschreibung der Welt benutzt wird. *Reichenbach* wollte nun seine Auffassung so deutlich formulieren und begründen, daß *Einstein* seine Zustimmung nicht versagen konnte. Wir wissen nicht, ob er damit Erfolg hatte: Beide Forscher sind kurz darauf gestorben. Aber das Programm *Reichenbachs* erscheint bemerkenswert: Man möge – durch Klarheit der Sprache – versuchen, die in der Mathematik übliche Sicherheit auch auf den Bereich der Grundlagenforschung auszudehnen. Mit „Grundlagenforschung" meinen wir hier nicht Beweistheorie oder „Metamathematik". Es geht um die hinter (oder besser: *vor*) den Axiomen liegenden Fragen.

In einem Briefwechsel mit *Paul Lorenzen* haben wir den Vorschlag gemacht, jenen Bereich der Forschung als „vormathematisch" zu bezeichnen. Herr *Lorenzen* wollte diese Untersuchungen aber nicht aus dem Bereich der Mathematik verbannt wissen und schlug die Formulierung „voraxiomatisch" vor. Wir haben in der Überschrift über diesen Abschnitt diese Formulierung übernommen [307].

Es ist eine schöne, aber gewiß nicht einfache Aufgabe: Sicherheit der Aussagen zu schaffen im Gebiet der voraxiomatischen Untersuchungen.

4. Das Erbe Georg Cantors

Zurück zu *Georg Cantor*! Er hat ja durch seinen kühnen Vorstoß in den Bereich des Transfiniten die Diskussion über die Grundlagenfragen ausgelöst. Versuchen wir, seine bleibenden Leistungen in einigen Sätzen zusammenzufassen:

1. Er hat der Mathematik eine neue „Provinz" gewonnen.
2. Er hat die Voraussetzungen geschaffen für die modernen Strukturtheorien.
3. Er hat die erkenntnistheoretischen Untersuchungen der Grundlagenforschung ausgelöst.

Die „*neue Provinz*": *Cantors* Theorie der transfiniten Zahlen ist heute eine anerkannte Disziplin der modernen Mathematik.

---

[307] Wir verkennen nicht, daß die Untersuchungen von *Lorenzen* und von *Reichenbach* von durchaus verschiedener Natur sind. Bei beiden geht es aber um den Grund für die „Geltung" mathematischer Aussagen.

Der *allgemeine Mengenbegriff* hat sich als überaus fruchtbar erwiesen. Er hat die Untersuchung auch solcher „Strukturen" gefördert, die andere Ordnungseigenschaften haben als die Menge der natürlichen Zahlen.

Die Förderung der *Grundlagenforschung* durch *Cantor* war eine Leistung wider Willen: Er wollte die Mathematik einbauen in eine Weltsicht, die über die exakten Wissenschaften und die Philosophie hinaus bis zur Theologie reichte. Das nehmen wir ihm heute nicht mehr ab. Seine kühnen Begriffsbildungen haben zwar eine saubere Theorie des Transfiniten ermöglicht, aber doch auch die Grenzen für die Anwendbarkeit mathematischer Methoden erkennen lassen. So hat er de facto nicht die Versuche einer sich wissenschaftlich gebenden „Metaphysik" gefördert, sondern die Erkenntniskritik. Solche „Kritik des Menschen-Verstandes" [308]) ist aber für die *Cantor* so am Herzen liegende Religiosität des modernen Menschen bedeutsamer als die zweifelhaften Versuche eines „rationalen Theismus".

Einstein jedenfalls [309]) sah in der „Existenz des für uns Undurchdringlichen" den Grund zu seiner Religiosität:

> Das Wissen um die Existenz des für uns Undurchdringlichen, der Manifestation tiefster Vernunft und leuchtendster Schönheit, die unserer Vernunft nur in ihren primitivsten Formen zugänglich sind, dies Wissen und Fühlen macht wahre Religiosität aus.

Cantors Forschungen haben uns bis an die Grenze des „Undurchdringlichen" geführt.

---

[308]) Nach einem Wort aus dem Nachlaß *Goethes*: „Ein Wohltäter der Menschheit wäre, wer eine Kritik des Menschen-Verstandes leisten könnte. Den Menschen-Verstand in seinen Kreis einschließen."

[309]) „Mein Weltbild", Berlin 1955.

Anhang

Briefe aus der Welt Georg Cantors

Die hier veröffentlichten Briefe sind uns durch die freundliche Hilfe der Erben Cantors und einiger (im Verzeichnis genannter) Bibliotheken zugänglich geworden. Sie werden hier zum erstenmal veröffentlicht[1]).

Weitere Briefe Cantors sind bisher abgedruckt in [W], [B 1], [B 6], [B 7], [B 8], [B 12], [B 14], [B 17].

---

[1]) Brief Nr. 12 ist bereits in einer anderen Fassung (wohl in der für *Weierstraß* bestimmten) bekannt ([W] S. 407 f.).

Verzeichnis der Briefe

1	Hermann A. Schwarz an Georg Cantor	1. 4. 1870
2	Georg Cantor an Felix Klein	18. 12. 1882
3	Gösta Mittag-Leffler an Georg Cantor	10. 1. 1883
4	Gösta Mittag-Leffler an Georg Cantor	7. 2. 1883
5	Gösta Mittag-Leffler an Georg Cantor	5. 2. 1884
6	Leopold Kronecker an Georg Cantor	21. 8. 1884
7	Georg Cantor an Leopold Kronecker	24. 8. 1884
8	Georg Cantor an Gösta Mittag-Leffler	26. 8. 1884
9	Georg Cantor an Gösta Mittag-Leffler	20. 10. 1884
10	Georg Cantor an Gösta Mittag-Leffler	16. 11. 1884
11	Briefbuch 1886, S. 63–66	
12	Georg Cantor an Franz Goldscheider	13. 5. 1887
13	Hermann A. Schwarz an Carl Weierstraß	17. 10. 1887
14	Georg Cantor an P. Ignatius Jeiler	13. 10. 1895
15	Georg Cantor an P. Ignatius Jeiler	27. 10. 1895
16	Georg Cantor an Charles Hermite	30. 11. 1895
17	Georg Cantor an P. Ignatius Jeiler	1. 3. 1896
18	Georg Cantor an Friedrich Loofs	24. 2. 1900
19	Philip E. B. Jourdain an Georg Cantor	10. 3. 1904
20	Ernst Zermelo an Georg Cantor	24. 7. 1908
21	Georg Cantor an Hermann A. Schwarz	22. 1. 1913
22	Edmund Landau an Frau Vally Cantor	8. 1. 1918
23	Hans von Neumann an Ernst Zermelo	15. 8. 1923

Die Quellen

A Der Nachlaß Georg Cantors (1, 3, 4, 5, 11, 12, 16, 19, 20, 21, 22)
B Niedersächsische Staats- und Universitätsbibliothek Göttingen (2)
C Mittag-Leffler-Institut, Djursholm (Schweden) (6, 7, 8, 9, 10)
D Deutsche Akademie der Wissenschaften, Berlin (13)
E P. Dr. Bendiek, Münster (14, 15, 17)
F Universitätsbibliothek Halle (18)
G Universitätsbibliothek Freiburg (23)

1 | Hermann Amandus Schwarz an Georg Cantor

Hottingen bei Zürich, den 1. April 1870.

Mein lieber Georg!

Soeben habe ich deinen lieben Brief vom 30. v. M., der soviele interessante Nachrichten enthält, erhalten und schreibe Dir auf Deinen Wunsch umgehend. Nicht nur habe ich nichts dagegen einzuwenden, daß Du meinen kleinen Beitrag mit in den Text Deines Aufsatzes aufnimmst, sondern ich freue mich auch sehr darüber, daß Du von demselben einen so guten Gebrauch machen kannst und machen willst. Nur möchte ich Dir vorschlagen, anstatt zu sagen: Dieser Beweis ist von Herrn S. in Z., lieber Dich so auszudrücken: Dieser Beweis ist mir von... *mitgetheilt* worden, oder, ich verdanke diesen Beweis einer *Mitteilung*, oder wie Du Dich sonst ausdrücken willst. Es scheint mir nämlich das Hauptgewicht auf die Namen *Bolzano* und *Weierstraß* gelegt werden zu müssen. Wenn Dir daran gelegen ist, das Bolzanosche Werkchen selbst zur Ansicht zu bekommen, so brauchst Du es mir nur zu schreiben, ich bin so glücklich, ein Exemplar zu besitzen, wenn ich nicht irre, so ist das Exemplar, welches ich erhielt, das letzte gewesen, welches der Verleger hatte: Titel: Rein Analytischer Beweis des Lehrsatzes, daß zwischen je zwei Werthen, die ein entgegengesetztes Resultat gewähren, wenigstens eine reelle Wurzel der Gleichung liege, von Bernard Bolzano, Weltpriester u.s.w. „Für die Abhandlungen der K. Gesellschaft der Wissenschaften zu Prag." Prag 1817 gedruckt bei Gottlieb Haase.

Auch ich bekenne mich mit Dir zu der von Herrn Weierstraß in seinen Vorlesungen verfochtenen Meinung, daß man ohne die Schlußweise, welche von Herrn W. auf Bolzanoschen Principien weiter ausgebildet ist, bei vielen Untersuchungen nicht zum Ziel gelangen könne.

Was für Einwendungen in letzter Instanz Herr Professor Kronecker gegen die Bolzano-Weierstraß'sche Schlußweise geltend zu machen hat, weiß ich nicht. Als derselbe im September hier war, hat Herr Kronecker mir meine Behauptungen schließlich zugegeben, die sich auf die Richtigkeit der Schlußweise bezogen, ich brauche jene Schlüsse beständig.

Gar nicht beschreiben kann ich Dir die Freude darüber, daß Herr Weierstraß die Schlüsse *vollkommen richtig gefunden* hat. Dein Satz ist ein bedeutsamer Fortschritt in der Theorie der trigonometrischen Reihen, und ich freue mich noch mehr über diesen Fortschritt, als wenn ich ihn selbst bewirkt hätte. Du kannst mir glauben, ich bin stolz darauf, daß die Berliner mathematische Schule, der wir beide doch angehören, einen Triumph feiern kann, wieder ein greifbares Resultat, durch welches eine wichtige wissenschaftliche Frage *vollständig* beantwortet wird. Du wirst, wenn Du es nicht schon bemerkt hast, immer mehr wahrnehmen, welche große Bedeutung der ausgezeichneten Schule beizulegen ist, die wir genossen haben und welches Übergewicht uns diese Angewöhnung an peinliche Sorgsamkeit bei Beweisen gewährt, den mathematischen „Romantikern" und „Poeten" gegenüber. Gegenwärtig ist mir keine mathematische Schule bekannt, welche ihren Schülern ein so solides Fundament zu geben vermag, wie die Berliner.

...

2 | Georg Cantor an Felix Klein

Halle, 18. Dez. 1882

... füge ich zu Ihrer Erheiterung eine andere, auch wahre Geschichte, die in diesem Herbst 82 in der Weierstraßschen Studierstube vor sich gegangen. An der Sache ist nichts Geheimnisvolles, ich begehe daher keine Indiskretion. Sie kennen das zarte Verhältnis zwischen Schwarz und P du Bois.–

Dies vorausgeschickt passiert folgendes: Schwarz ist bei Weierstraß; es klopft; herein tritt: Dubois. W. sagt: Die Herren kennen sich wohl, worauf S. in seiner bekannten Weise erwidert: diesen Herrn kenne ich nicht und alsdann schleunigst die Stube verläßt. –

Im Corridor angelangt sieht er, daß er seinen Hut bei W. vergessen hat; er will aber selbstverständlich nicht d. noch einmal sehen, klingelt daher vor der Wohnungstüre, Frl. Weierstr. erscheint, er bittet sie, ihm seinen Hut zu bringen. Sie geht leise in die Studierstube ihres Bruders, wo die beiden Herren bereits in reger ... (unlesbar) Unterhaltung sind, sie sucht, sucht, und kann Schwarzens Hut nicht finden. Weierstraß über die Störung ärgerlich fragt sie, was sie suche und sucht nun mit. Vergebens! – Nicht zu finden. Endlich merkt Dubois, daß er auf etwas Hartem sitzt, was er bei der Verlegenheit, in welche er durch Schwarzens Höflichkeit gekommen ist, bisher nicht gemerkt hatte; und: Schwarz muß sich mit seinem von Dubois plattgedrücktem Hute nach Hause begeben!

Nebst (?) freundlichen Grüßen
Ihr
G. Cantor

3 | Gösta Mittag-Leffler an Georg Cantor

Stockholm den 10/1. 1883

Mein lieber Freund!

Vielen Dank für Ihr letztes so überaus freundliches Schreiben und für die schöne Arbeit, die dasselbe begleitete. Ich habe heute einige Stunden damit zugebracht die letztere durchzulesen und ich brauche Ihnen kaum zu sagen, wie sehr ich von Ihren Ideen eingenommen bin. Ich kann noch nicht sagen ob ich Allem in dem philosophischen Teil Ihrer Arbeit beistimmen kann. Ich glaube es jedoch und was das Mathematische anbetrifft, sehe ich sofort, von welcher ungemein großen Bedeutung Ihre Entdeckungen sind. Wird Ihre Arbeit als Separatabzug aus den Mathematischen Annalen erscheinen und werden dann die vier vorhergehenden Theile abgedruckt? Diese noch einmal abzudrucken würde mir sehr zweckmäßig erscheinen. Und erlauben Sie mir nun als Ihrem wirklichen Freunde und *nur für Sie* einige Bemerkungen hinzuzufügen. Ich glaube, daß der philosophische Teil Ihrer Arbeit in Deutschland sehr viel Aufsehen erregen wird, aber ich glaube nicht dasselbe von dem mathematischen Teil. Außer Weierstrass und vielleicht Kronecker, der sich jedoch im Grunde genommen für diese Fragen wenig interessirt, und der übrigens Ihre Ansichten kaum theilen wird – giebt es in Deutschland keinen Mathematiker mit dem feinen Sinn für schwierigere mathematische Untersuchungen, welcher für die richtige Auffassung Ihrer Arbeiten erforderlich ist. Sagte mir nicht zum Beispiel noch vor einigen Jahren Klein – das ist natürlich ganz unter uns – daß er nicht einsehen könnte, wozu das alles diente. Von Weierstrass' Schülern in Deutschland ist vielleicht Schottky der einzige, der einiges Verständnis für Ihre Arbeit haben wird. Wie unser gemeinsamer Freund Schwarz über Sie schimpfen wird, das kann ich mir sehr lebhaft vorstellen.

Aber in Frankreich stehen die Dinge ganz anders. Da existirt augenblicklich in der mathematischen Welt eine sehr rege und lebhafte Bewegung. Poincaré, Picard, Appell – obgleich er sich zwar übereilen kann, wie Sie wissen – Goursat und Halphen, um nur die ersten von Hermites Schülern zu nennen, sind alle äusserst begabte Männer, gerade mit viel Sinn für die feinsten mathematischen Untersuchungen. Poincaré wenigstens ist sogar, meiner Auffasung nach, ein Genius ersten Ranges.

Alle diese sowie Hermite selbst werden von Ihren Entdeckungen aufs lebhafteste berührt werden gerade weil sie solche Untersuchungen jetzt brauchen und weil sie in ihren schönen functionentheoretischen Arbeiten auf Schwierigkeiten gestoßen sind, die sich nur durch Ihre Arbeiten bewältigen lassen. Aber alle, ausser Appell verstehen sehr schlecht Deutsch. Ich mache Ihnen deshalb folgenden Vorschlag. Ich lasse Ihre Artikel über unendliche lineare Punktmannigfaltigkeiten in Französisch – z. B. durch Appell – übersetzen und lasse sie nachdem im zweiten Band meines Journales erscheinen. Ich füge eine französische Übersetzung der Arbeit, die Sie mir für den ersten Band versprochen haben hinzu. Es schadet gar nicht, dass Ihre Arbeit sowohl auf Deutsch wie auf Französisch erscheint. Vielleicht wäre es auch zweckmäßig, eine französische Übersetzung Ihrer Arbeit in Borchardts Journal im zweiten Band der „Acta" erscheinen zu lassen. – Was sagen Sie jetzt über dieses Project? Eine französische Übersetzung zu publiciren kann auf keine Weise als anspruchsvoll von Ihnen erscheinen. Es ist ja meine Sache und nicht die Ihrige. Ich werde mit dem größten Vergnügen diejenigen Separatabzüge, die Sie mir schicken wollen, bei denjenigen Mathematikern verbreiten, die meiner Auffasung nach irgend einen Sinn für Ihre Untersuchungen haben können. Ich erlaube mir noch ein Object. Wäre es nicht zweckmäßig, wenn Sie von Fuchs reden, auch die neuen glänzenden Untersuchungen von Poincaré über Differentialgleichungen besonders zu erwähnen? Poincaré hat doch gewiss in dieser Theorie viel mehr schon geleistet als irgend ein anderer Mathematiker. Weierstrass sagte mir von seinen Leistungen: „Es ist gewaltig," und Sie wissen wohl was so ein Urteil von ihm bedeutet.

Ich hoffe Sie haben jetzt das erste Heft von „Acta" bekommen. Wenn dies nicht der Fall ist wenn ich die Freude habe Ihren nächsten Brief zu erhalten, werde ich sofort ein neues Exemplar absenden.

Ich danke Ihnen herzlich für Ihre Photographie. Es hat mir sehr viel Freude gemacht dieselbe zu bekommen.

Meine Frau bittet um Ihre Empfehlungen an Ihre Frau Gemahlin und ich selbst zeichne mich
Ihr ganz ergebenster treuer Freund
G. Mittag-Leffler.

4 | Gösta Mittag-Leffler an Georg Cantor

Stockholm den 7/2 1883.

Mein theurer Freund!
Zuerst vielen Dank für die freundlichen Worte, die Sie über die „Acta" sprechen. Daß Sie mit meiner Vorrede zufrieden sind, hat mich mit wirklicher Freude erfüllt. Es war nicht eine so ganz einfache Aufgabe, eine solche Vorrede zu schreiben. Es lag mir hauptsächlich daran, recht deutlich zu machen, daß ich keine anderen Zwecke als die rein wissenschaftlichen durch dies Unternehmen verfolge. Und ich bin wirklich berechtigt dies zu behaupten. Ich habe es so gestellt, daß ich selbst keinen Pfennig Einnahme von der Zeitschrift habe. Wenn etwas übrig bleibt, wird es auf die Verbesserung der Zeitschrift verwendet werden. So denke ich zum Beispiel, die besten Abhandlungen, die anderswo erscheinen, wenn die Verfasser es erlauben, in französischer Übersetzung in meinen „Acta" zu publiciren. Ab und zu will ich auch die deutschen Abhandlungen, die bei mir erscheinen, noch ins Französisch übersetzen. So wird es zum Beispiel mit der neuen Abhandlung, die Sie mir versprochen haben, gethan werden. Es ist nämlich nicht zu leugnen, daß die Franzosen und Italiener entweder sehr wenig oder gar kein Deutsch verstehen und dass im Gegentheil jedem gebildeten Deutschen oder Ausländer die französische Sprache geläufig ist.

Ich weiß wohl, daß mehrere von unseren deutschen Collegen – unser Freund Schwarz unter anderen – es als gar unmoralisch betrachten etwas zu tun, was es den Franzosen erleichtert, ohne die Kenntnis der deutschen Sprache fertig zu werden. Mit solchen politischen Betrachtungen will ich jedoch nichts zu thun haben. Dass die wirklichen mathematischen Entdeckungen in so weiten Kreisen wie möglich richtig aufgefasst werden, das ist die Hauptsache. Wir nordischen Mathematiker haben nicht alle auf unsere Muttersprache verzichtet, um Propaganda für die deutsche Sprache zu machen, Sie können kaum glauben welche Mühe ich mit den „Acta" gehabt habe. Zuerst eine Correspondens die wirklich schon enorme Ausdehnung erreicht hat. Und dann die Unannehmlichkeiten jeder Art. Viele hier von meiner Umgebung können es mir gar nicht verzeihen, daß mein Unternehmen so gut gelungen ist und thun ihr Bestes, um mir recht klar zu machen, welch unverdientes

Glück dies ist. Ja, vielleicht ist es auch ein Glück, das ich persönlich gar nicht verdient habe, aber das weiß ich, daß die Erreichung dieses Glückes mir ungemein viel Arbeit gemacht hat.

Ich danke Ihnen innig für Ihr Versprechen, die Acta in allen Hinsichten zu unterstützen. Mit solchen Mitarbeitern wie Sie und Hermite und Poincaré und Fuchs kann es nicht anders als gut gehen. Ich bitte Sie, davon überzeugt zu sein, daß ich alles, was mir möglich ist, thun werde, um Ihre Arbeiten bekannt zu machen und Ihnen die gebührende Anerkennung zu verschaffen. Ich bin dabei, die Broschüre zu studiren, die Sie mir geschickt haben. Ich will nicht sagen, daß ich schon alles verstehe, aber jede Stunde, die ich zum Studiren von Ihrer Arbeit anwende, gehen mir neue Schönheiten in derselben auf. Sie werden mir wohl auch erlauben, Ihnen Fragen zu stellen und nicht zürnen, wenn Ihnen diese Fragen unbedeutend erscheinen. Ich möchte Sie auch um einen sehr großen Dienst bitten. Wollen Sie mir erlauben, Ihnen meine eigene Arbeit zuzustellen ehe sie gedruckt wird und wollen Sie dieselbe einer genauen Prüfung unterwerfen? Meine Untersuchungen hängen mit den Ihrigen zusammen, daß es Ihnen kaum Mühe machen wird, sie zu studiren und andererseits können sie Sie vielleicht auch zu neuen Studien in der Theorie der analytischen Functionen anregen. Und jetzt erlauben Sie mir einige Fragen.

Giebt es unter Ihren neuen Zahlen solche, die zwischen die rationalen und irrationalen Zahlen eingepasst werden können? Gibt es zum Beispiel zwischen Null und Eins ausser den rationalen und den irrationalen Zahlen, die größer als Null und kleiner als eins sind, noch andere Zahlen: Können Sie mir ein Beispiel geben?...

5 | Gösta Mittag-Leffler an Georg Cantor

Stockholm 5. 2. 84

Mein lieber Freund!

Vielen Dank für die letzten Briefe, die Sie mir geschrieben haben, und die ich nicht anders als ein ganz besonderes Zeichen Ihrer Freundschaft ansehen kann. Ich verstehe sehr gut die Gefühle, die Sie darin ausgesprochen haben, und kann so viel mehr mit Ihnen sympatisiren als es, wie Sie wissen, gewiss Niemand giebt, der Ihre Arbeit mehr bewundert, als eben ich. Aber ich glaube, Sie haben doch Kronecker etwas missverstanden. Erstens glaube ich kaum, dass seine Arbeit wirklich zu Stande kommt. Wenn er sie einmal redigiert, wird er einsehen, dass er nichts Ernstes zu sagen haben kann. Zweitens glaube ich nicht, dass in seiner Absicht, die Arbeit bei mir zu publiciren, etwas besonders gegen Sie Feindliches liegt. Die Acta sind nun einmal ein Hauptdepot der modernen funktionentheoretischen Untersuchungen geworden, und eine Arbeit gegen die Funktionentheorie, welche in den „Actis" publicirt wird, macht natürlich viel mehr Aufsehen, als wenn sie in Kroneckers eigenem Journal erscheint. Dies muß wohl der Hauptgrund sein, weshalb er seine Arbeit für mein Journal annoncirt. Diese Arbeit ist ja übrigens eben so sehr gegen Weierstrass und seine ganze Schule und besonders gegen mich selbst gerichtet als gegen Sie. In meiner letzten Arbeit stelle ich mich ganz auf Ihren Standpunkt und was gegen Sie gesagt wird, trifft deshalb mich eben so gut wie Sie. Ich bin damit beschäftigt, den letzten Theil meiner Arbeit so umzuarbeiten, dass Sie sich genauer als früher Ihren Untersuchungen anschliesst. So werde ich zum Beispiel Ihre letzte Terminologie einführen und von Zahlen der zweiten Zahlenclasse statt von Unendlichkeitssymbolen sprechen. Ich hoffe, Ihnen dies alles baldigst in Manuscript oder Correctur schicken zu können.

Was Kroneckers Arbeit betrifft, werden Sie mir erlauben, auf diese Frage zurückzukommen, wenn ich wirklich Kroneckers Arbeit in den Händen habe. Ich glaube nicht, dass es je dazu kommt.

Ich habe jetzt meine Vorlesungen leider mit sehr geschwächten Kräften angefangen. Den ganzen letzten Monat habe ich an einem schweren Katarr

gelitten, der übrigens noch nicht curirt ist. Damit ist Schlaflosigkeit verbunden gewesen und dies hat natürlich sehr ernstlich meine Arbeitskraft beeinträchtigt. Es geht mir besonders zu Herzen, dass hierdurch meine Abhandlung noch nicht vollständig fertig ist. Es fehlt nur die schliessliche Redaktion des letzten Theils aber diese macht mir, so angegriffen wie ich mich fühle, sehr viel Mühe.
...

6 | Leopold Kronecker an Georg Cantor

Kammer am Attersee, 21. Aug. 84

Geehrter Herr College,

Ich erhalte soeben Ihren lieben Brief vom 18. hierher nachgeschickt und beeile mich, Ihnen den Empfang dankend zu bestätigen. Ich gedenke schon Ende September wieder in Berlin zu sein, da ich dieses Mal schon gleich nach Schluß der Vorlesungen am 5. d. M. meine Erholungsreise angetreten habe. Sie werden mich also im October schon zu Hause treffen, und ich werde mich sehr freuen, wenn Sie – Ihrer brieflichen Ankündigung gemäß – dann mich in Berlin besuchen und dabei auch eine wissenschaftliche Besprechung mit mir halten, wie es früher ja schon oft geschehen ist.

Sie sagen in Ihrem Briefe, daß Sie „in Folge einer gewissen Schärfe der Beurtheilung Ihrer Arbeiten in einen Gegensatz zu mir gerathen seien, aus dem Sie sich auf's Tiefste heraussehnen". Das Letztere ist mir natürlich sehr lieb, aber ich muß Ihnen aufrichtig gestehen, daß ich das erstere gar nicht wußte. Wohl erinnere ich mich, daß ich vor einigen Jahren, ehe W.[1] die dortige Professur erhielt, eine Veranlassung hatte, mich über Äußerungen, die Sie brieflich über mich an K.[2] und Weierstraß gerichtet hatten, zu beschweren, und das that ich offen und direct in einem an Sie gerichteten Briefe. Aber seitdem sind wir ja doch schon persönlich wieder zusammengetroffen, – so etwa vor Jahresfrist in Halle – und nach der Art unserer damaligen Begegnung schien mir jeder Rest von Bitterkeit geschwunden. Sie erinnern sich ja doch sehr gut des nicht geringen Antheils, den ich schon während Ihrer Studienzeit an Ihrer Entwicklung und ebenso später an Ihrer weiteren glücklichen Laufbahn genommen habe! Ich konnte und mußte mich also wohl wundern, da Sie plötzlich sich von irgend welchem Mißtrauen mir gegenüber erfüllt zeigten. Aber nachdem ich Ihnen frei schriftlich entgegnet hatte, war für *mich* die Sache abgethan.

---

[1] Weierstraß.
[2] Kummer.

Ein ganz anderes ist unsere Divergenz in einigen wissenschaftlichen Fragen! Aber ich sehe durchaus keinen Grund, warum unsre persönlichen Beziehungen durch diese Divergenz irgendwie gestört sein sollten. Als ich neulich mit Frau v. Kowalewski über derlei Dinge sprach, meinte sie ganz recht, das sei, wie wenn man über Religion spreche. Der konkreten (sit venia verbo) Mathematik selbst liegen die Dinge, über die wir beide verschiedener Ansicht sind, ja fast ebenso fern, wie der Religion und wenn wir drei: K. Weierstraß und ich, seit nun fast 30 Jahren das Musterbild einer friedlichen Einigkeit representiren und uns eines fast nie gestörten glücklichen und segenreichen Zusammenwirkens erfreuen, so zeigt sich daran doch deutlich, dass die Zugehörigkeit zu drei verschiedenen Confessionen kein Hinderniss intimster persönlicher und wissenschaftlicher Vereinigung bildet. Auch die Divergenz in mancherlei wissenschaftlichen Ansichten hat unserem Verhältnis niemals den geringsten Abbruch gethan. Warum also lassen *Sie* sich, lieber Herr College, durch solche Divergenz in einen Gegensatz gegen mich hineintreiben?

Da Sie vor mehr als 20 Jahren selber noch meine Vorlesungen gehört und auch seitdem, in fast ununterbrochenen Beziehungen zu mir stehend, oft genug meine Ansichten vernommen haben, so wissen Sie besser, als ich es jetzt Ihnen auseinanderzusetzen vermöchte, dass ich – sehr früh unter K-s Anleitung in philosophische Studien vertieft – nachher gleich ihm die Unsicherheit aller jener Speculationen erkannt und mich in den sicheren Hafen der wirklichen Mathematik geflüchtet habe. Was natürlicher, als dass ich in dieser Mathematik selbst nun mich bemüht habe, ihre Erscheinungen oder ihre Wahrheiten möglichst frei von jeden philosophischen Begriffsbildungen zu erkennen. Ich bin deshalb darauf ausgegangen, Alles in der *reinen* Mathematik auf die Lehre von den ganzen Zahlen zurückzuführen, und ich *glaube,* dass dies durchweg gelingen wird. Indessen ist dies eben nur mein *Glaube.* Aber wo es gelungen ist, sehe ich darin einen wahren Fortschritt, obwohl – oder weil – es ein Rückschritt zum Einfachen ist, noch mehr aber deshalb, weil es beweist, dass die neuen Begriffsbildungen wenigstens nicht *nothwendig* sind. Ich werde das Wesentlichste meiner Ansichten ja nächstens einmal im Druck bekannt zu geben haben und dabei noch meine Einwendungen gegen jene Stolzsche Deduction – die Sie ja aus meinen mündlichen Mittheilungen kennen – formuliren. Dann mögen diese Dinge publice sine ira et studio erörtert werden! Was aber in aller Welt soll eine solche Erörterung unserer persönlichen Beziehung schaden? Dass ich jene Einwendungen nur gelegentlich machen will, beruht darauf, dass ich denselben nur einen höchst secundären Werth beilege. Einen wahren wissenschaftlichen Werth erkenne ich – auf dem Felde der *Mathematik* – nur in concreten mathematischen

Wahrheiten, oder schärfer ausgedrückt, „nur in mathematischen Formeln". Diese allein sind, wie die Geschichte der Mathematik zeigt, das Unvergängliche. Die verschiedenen Theorien für die Grundlagen der Mathematik (so die von Lagrange) sind von der Zeit weggeweht, aber die Lagrangesche Resolvente ist geblieben! Mit herzlichen Grüßen, auch von meiner Frau, an Sie und die Ihrige sowie an Heines Ihr alter Freund

Kronecker.

7 | Georg Cantor an Leopold Kronecker

Friedrichroda, 24. Aug. 84

Hochverehrter Herr Professor!

Ihr gütiges Schreiben vom 21ten, für welches ich Ihnen vielmals danke, hat mich sehr froh gemacht, weil ich demselben entnehme, dass Sie in der freundlichsten Weise den Wünschen, welche ich in meinem Schreiben vom 18ten Ausdruck gegeben, entgegenkommen.

Ich freue mich zu hören, dass Sie in diesem Herbste bereits Ende September nach Berlin zurückzukehren beabsichtigen und ich hoffe hierdurch Gelegenheit zu finden, mit Ihnen dies und jenes Wissenschaftliche zu besprechen, wie es mich in früheren Jahren so oft beglückt und gefördert hat.

Lieb ist es mir zu hören, dass Sie das wesentlichste Ihrer Ansichten über streitige Puncte gelegentlich bekannt zu machen beabsichtigen.

Ich bin der Ansicht, dass der größte Theil dessen, was mich in den letzten Jahren wissenschaftlich beschäftigt hat und was ich unter der Bezeichnung Mengenlehre zusammenfasse, den Anforderungen, welche Sie an die „concrete" Mathematik stellen, nicht so sehr entgegensteht, wie Sie zu glauben scheinen. Es dürfte die nicht ganz übersichtliche Darstellung Schuld daran sein, dass von Ihnen das concret Mathematische in meinen Untersuchungen weniger bemerkt worden ist als das andere, namentlich der philosophische Inhalt.

Es sind bestimmte, und, wie ich glaube, echt mathematische Fragen, die sich mir an den sogenannten Punctmengen ergeben haben, die ich zum Theil gelöst und die mich zum weitaus größten Theile noch beschäftigen. Sie stehen in innigstem Zusammenhang mit der Functionentheorie und wie ich glaube mit der Zahlentheorie. Worüber ich besonders gern ein Einverständnis mit Ihnen erzielen möchte, ist das, was ich die transfiniten Zahlen der zweiten Zahlenclasse genannt habe.

Es sind dies Begriffe resp. Zeichen oder Charactere, welche ich zur *Characteristik* von Punctmengen *unentbehrlich* brauche. Meine Ansicht, dass diese Begriffe als *Zahlen* aufzufassen sind, gründet sich auf die concrete Bestimmtheit ihrer Beziehungen untereinander, und weil sie unter gleichem

Gesichtspunct mit den gewöhnlichen endlichen Zahlen aufgefasst werden können. Ich habe schon seit längerer Zeit eine Begründung dieser Zahlen, welche etwas verschieden ist von der in meinen Arbeiten schriftlich gegebenen, und die Ihnen sicherlich mehr zusagen wird.

Ich gehe von dem Begriff einer „wohlgeordneten Menge" aus, nenne wohlgeordnete Mengen von *gleichem Typus* (oder gleicher Anzahl) solche, die sich unter *Wahrung der beiderseitigen Rangfolge* ihrer Elemente gegenseitig eindeutig aufeinander beziehen lassen und verstehe nun unter Zahl das Zeichen oder den Begriff für einen *bestimmten Typus* wohlgeordneter Mengen. Beschränkt man sich auf die *endlichen* Mengen, so erhält man auf diese Weise die endlichen ganzen Zahlen. Geht man aber dazu über, die sämtlichen Typen wohlgeordneter Mengen der *ersten* Mächtigkeit zu übersehen, so kommt man mit Nothwendigkeit zu den transfiniten Zahlen der zweiten Zahlenclasse und durch diese zur *zweiten* Mächtigkeit. Es würde mir lieb sein, Ihnen dies alles ausführlich darstellen zu können, weil ich überzeugt bin, dass Ihnen alsdann die concret mathematische Seite der Sache nicht entgehen würde. Dies wäre mir umso erwünschter, als ich in diesem Gebiet so manche Frage noch ungelöst sehe, zu deren Beantwortung meiner Ansicht nach Ihre mathematische Ueberlegenheit erforderlich wäre.

Für heute schließe ich mit nochmals aufrichtigem Danke

G. Cantor.

8 | Georg Cantor an Gösta Mittag-Leffler

Friedrichroda, 26. Aug. 84

Mein theuerster Freund!

Ich schicke beifolgend Ihnen vertraulich den Brief von K. [1]) zur Ansicht, sowie mein Antwortschreiben an ihn [2]). –

Ich möchte nicht, dass Sie glauben, ich würde mich demüthigen, es handelt sich mir nur um Wiederherstellung der früheren herzlichen persönlichen Beziehungen, die nicht ohne meine eigene Schuld gelockert waren. Ich bin herzlich froh, dass ich den ersten Schritt zu dieser Annäherung gethan habe.

Kr. und Kummer sind, wie Sie aus seinem Brief deutlich sehen, in einen sehr einseitigen, ich möchte fast sagen *primitiven* Standpunct bei Beurtheilung der Mathematik hinein gerathen und *ich halte Alles aufrecht*, was ich *Sachliches gegen diesen Standpunct in meinen „Grundlagen" gesagt habe*.

Und nun genug hiervon!

Ich bin jetzt im Besitz eines höchst einfachen Beweises für den wichtigsten Satz der Mengenlehre, dass das Continuum die Mächtigkeit der Zahlenclasse II hat.

Ich zeige zuerst, dass es *abgeschlossene Punct-Mengen* der *zweiten* Mächtigkeit giebt.

Sei P eine solche. Nach bekanntem Satze zerfällt P in eine perfecte Menge S und eine Menge R der ersten Mächtigkeit. S als *Theilmenge* von P kann keine höhere Mächtigkeit haben als P; S hat also (da perfecte Mengen nicht von der *ersten* Mächt. sein können) die *zweite* Mächtigkeit.

Jede perfecte Menge hat aber die Mächtigkeit des Continuums. Folglich hat auch das Continuum die *zweite* Mächtigkeit.

---

[1]) Kronecker.
[2]) Brief Nr. 7.

Sie sehen also, es kommt Alles jetzt darauf hinaus, eine einzige *abgeschlossene* Menge zweiter Mächt. zu definiren. Wenn ich alles in Ordnung gebracht, schreibe ich Ihnen das Genauere.

In der Hoffnung, dass Sie und Ihre Frau Gemahlin, trotz Ihrer schweren Trauer, sich in gutem Wohlsein befinden

herzlich grüßend
Ihr ergebener Freund
G. Cantor

Ich befinde mich wieder vollkommen wohl.

9 | Georg Cantor an Gösta Mittag-Leffler

An Herrn Professor Mittag-Leffler in Stockholm.

Halle d. 20. Oct. 84

Mein lieber Freund.

Vielen Dank für die Abschrift der auf Ihre Arbeit sich beziehenden Stellen aus Hermite's Brief; Sie werden inzwischen eine Postkarte von mir erhalten haben, worin ich Ihnen schrieb, daß Sie wahrscheinlich vergessen hätten, diese versprochene Abschrift Ihrem Briefe vom 13./10. beizufügen. Es war mir außerordentlich interessant und werthvoll, von diesem großen franz. Mathematiker mit dessen eigenen Worten zu vernehmen, nach welchen allgemeinen Grundsätzen er sowohl wie seine talentvollsten Schüler den Fortschritt in der Mathematik, sei es durch eigene Arbeiten oder durch Anregung oder durch Anregung und Einfluß auf Andere, sei es in der Beurtheilung zeitgenössischer Bestrebungen oder Leistungen zu fördern und zu regeln suchen.

Das von ihm aufgestellte Princip, vom Einfacheren zum Zusammengesetzten, vom bereits in der Wissenschaft vorhandenen und Wohlbegründeten in stets durchsichtigen Betrachtungen, in geregeltem Schritt und ohne Sprünge zum Allgemeineren und zum Neuen überzugehen, halte ich für das *einzig Richtige* und ich schmeichle mir, bei allen meinen Untersuchungen, oder, wenn Sie wollen, Versuchen, diese Regel streng eingehalten zu haben, ja vielleicht strenger, als manche meiner deutschen oder französischen Collegen.

Bei einem genaueren Studium Ihrer ausgezeichneten letzten funktionentheoretischen Arbeit (Acta math. 4) dürfte sich selbst herausstellen, namentlich, wenn die vorangehende Berücksichtigung derjenigen von meinen Arbeiten nicht vermieden wird, auf die Sie sich als auf Bekannte stützen, daß auch Sie, entgegen dem Ihnen von Herrn Hermite gemachten Vorwurfe, sich keineswegs von dem Hermiteschen Grundsatze auch nur im Geringsten entfernt haben.

Für ebenso berechtigt wie den erwähnten Grundsatz halte ich aber auch die von Hermite vertretene Ansicht, daß in der deutschen Mathematik und namentlich auch von vielen der hervorragendsten deutschen Mathematiker, wie z. B. von Herrn Kronecker, dieser Grundsatz vielfach vernachlässigt und sogar mit voller Absichtlichkeit nicht befolgt wird und es gereicht der französischen Mathematik zum größten Ruhme, daß zu allen Zeiten ihre hervorragendsten Vertreter das Muster einer naturgemäßen einfachen, ungekünstelten und doch stylvollen Darstellung ihrer Entdeckungen und Untersuchungen gegeben haben, indem sie bemüht waren, ihren Gedankengang dem Publicum so klar wie möglich darzustellen, anstatt, wie es viele Deutsche zu thun pflegen, ihn zu cachiren und in ein mystisches Dunkel zu hüllen. Namentlich imponiren mir in dieser Beziehung Lagrange und Cauchy. Dagegen hat Gauss in seinen Darstellungen meistens den ursprünglichen, genuinen Gedankengang verlassen und verborgen gehalten [1]), was ihm Jacobi mit Recht zum Vorwurf macht. *Dirichlet* dagegen ist völlig anderer Natur in seinen großen Arbeiten, deren Herausgabe zum Schaden der Wissenschaft von den Berliner Herren Akademikern noch immer hinausgeschoben wird, obgleich nichts einfacher und leichter wäre, als Dirichlets verhältnismäßig wenigen, aber meisterhaft redigirten Abhandlungen zusammen drucken zu lassen.

Um auf Ihren liebenswürdigen Brief v. 13./10. zurückzukommen, so freut es mich, daß Sie meine Ansichten über Kronecker, Fuchs und Königsberger teilen. Es wäre im höchsten Grade zu beklagen, wenn Weierstrass, so wie Kummer durch gewisse Vorgänge, von denen ich Ihnen lieber mündlich erzählen werde, sich vor sechs Jahren veranlaßt gesehen hat, sein Secretariat in der Academie niederzulegen (was der größte Fehler gewesen ist; er hätte nicht das Feld räumen sollen; dies hat ihn auf eine schiefe Ebene gebracht, auf welcher es mit ihm immer mehr und zuletzt rapide bergab gegangen ist) ich sage, wenn Weierstraß zu frühe seine Thätigkeit in der Academie und seine *Stellung in der philos. Facultät der Universität Berlin* niederlegen würde. Damit will ich keineswegs sagen, dass er die ihm unbequemen Geschäfte, wie: größere Vorlesungen oder das Durchsehen von Doctorarbeiten, länger fortführen solle, als seine Neigungen es ihm gestatten; denn er hat durch seine vieljährige ausgezeichnete in vieler Hinsicht sogar großartige Vorlesungswirksamkeit ein gutes Recht darauf erworben, sich in dieser Hinsicht das Leben so leicht zu machen, als er es nur wünscht. Dagegen sollte er diese Thätigkeit *nicht ganz* aufgeben, sondern sie nur reduciren oder zum Mindesten pro forma dabei bleiben bis an sein Lebensende ...

Möchten doch diese Ansichten nachdrucksvoll von den Freunden des Herrn Weierstrass vertreten werden. Ich selbst stehe ihm dazu zu fern, er hat mich

---

[1]) *Abel* sagt von *Gauß:* „Er macht es wie der Fuchs, der seine Spuren im Sande mit dem Schwanz auslöscht", vgl. *Meschkowski: Denkweisen*, S. 56.

eines intimeren Verhältnisses nicht gewürdigt, als ich noch jünger war und jetzt, Sie werden mir darin Recht geben, wäre es zu spät, dies nachzuholen. Ich möchte noch hinzufügen, daß meiner Überzeugung nach Kronecker, er mag sich dies eingestehen oder nicht, *nichts erwünschter käme, als wenn W. so bald als möglich das Beispiel Kummers nachahmte;* denn dann wäre seine Macht in der Academie und in der Facultät *ganz schrankenlos.* Sie mögen dagegen einwerfen, dass ja jetzt Fuchs noch da ist und später vielleicht auch dessen Freund Königsberger in die Facultät und Academie eintreten wird; doch Kronecker ist auch ein Fuchs und zwar der schlauere und sogar klügere von beiden. Dass Kr. außerdem von einer großen persönlichen Liebenswürdigkeit ist, darin stimme ich ebenfalls mit Ihnen vollkommen überein...

10 | Georg Cantor an Gösta Mittag-Leffler

Halle, 16. Nov. 84

...

Ich will daher, und da der heutige Sonntag mir einige freie Stunden verschafft, Ihnen meine Ansichten über die *Constitution* der *Materie* in Kürze mittheilen.

Mit *Boscovich, Cauchy, Ampère, W. Weber, Faraday* und vielen Anderen halte ich die letzten Elemente für *ausdehnungslos*, also geometrisch gesprochen für rein *punctuell*; ich will gern für dieselben die üblichen Ausdrücke *Krafzentra* oder *materielle Puncte* acceptiren. Sie sehen, dass ich mich hierdurch von derjenigen *Atomistik* trenne, welche die letzten Elemente für noch *ausgedehnt*, jedoch durch *keinerlei Kräfte theilbar* hält; es ist die Ansicht, welche heute in der *Chemie durchgängig*, in der *Physik hauptsächlich* zu Grunde gelegt wird; ich will diese Form der *Atomistik* die *chemische Atomistik* nennen.

Trotzdem nun *jene* Autoren in der soeben bezeichneten Beziehung mit mir sich von der *chemischen Atomistik* unterscheiden, halten sie doch selbst eine andere Form der Atomistik aufrecht, welche ich vorübergehend, der Kürze halber, die *Punctatomistik* nennen will.

Ich bin aber genau genommen kein Anhänger der Punctatomistik, obgleich *für mich auch* die letzten Elemente unzerstörbare Kraftzentra sind; ich glaube sowohl die *chemische*, wie auch die Punctatomistik, letztere wenigstens in ihrer bisherigen Form, verwerfen zu müssen.

Nichstdestoweniger bin ich auch kein unbedingter Vertheidiger der Continuitätshypothese, wenigstens nicht in der vagen Form, in welcher sie bis jetzt von einigen Philosophen ausgebildet worden ist.

Ich glaube mit den *Punctatomisten*, dass für die Erklärung der *anorganischen* und *bis zu einer gewissen Grenze* auch der *organischen* Naturerscheinungen zwei *Classen von geschaffenen, und, nachdem sie geschaffen, selbständigen, unzerstörbaren, einfachen, ausdehnungslosen, kraftbegabten Elementen,* die ich auch *Atome* nennen will, gebraucht werden und ausreichend sind, die der ersten Classe will ich *Körperatome,* die der andern Classe will ich *Ätheratome* nennen.

Ich glaube aber auch ferner, und das ist der *erste* Punct, in welchem ich mich über die *Punctatomistik* erhebe, dass die *Gesammtheit* der *Körperatome* von der *ersten Mächtigkeit,* die *Gesammtheit* der *Ätheratome* von der *zweiten* Mächtigkeit ist und hierin besteht meine *erste Hypothese.*
...

Nur eines muß ich dem Obigen hinzufügen, worin zugleich ein *zweiter Unterschied* von der *Punctatomistik* zu bestehen scheint. Ich glaube, dass im Zustand des Gleichgewichts wegen der gegenseitigen Anziehung oder Abstoßung, welche die Elemente aufeinander ausüben, und wegen der unzähligen Grade dieser Anziehung, sowohl die *körperliche Materie für sich* stets nur in der Form einer *in sich dichten geometrischen homogenen Punctmenge* (erster Ordnung, resp. Mächtigkeit), wie auch der *Aether für sich* stets nur in der Form einer *in sich dichten geometrisch-homogenen* Punctmenge (erster und zweiter Ordnung, resp. Mächtigkeit) auftreten können.

11 | Briefbuch 1886, S. 63-66[1])

Wenn man sich über den Ursprung des weit verbreiteten Vorurtheils gegen das actual Unendliche, den „horror infiniti", in der Mathematik volle Rechenschaft geben will, muß man vor allem den Gegensatz scharf ins Auge fassen, der zwischen dem actualen und potenzialen Unendlichen besteht. Während das potenziale Unendliche nichts anderes bedeutet, als eine unbestimmte, immer endlich bleibende veränderliche Grösse, die Werthe anzunehmen hat, welche entweder kleiner werden als jede noch so kleine oder größer werden als jede noch so große endliche Grenze, bezieht sich das actuale Unendliche stets auf ein in sich festes, constantes Quantum, das grösser ist als jede endliche Grösse derselben Art. So stellt uns beispielsweise eine veränderliche Grösse x, die nacheinander die verschiedenen endlichen ganzen Zahlwerthe $1, 2, 3, \ldots, \gamma, \ldots$ anzunehmen hat, ein potenziales Unendliches vor, während die durch ein Gesetz begrifflich durchaus bestimmte Menge (γ) aller ganzen endlichen Zahlen γ das einfachste Beispiel eines actual unendlichen Quantums darbietet.

Die wesentliche Verschiedenheit, welche hiernach zwischen den Begriffen des potenzialen und actualen Unendlichen besteht, hat es merkwürdigerweise nicht verhindert, dass in der Entwicklung der neueren Mathematik mehrfach Verwechselungen beider Ideen vorgekommen sind, derart dass in Fällen, wo nur ein potenziales Unendliches vorliegt, fälschlich ein Actualunendliches angenommen wird oder dass umgekehrt Begriffe, welche nur vom Gesichtspuncte des actual Unendlichen einen Sinn haben, für ein potenziales Unendliches gehalten werden. Beide Arten der Verwechselung müssen als Irrtümer betrachtet werden. Der erstere tritt unter anderem dort auf, wo man, wie es z. B. Poisson (M. v. Traité de Mécanique, deux. ed. t. I, pag. 14) gethan hat, die sogenannte Differentiale als actualunendlich kleine Größen auffasst, obgleich sie nur die Deutung veränderlicher, belieb. klein anzunehmender Hülfsgrössen zulassen, wie schon von beiden Entdeckern der Infinitesimalrechnung, Leibniz und Newton, bestimmt ausgesprochen worden ist. Dieser Irrthum kann dank der Ausbildung der sogenannten *Grenzmethode*, an welcher die französischen Mathematiker unter Führung des grossen Cauchy

---

[1]) Diese Ausführungen sind offenbar nicht Bestandteil, vielleicht aber Anlage eines Briefes. Sie stehen zwischen zwei Briefen an Herrn E. Illigens in Beckum vom Juni 1886.

so ruhmvoll betheiligt sind, wohl als überwunden angesehen werden. Umsomehr scheint mir aber in der Gegenwart die Gefahr des anderen Fehlers zu drohen, welcher darin besteht, von dem Actualunendlichen nichts wissen zu wollen und es auch dort zu verläugnen, wo keine Möglichkeit vorhanden ist, ohne einen richtigen Gebrauch desselben den Dingen auf den Grund zu kommen. Hier ist in erster Linie die Theorie der irrationalen Zahlgrössen anzuführen, deren Begründung ohne Heranziehung des A. U. in irgend einer Form nicht ausführbar ist. Dass diese Heranziehung auf mehreren Wegen geschehen kann, findet sich in § 9 der „Grundlagen" kurz auseinandergesetzt. Ich habe mich dazu schon frühe (Math. Ann. Bd 5, p. 123) besonderer actual unendlicher Mengen von rationalen Zahlen bedient, welche ich *Fundamentalreihen* nenne. Herr E. Heine ist mir darin gefolgt (Borch. J. Bd 74, p. 172); seine Abweichungen beziehen sich nur auf die Ausdrucksweise, in der Sache stimmt er mit mir ganz überein.

Ich erwähne den wunderlichen, meines Erachtens rückschrittlichen Versuch des Herrn Molk (Acta mathem. t. VI), die irrationalen Zahlen gänzlich aus dem Gebiet der höheren Arithmetik zu vertreiben. Andere gehen noch weiter und wollen diese Zahlen auch in der Functionentheorie nicht dulden; es bleibt abzuwarten, welchen Erfolg diese Bestrebungen haben werden.

Man kann aber noch an einem andern Gegenstand das Vorkommen des Actualunendlichen und seine Unentbehrlichkeit nicht nur in der Analysis, sondern auch in der Zahlentheorie und der Algebra unwiderleglich darthun.

Unterliegt es nämlich keinem Zweifel, daß wir die veränderlichen Grössen im Sinne des potenzialen Unendlichen nicht mißen können, so lässt sich daraus auch die Nothwendigkeit des actualen Unendlichen folgendermaßen beweisen. Damit eine veränderliche Grösse in einer mathematischen Betrachtung verwerthbar sei, muss strenggenommen das „Gebiet" ihrer Veränderlichkeit durch eine Definition vorher bekannt sein [1]; dieses „Gebiet" kann aber nicht selbst wieder etwas Veränderliches sein, da sonst die feste Unterlage der Betrachtung fehlen würde; dieses „Gebiet" von Werthen ist also eine bestimmte actual unendliche Menge.

So setzt jedes potenzial Unendliche, soll es streng mathematisch verwendbar sein, ein actual Unendliches voraus. Diese „Gebiete der Veränderlichkeit" sind die eigentlichen Grundlagen der Analysis und der höheren Arithmetik, und sie verdienen es daher in hohem Grade, selbst zum Gegenstand der Untersuchungen genommen zu werden, wie dies von mir in der „Mengenlehre" (théorie des ensembles) geschehen ist. Hat aber solchermaßen das Actual unendliche in der Form actualunendlicher Mengen sein Bürgerrecht

---

[1] Diese Argumentation findet sich schon bei *Gutberlet*; vgl. S. 64.

in der Mathematik geltend gemacht, so ist die Forderung eine unabweisliche geworden, auch den actualunendlichen Zahlbegriff durch geeignete, naturgemäße Abstractionen auszubilden, ähnlich wie die endlichen Zahlbegriffe, das Material der bisherigen Arithmetik, durch Abstraction aus endlichen Mengen gewonnen worden sind. Dieser Gedankengang hat mich auf die transfinite Zahlenlehre geführt, deren Anfänge sich in den „Grundlagen einer allgemeinen Mannigfaltigkeitslehre" vorfinden.

12 | Georg Cantor an Franz Goldscheider

Halle, 13. Mai 1887

Herrn Gymnasiallehrer F. Goldscheider in Berlin.

Mein lieber Herr Goldscheider,

Sehr erfreulich wäre es mir, wenn es Ihnen möglich werden sollte, mich in Ihren Sommerferien zu besuchen, wenn auch nur auf einige Tage. Sobald Ihre Ausarbeitung der Elemente der Theorie der transfiniten Zahlen 2ter Zahlklasse auch formell ins Reine gebracht ist, schicken Sie mir dieselbe; ich will dann sehen, dafür hier einen Verleger zu finden, so daß ihre Arbeit möglicherweise noch in diesem Sommer gedruckt werden könnte. Wenn Sie es wünschen, könnten Sie damit Ihre Promotion verbinden, die Ihnen nicht die mindesten Mühen machen soll; doch bitte ich über diesen Plan noch mit niemand anders zu reden.

Was die Ihnen genannte Arbeit von Aurelius Adeodatus anbetrifft, so bedeutet meine Empfehlung nicht, daß ich in allen Puncten die Ansichten des Verfassers (der Protestant und Philosophieprofessor an einer süddeutschen Universität sein *soll*; sein wirklicher Namen lautet anders; hier tritt er pseudonym auf) unbedingt theile; sondern seine Kritik der neueren Philosophie in ihrer Verbindung mit der sogenannten „Cultur" und dem Protestantismus erscheint mir in den meisten Puncten ausserordentlich zutreffend und andererseits gehöre ich auch nicht zu denen, welche die philosophische Bedeutung des S. Thomas Aquin für die christliche Philosophie (also nicht bloss für die Katholische Philosophie) verkennen; aus diesen beiden Gründen hat mich die Schrift von Aurelius Adeodatus [1]) sehr interessirt.

Was die actual unendlich kleinen Größen betrifft, so werden Sie an mehreren Stellen meiner Schriften die Ansicht ausgesprochen finden, dass dies unmög-

---

[1]) Genauer Titel: Adeodatus, Aurelius. Die Philosophie und Cultur der Neuzeit und die Philosophie des heiligen Thomas von Aquino. (1. Vereinsschrift der Görres-Gesellschaft für 1887.) Köln 1887.
Als Verfasser kann man *Graf Hertling* vermuten (damals Philosophie-Ordinarius in München).

liche (d. h. in sich widersprechende) Gedankendinge oder vielmehr Ausgeburten phantastischer Denkart sind. Ich bin jedoch erst in diesem Winter dazugekommen, meine darauf bezüglichen Ideen in die Gestalt eines förmlichen durchaus strengen Beweises zu bringen.

Darnach besteht der Satz:

Von Null verschiedene lineare Zahlgrössen ξ, welche kleiner als jede noch so kleine *endliche* Zahlgrösse wären, giebt es nicht.

Der Beweis wird *mit Hilfe* der transfiniten ganzen Zahlen geführt, und der Gedankengang ist dabei dieser: man geht von der *Voraussetzung* aus, dass die *lineare* Größe ξ so klein ist, dass ihr n-faches:

$$\xi \cdot n$$

für *jede endliche ganze Zahl n kleiner ist, als Eins und beweist nun aus dem Begriff der linearen Grösse, daß alsdann auch*:

$$\xi \cdot \nu$$

kleiner ist, als jede noch so kleine endliche Grösse, wenn ν irgendeine noch so grosse transfinite Zahl aus *irgendeiner noch so hohen Zahlenclasse* bedeutet.

Das heißt aber doch, daß ξ *durch keine noch so kräftige unendliche* Vervielfachung endlich gemacht werden, also auch nicht „*Element"* endlicher Grössen sein kann. Somit widerspricht die gemachte Voraussetzung dem *Begriff* linearer Größen. *Schreiben Sie mir gefälligst, ob dies auch Ihnen einleuchtend erscheint.*

Es scheint mir dies eine wichtige Anwendung der transfiniten Zahlenlehre zu sein, ein Resultat, welches *uralte, weitverbreitete* Vorurtheile über den Haufen zu stoßen befähigt ist.

Es ist also, wie Sie richtig ahnen, die *Thatsache* der *actualunendlich* großen Zahlen *so wenig* ein Grund für die Existenz *actual-unendlich kleiner Zahlen, daß vielmehr gerade mit Hilfe der ersteren die Unmöglichkeit des letzteren bewiesen wird.*

Ich glaube auch nicht, daß man, dieses Resultat auf anderem Wege *voll und streng* zu erreichen im Stande ist. Herrn *Weierstrass*, den ich bei einem kurzen Berliner Ferienbesuche, Ende April, flüchtig sprach, habe ich das Factum dieses Satzes mitgeteilt; er schien sehr frappirt, glaubte aber dann, daß man ihn auch ohne transfinite Zahlenlehre beweisen könne. Ich hatte nicht Zeit, ihm ausführlich die Sache zu erklären.

Das Bedürfnis, welchem dieser Satz genügt, ist besonders einleuchtend *gegenüber neusten Versuchen* von *P. du Bois-Reymond* und *O. Stolz* (*M. v. Stolz,*

Vorlesungen über allgemeine Arithmetik, Leipzig 1885, bei Teubner, 1ter Theil pag. 65 und pag. 205), die Bereinigung actual unendlichkleiner Größen aus dem sogenannten *Archimedischen Axiom* abzuleiten.

Archimedes scheint nämlich zuerst darauf aufmerksam geworden zu sein, daß der in den *Euclidischen Elementen* gebrauchte Satz (M. v. auch Eucl. Lib. V, defin. 4; insbesondere: Eucl. Elem., Lib. X, prop. 1), wonach aus jeder noch so kleinen begrenzten Strecke durch *endliche* Vervielfachung *endliche* Strecken von beliebig grosser Grösse erzeugt werden können, eines Beweises entbehre und er glaubte darum, daß dieser Satz als „Annahme" ($\lambda\alpha\mu\beta\alpha\nu o\mu\varepsilon\nu o\nu$) anzusehen sei (M. v. *Archimedes* de sphaera et cylindro I postul. 5 und die Vorrede zur Schrift: De quadratura parabolae).

Nun ist der Gedankengang jener Autoren (D. Stolz etc.) der, daß, wenn man dieses „Axiom" fallen läßt, daraus ein Recht auf *actualunendlichkleine* Grössen hervorgeht.

Aber aus *jenem von mir bewiesenen Satze* folgt, wenn er auf geradlinige Strecken angewandt wird, unmittelbar die *Nothwendigkeit* der Euclichichen [1]) Annahme. *Also ist das sogenannte „Archimedische Axiom" gar kein Axiom", sondern ein aus dem linearen Grössenbegriff mit apodictischem Zwang folgender Satz.*

Freundlichst grüßend Ihr

ergebenster

Georg Cantor

---

[1]) Bei Cantor verschrieben.

13 | Hermann Amandus Schwarz an Carl Weierstraß

Göttingen, Weender Chaussee 17 A,
den 17 ten Oktober 1887.

Hochverehrter Herr Professor!
Für die freundliche Aufnahme, die Sie mir auch während meiner diesmaligen Anwesenheit in Berlin haben zu Theil werden lassen, spreche ich Ihnen meinen herzlichen Dank aus. In Halle bin ich mit meiner Frau nur wenig länger als einen vollen Tag geblieben und doch ereignete sich das kaum Glaubliche, daß G. C. auf der Straße mir begegnete, als ich eben auf dem Wege zu Wangerin war, an mich herantrat, ehe ich ihn noch erkannt hatte, mir die Hand reichte und den Wunsch aussprach, mit mir zu einer Verständigung und Versöhnung zu gelangen. Das Unrecht, welches er mir und Ihnen gegenüber begangen, gestand er ein. Er befürchtete, es sei meine Reise über Halle aus dem Grunde erfolgt, um Frau Professor Heine über die Angelegenheit aufzuklären; er befürchtete ferner, von seiner eigenen Frau, der er kein Wort über die Entzweiung mit mir mitgetheilt habe, Vorwürfe zu bekommen, wenn dieselbe, die jetzt in Berlin sich aufhalte, von Lampe und Henoch etwas über die Angelegenheit erfahre. Da ich die ganze Angelegenheit schon seit Monaten aus dem pathologischen Gesichtspunkte betrachtet hatte und darin noch durch das, was mir Lampe erzählt hatte, sowie durch Ihre Mittheilung bestärkt worden war, konnte ich die Erklärung abgeben, daß die Art, wie mir C. jetzt in Halle entgegengekommen sei, sehr viel Versöhnendes habe und daß ich keinen Groll weiter hege. Das entspricht auch völlig der Wahrheit. Heute erhielt ich durch die Post einen Separatabdruck der „Mittheilungen zur Lehre vom Transfiniten", mit der handschriftlichen Widmung:
H. A. Schwarz in Erinnerung an die alte Freundschaft zugeeignet vom Verf.
Nachdem ich so Gelegenheit erhalten habe, diesen Aufsatz mit Muße anzusehen, kann ich nicht verhehlen, daß mir derselbe als eine krankhafte Verirrung erscheint. Was haben denn in aller Welt die Kirchenväter mit den Irrationalzahlen zu thun?! Möchte sich doch die Befürchtung nicht bewahrheiten, daß unser Patient auf derselben schiefen Ebene angelangt sei, von

der der unglückliche Zöllner [1]) den Rückweg zur Beschäftigung mit concreten wissenschaftlichen Aufgaben nicht mehr gefunden hat! Je mehr ich über diese beiden Fälle nachdenke, umso mehr drängen sich mir die ähnlichen Symptome auf – – . Möchte es doch gelingen, den unglücklichen jungen Mann zu Beschäftigung mit concreten Aufgaben zurückzuführen, sonst nimmt es mit demselben gewiß kein gutes Ende!
...

---

[1]) *Zöllner*, Johann Karl *Friedrich*, Astrophysiker, 1834–1882. Seit 1872 o. Professor der Astrophysik; konstruierte ein weit verbreitetes Astrophotometer, erweiterte die elektrodynamische Theorie W. Webers und *befaßte sich später eingehend mit philosophischen Studien und wurde überzeugter Anhänger des Spiritismus.*

14 | Georg Cantor an Pater Ignatius Jeiler

Halle a. d. S. 13ten Oct. 1895

Hochverehrter Pater Ign. Jeiler Ord. S. Franc.

Ihr freundliches Schreiben v. 3ten Oct. und das schöne Bild des heil. Bonaventura, welches ich bereits habe einrahmen laßen und das seinen Platz neben dem Bilde des S. Thomas Aquin. (Kupferstich der Leon. Ausgabe seiner Werke) finden wird, habe ich erhalten. Für Alles herzlichen Dank!

Die 3 Bände von Casanova's Curs. phil. [1]) habe ich mir kommen laßen. Es interessirt mich sehr, das in Ihrem Orden herrschende philos. System, im Vergleich mit denjenigen der Dominikanern und Jesuiten kennen zu lernen; die Abweichungen in gewissen, außerhalb des christlichen Dogma's stehenden Fragen sind mir besonders intereßant. In der Ablehnung der „scientia media" gehen Sie, wie ich sehe, mit dem Predigerorden zusammen. Andererseits haben Sie gegen letzteren sowohl, wie gegen die Soc. Jesu vielfach den Doctor subtilis zu vertheidigen.

Sie werden inzwischen die Nr. 1 einer Abhandl. von mir erhalten haben, „Beiträge zur Begründung der transfiniten Mengenlehre", welche sich in erster Linie an das mathem. Publicum wendet, aber auch philos. Gebildeten der Hauptsache nach verständlich sein dürfte. Voraussetzungen an mathem. Kenntnißen werden darin im Grunde gar keine gemacht.

Gestatten Sie mir bei dieser Gelegenheit auf Ihren werthen Brief v. 22ten Juni 1890 zurückzukommen, in welchem Sie schreiben:

> „Um scholastisch zu reden: was weiterer Vermehrung fähig ist, ist *in potentia* zu diesem weiteren actus, also ein *potentielles;* fällt also unter diesen Begriff. Ihr transfinitum könnte also hiernach nur eine *Unterabtheilung* des gewöhnlich gelehrten *potentiellen* Infiniten sein. *Mir* würde es nicht schwer fallen anzunehmen, daß die Mathematik eine solche *wesentliche* Unterabtheilung nachweisen könnte."

Hierauf erlaube ich mir Folgendes zu erwidern.

---

[1]) Genauer Titel: Casanova, Gabriel: Cursus philosophicus ad mentem D. Bonaventurae et Scoti. 3 Bde. Madrid 1894.

Wenn ich vom „Transfiniten" handle, so ist das Absolut-unendliche nicht gemeint, welches als actus purus und ens simplicissimum weder einer Vermehrung noch einer Verminderung fähig ist und nur in Deo, oder vielmehr *als* Deus opt. maximus existirt.

Das Unendliche, um welches sich in meinen Untersuchungen handelt, ist vielmehr folgendes: (M. v. zum Beispiel Conimbricenses, Phys. lib. III cap. VIII, quaest. 1, art. 1) [1])

> Infinitum categorematicum, id est, quod actu constat infinitis partibus [2]), aequalibus uni certae [3]), non communicantibus inter se, simulque existentibus. Hoc est, quod transfinitum dico.

Die Resultate, zu denen ich gelangt bin, sind diese:

Ein solches Transfinitum, sowohl wenn es in concreto, wie auch in abstracto gedacht wird, ist widerspruchsfrei, also möglich und von Gott erschaffbar, so gut wie ein Finitum.

Das Transfinitum ist der mannigfaltigsten Formationen, Specificationen und Individuationen fähig.

Im Besonderen gibt es transfinite Cardinalzahlen und transfinite Ordnungstypen, die eine ebenso bestimmte, vom Menschen erforschbare mathematische Gesetzmäßigkeit haben, wie die endlichen Zahlen und Formen.

Alle diese besonderen Modi des Transfiniten existiren von Ewigkeit her als Ideen in intellectu divino.

So wenig wie es im Gebiet des Endlichen ein Maximum giebt, ebenso wenig giebt es im Transfiniten einen Modus, der nicht von anderen transfiniten modis umspannt würde, gegen welche er sich nur als „Theil" verhält.

Wenn Sie diese Tatsache so ausdrücken, daß Sie sagen: „jedes Transfinite ist in potentia zu einem weiteren actus und insofern ein potenzielles", so ist nichts dagegen einzuwenden. Denn actus purus ist nur Gott; dagegen jedes Creatürliche, in dem von Ihnen gebrauchten Sinne, „in potentia zu einem weiteren actus sich befindet."

Dennoch kann das Transfinite nicht als eine Unterabtheilung dessen angesehen werden, was man gewöhnlich „potentielles Unendliches" nennt. Denn letzteres ist *nicht* (wie jedes individuelle Transfinite und allgemein wie

---

[1]) Gemeint sind die „Commentarii Collegii Conimbricenses Societatis Jesu" zu Aristoteles. 5 Bde. Coimbra 1592–1606, deren erster Band (Physica) von Manuel de Góis stammt.

[2]) id est, partibus, quarum multitudo numerum finitum qualemcunque non aequat.

[3]) id est, quae (pars) determinatum mensuram habet.

jedes Ding, das einer „idea divina" entspricht) *in sich bestimmt, fest* und *unveränderlich*, sondern ein *in Veränderung Begriffenes Endliches*, das also in jedem seiner actuellen Zustände eine *endliche Größe* hat; wie beispielsweise die vom Weltanfang verflossene *Zeitdauer*, welche, wenn man sie auf irgend eine Zeiteinheit, z. B. ein Jahr, bezieht, in jedem Augenblick *endlich* ist, aber *immerzu über alle endlichen Grenzen hinaus wächst, ohne jemals wirklich unendlich groß zu werden.*

Vielleicht gelingt es mir, durch diese Erläuterung die letzten Bedenken gegen das Transfinite zu beseitigen, nicht nur bei Ihnen, sondern auch bei Anderen, welche sich für die Frage des Unendlichen interessiren! Doch bin ich sehr gern mit Freuden jederzeit bereit, jede ferner gewünschte Aufklärung über diesen Gegenstand zu versuchen.

                        Mit freundlichen Grüßen Ihr
                        hochachtungsvoll ergebenster
                        Georg Cantor.

15 | Georg Cantor an Pater Ignatius Jeiler

Halle 27^{ten}Oct. 1895

Hochverehrter Pater Ign. Jeiler.

Es freut mich sehr, aus Ihrem freundlichen Schreiben vom 20ten Oct. zu ersehen, daß jetzt Ihre Bedenken gegen das „Transfinitum" geschwunden sind. Gelegentlich will ich Ihnen aber einen kleinen Aufsatz verfaßen und zuschicken, in welchem ich in scholastischer Form detaillirt zeigen möchte, wie sich meine Resultate gegen die bekannten Argumente vertheidigen lassen [1]) und vor Allem, wie durch mein System die Grundlagen der christlichen Philosophie in allem Wesentlichen unverändert bleiben, nicht erschüttert, sondern vielmehr eher gefestigt werden, und wie sogar damit ihre Ausbildung nach verschiedenen Seiten gefördert werden kann. Gegenüber dem Ansturm von links und rechts ist der Nachweis der Fruchtbarkeit und Entwicklungsfähigkeit der „philosophia perennis", wie wir die christliche Philosophie wohl nennen können, ein dringendes Bedürfniß.

Sie sagen mit Recht, daß es eigentlich unbegreiflich ist, wie heutzutage „die Geister verwirrt sind und den hellsten Widerspruch mit sich selbst nicht einmal bemerken" und wie „der alte Weg, der den heil. Augustinus zu der Annahme einer idealen Welt zwang, auch jetzt noch vernichtend für alle Art der Skeptiker" sei.

Die Erscheinung hängt mit dem seit ein paar Jahrhunderten besonders stark eingerißenen Subjectivismus und Epikuräismus zusammen. Einer meiner Schüler, der seit zwanzig Jahren in Berlin Gymnasiallehrer und ein witziger Kopf ist [2]), drückt *die Sache* recht hübsch und drastisch mit den Worten aus: „Man läugnet die Existenz des Ackers, läßt sich aber die darauf wachsenden Kartoffeln wohl schmecken."

Ihr Confrater P. Stanislaus Kempmann, dem ich vor einigen Tagen auch ein Exemplar von N° 1 meiner laufenden Abhandlung zur transfiniten Mengenlehre geschickt, hat mir freundlichst geantwortet und die Übersendung seines Curs. phil. für die nächsten Tage in Aussicht gestellt.

---

[1]) Die angekündigte Arbeit findet sich nicht unter den Publikationen Cantors.
[2]) Offenbar ist *Franz Goldscheider* gemeint.

Vielleicht sind Sie bei Ihrer Nähe an Rom in der Lage, mir in einer andern wißenschaftlichen Angelegenheit mit Rath und That zu helfen.

In einer historischen Frage wäre es für mich von großer Bedeutung, über den handschriftlichen Nachlaß des Engländers *Sir Toby Matthew* (lebte 1577–1655) genaue Nachricht zu erhalten. Ueber diese Person findet sich Einiges in den „Records of the English Province of the Society of Jesus" by *Henry Foley*, London 1882, Vol. VII, pag. 493. 494.

Matthew erhielt 1614 in Rom aus den Händen des Cardinals Bellarmin die Priesterweihe, verbrachte seine letzten Jahre in dem englischen Jesuitencolleg in Gent (Holland) und vermachte, wenn ich mich nicht irre, seine Hinterlaßenschaft dem Orden. *Sicher ist, daß sein Testament „Will of Sir Toby Matthew" in dem englischen Kolleg zu Rom (Collect. Topog. et Geneal. V 87) sich befindet.*

Ich nehme an, daß an derselben Stelle wohl auch seine Manuskripte namentlich (was mich besonders interessirt) *die an ihn von Francis Bacon (Baron von Verulam, Viscount St Alban) geschriebenen Briefe sich entweder vorfinden, oder doch der Hinweis entdeckt werden kann, wo dieselben möglicherweise liegen.*

So wäre es mir denn sehr lieb, mit einer Persönlichkeit in Beziehung gesetzt zu werden, von welcher ich Auskunft über diese Sachen erhalten möchte.

Beifolgend erlaube ich mir, Ihnen eine Photographie von mir zu verehren und ich würde mich sehr freuen, wenn Sie mir dafür auch Ihr Bild schickten.

Mit herzlichem Gruße Ihr hochachtungsvollergebenster

Georg Cantor

16 | Georg Cantor an Charles Hermite

Herrn Prof. Charles Hermite in Paris

Halle 30ten Nov. 1895

Hochverehrter Herr College.

Empfangen Sie meinen herzlichsten Dank für die Empfehlung, welche Sie mir bei Herrn Delisle haben zu Theil werden laßen. –
...
Sie sagen sehr schön in Ihrem Briefe vom 27ten Nov.: „Les nombres (entiers) me semblent constituer comme un monde de réalités qui existent en dehors de nous avec la même caractère d'absolue nécessité que les réalités de la nature dont la connaissance nous est donnée par nos sens etc."

Gestatten Sie mir aber dazu zu bemerken, daß mir die Realität und absolute Gesetzmäßigkeit der ganzen Zahlen eine *viel stärkere* zu sein scheint als die der Sinnenwelt. Und daß es sich so verhält, hat einen einzigen, sehr einfachen Grund, nämlich diesen, daß die ganzen Zahlen sowohl getrennt wie auch in ihrer actual unendlichen Totalität als ewige Ideen in intellectu Divino im höchsten Grade der Realität existiren. Ich habe einen dem Ihrigen ähnlichen Gedanken im Jahre 1869 in meiner Habilitationsschrift „De transformatione formarum ternariarum quadraticarum (Halis Saxonum typis Hendeliis) ausgesprochen. Von den drei Thesen, welche ich bei dieser Gelegenheit öffentlich vertheidigte, heißt die dritte wörtlich wie folgt: „Numeros integros *simili modo atque corpora coelestia totum quoddam* legibus et relationibus compositum efficere."

Viel später habe ich gesehen, daß im wesentlichen derselbe Gedanke vom heil. Augustin in dem Werke De civitate Dei, lib. XII, cap. 19 (contra eos, qui dicunt ea, quae infinita sunt, nec Dei posse scientia comprehendi) vorkommt. Ich habe dieses ganze Capitel aus dem wundervollen Werke des heil. Kirchenvaters in einer Note meiner Schrift „Zur Lehre vom Transfiniten", Halle 1890, pag. 42 abgedruckt. Sie werden diese Schrift damals von mir erhalten haben! Andernfalls steht Ihnen ein Exemplar derselben zur Verfügung.

Sehr erfreut bin ich über das Interesse, mit welchem Sie meine Tabelle für den Goldbachschen Satz bis $2N = 1000$ aufgenommen haben. Was Sie über die wahrscheinliche Unbrauchbarkeit der Reihe $\sum_p \dfrac{1}{xp}$ (wo p alle ungeraden

Primzahlen 1, 3, 5, 7, ... durchläuft) sagen, leuchtet mir ein, denn ich wüßte nicht, wie diese Function von x durch uns bekannte Transzendenten auszudrücken oder ihre Eigenschaften sonstwie erkennbar wären. Es wird also nichts anderes übrig bleiben, und das war der Grund meiner Publication, als die zahlentheoretische Funktion $n = \psi(N)$ zu studieren, wo n die Anzahl der Lösungen der Gleichung $x + y = 2N$ bedeutet, wenn $x \leq y$ und x, y beide Primzahlen sein sollen. – In dieser Beziehung erlaube ich mir, Sie auf folgende Erscheinungen in meiner Tabelle aufmerksam zu machen.

Sucht man diejenigen Stellen, für welche $\psi(N)$ ein relatives Maximum wird, d. h. für welche

$$\psi(N-1) \leq \psi(N) \geq \psi(N+1)$$

so findet man, *von $N = 9$ an, ohne Ausnahme,* daß es diejenigen Stellen sind, für welche:

$N \equiv 0 \mod 3$

Sucht man ebenso diejenigen Stellen, für welche die Funktion $\psi(3N)$ ein relatives Maximum wird, so findet man, *ohne Ausnahme,* daß bei diesen $N \equiv 0 \mod 5$.

Sucht man ferner diejenigen Stellen, für welche die Function $\psi(3 \cdot 5 \cdot N)$ ein relatives Maximum wird, so findet man *ausnahmslos:*

$N \equiv 0 \mod 7$.

Vielleicht also gilt der Satz:

„Sind 3, 5, 7, 11, ... p alle ungeraden Primzahlen bis p und ist q die nächstgrößere Primzahl, setzt man das Product $3 \cdot 5 \cdot 7 \cdot \ldots p = P$, so sind die Stellen, für welche $\psi(P \cdot N)$ ein relatives Maximum wird, diejenigen, für welche:

$N \equiv 0 \pmod{q}$."

Aber ich wiederhole das „Vielleicht". Um ein sicheres Urtheil über die Richtigkeit dieses Satzes zu gewinnen, müßte die Tabelle mindestens bis $2N = 10\,000$ fortgeführt werden. Ich habe schon seit Jahren den großen Wunsch, sowohl nach Rom wie auch auf dem Rückwege nach Paris zu kommen, allein es fehlt mir dazu am Nöthigsten. Das Gehalt, welches ich von der Regierung bekomme, ist ein verhältnismäßig geringes, und meine 6 heranwachsenden Kinder, von denen das älteste im 21ten Jahre steht, brauchen mit jedem Jahre mehr zu ihrer Ausbildung.

Mit den herzlichsten Grüßen
Ihr hochachtungsvollst ergebener
G. Cantor

17 | Georg Cantor an P. Ignatius Jeiler

Halle a. d. S. 1ten März 1896

Sehr verehrter Pater Jeiler.
Herzlich freute es mich, aus Ihrem lieben Schreiben v. 25ten Febr. zu ersehen, daß Sie die „Confessio fidei Fr. Baconi" gründlich studiert und sie als das erkannt haben, was sie in der That und in Wahrheit ist, nämlich als ein *wunderbares, echt katholisches Glaubensbekenntnis,* niedergeschrieben von dem *größten Kryptokatholiken,* welcher in der seit dem Anfang des 16ten Jahr. über die Kirche verhängten Prüfungszeit erstanden ist.

Und wie steht dieser herrliche Mann bis jetzt *verkannt* da; *verläumdet* und *gefälscht* von protestantischer, aber leider auch von unkritischer *katholischer* Seite (bei letzterer überhaupt mit nur *sehr wenigen Ausnahmen*). Sie müssen wißen, daß *alle sogenannten* naturphilos. u. moralischen Schriften F. B's (von 1604 an) geschrieben sind *auf Grund* des lebendigen kath. Glaubens, wie er sich in jener „conf. fidei" ausgesprochen findet und daß sie *durchzogen* und *durchtränkt* sind von der echten, auf den heil. Schriften und der heil. Tradition beruhenden *katholischen Theologie,* wie sie dies auch in meiner „Praefatio" zum Theil ausgesprochen, zum Theil *vorsichtig angedeutet* finden. Im Grunde sind *alle* diese Schriften F. B's *in erster Linie theologisch, irenisch, henotisch; nur wer diesen Charakter derselben kennt, versteht sie!* Dazu kommt, dass er, *Francis Bacon,* der unvergleichliche Dichter der sogenannten „Shakespearedramen" ist.

Ich habe in Rom eine Enquête zur Prüfung *auch dieser Resultate* meiner langjährigen Forschung bei P. Ehrle, dem Präfekten der vatikanischen Bibliothek angeregt. Bis jetzt habe ich noch keine bestimmte Antwort darauf erhalten. Es heisst ja auch wohl ein altes Sprichwort: „Roma mora". Allein *das schadet nichts, ich habe Geduld* und für mich bleibt immer *Roma Amor!* Sollten Sie in dieser Zeit hinkommen, so würde es mir nur erwünscht sein, wenn Sie Monsignore Ehrle erzählten, daß Sie auch *in diesem Punkte* mein sehr lieber Vertrauter sind. Vielleicht können Sie mir dann berichten, wie meine Mitteilungen über diese Sache dort aufgenommen worden sind.

In treuer Freundschaft Ihr hochachtungsvoll ergebener
Georg Cantor

18 | Georg Cantor an Friedrich Loofs[1])

Der Brief ist (neben S. 272) als Foto wiedergegeben.

---

[1]) o. Prof. der Kirchengeschichte in Halle, Verf. von *Anti-Haeckel*, eine Replik nebst Beilagen. IV + 79 S., Niemeyer, Halle, 1900.

19 | Philip E. B. Jourdain an Georg Cantor

Little Close Yateley Hants, March 10, '04.

Dear Prof. Cantor

Would you be kind enough to give me permission to publish (in an article which I am writing in the „Philosophical Magazine") the letter which you wrote me on November 4th, 1903 on the conception of an *inconsistent* manifold.

I should like to do so because your conception (that of our not being able to think of it as a whole) seems to me to supply the need one feels of forming some idea of an inconsistent manifold, apart form that given in the logical definition, which latter can be at once transferred into the symbolism of M. Peano. This logical definition is:

> Let M be *any* aggregate. Then „M is a consistent aggregate" means that there is no part of M which is equivalent to an aggregate W, the aggregate W being thus defined:
>
> W ist the aggregate such that every segment (Abschnitt) of it is well-ordered.
>
> (2) If N is any well-ordered aggregate, then either $N \simeq$ some segment of W, or $N \simeq W$.
>
> It follows that $W \simeq \mathfrak{W}$, were $\mathfrak{W}$ is the aggregate of all ordinal numbers $1, 2, \ldots, \omega, \ldots$

I hope you have received the papers from the Phil. Mag. I have sent you.

Yours sincerely
Philip E. B. Jourdain

20 | Ernst Zermelo an Georg Cantor

Göttingen, d. 24. 7. 08

Sehr geehrter Herr Geheimrat!

Haben Sie vielen Dank für Ihren liebenswürdigen Brief und entschuldigen Sie nur, daß ich erst jetzt dazu komme, Ihnen zu antworten. Natürlich würde es uns alle außerordentlich freuen, wenn Sie uns demnächst, etwa auf der Durchreise, Gelegenheit geben wollten, Sie wiederzusehen und Ihre Meinung über die gegenwärtigen Fragen der Wissenschaft zu hören. Wenn ich das nächste Mal zu meinen Geschwistern nach Berlin fahre, wie ich es jedenfalls in diesen Herbstferien noch zu tun gedenke, so werde ich gewiß nicht verfehlen, meinen Weg über Halle zu nehmen und Sie dort aufzusuchen. An dem römischen Congreß haben Sie wohl nicht viel verloren, zumal der sonst so bezaubernde Aufenthalt in der ewigen Stadt durch das damals ganz besonders abscheuliche Wetter vielen sehr verleidet wurde. Die Veranstaltungen waren auch meistens so getroffen, daß es kaum möglich war, interessante Persönlichkeiten kennen zu lernen. Nur die Herren Peano und Russell, welche beide sehr liebenswürdig waren, habe ich etwas ausführlicher sprechen können; dagegen gelang es mir nicht, Herrn Hadamard, den ich gern kennen gelernt hätte, vorgestellt zu werden. Daß Poincaré sich überhaupt nicht blicken ließ und auch seinen eigenen Vortrag von einem anderen ablesen ließ, entspricht ja nur seiner Gewohnheit. Auch mit der Ausarbeitung des Vortrages scheint er sich sehr wenig Mühe gegeben zu haben; das wird außerhalb seiner nächsten Freunde allgemein zugegeben. So hat man auch seine nicht gerade sehr geistvollen Aperçus über den „Cantorismus", die mir übrigens mehr einem Rückzuge als einem Angriff zu gleichen schienen, wohl nirgends sehr ernst genommen.

Auch Borels inhaltsloser Sektions-Vortrag ging völlig eindruckslos vorüber, niemand fühlte sich zu einer Diskussion veranlaßt, so angreifbar seine Behauptungen auch waren. Ich selbst habe mir vorgenommen, in etwaigen weiteren Arbeiten über die Mengenlehre solche Angriffe wie die Borel'schen überhaupt zu ignorieren. Es war wirklich sehr schade, daß Geh. Hilbert nicht zugegen war, um die moderne Richtung der deutschen Wissenschaft, die hier nur etwas einseitig durch Gordan und Noether vertreten schien, der satten

Pariser funktiontheoretischen Orthodoxie gegenüber zur Geltung zu bringen. Aber auf solchen Congressen wird ja doch die Wissenschaft nicht gemacht, und alle gegenwärtig in der Produktion tätigen Mathematiker wissen sehr wohl, was sie der Mengenlehre verdanken und daß sie ihrer nirgends entraten können, wie dies noch neuerdings erst z. B. Lebesgue fast gegen seinen eigenen Willen durch eine schöne Anwendung des Wohlordnungssatzes zum Ausdruck gebracht hat. Mein eigener Congreßvortrag, der die mengentheoretischen Grundlagen der Arithmetik behandelt, schließt mit einer scharfen Pointe gegen die Poincarésche Skepsis und wird nun hoffentlich auch bald erscheinen. Einen (französisch geschriebenen) Artikel gleichen Inhaltes für die „Acta" habe ich gerade in Correctur.

An der Naturforscher-Versammlung in Köln gedenke ich, wenn irgend möglich, gleichfalls teilzunehmen und würde mit besonders freuen auch Sie dort begrüßen zu können.

Wird es Ihnen möglich sein, hinzukommen?

          Mit herzlichem Gruß
          Ihr sehr ergebener
          E. Zermelo

Göttingen, Hainholzweg 46

21 | Georg Cantor an Hermann A. Schwarz

Tannenfeld bei Nöbdenitz (Sachsen-Altenburg), 22. Jan. 1913.

An Herrn Geh. Regierungrat Prof. Dr. Herm. Amandus Schwarz
Mitglied der Kgl. Preuß. Akademie d. Wiss.
in Berlin-(Grunewald)

Lieber alter Freund

Am 25. Jan. d. J. vollendest Du Dein 70 stes Lebensjahr, hoffentlich in guter Gesundheit. Ich rufe Dir zu diesem Freudentage ein herzliches „Ad multos annos" zu und beglückwünsche auch Deine sehr verehrte Frau und Deine Kinder zu diesem Feste.

Wir waren durch eine längere Reihe von Jahren entfremdet. Allein ich hatte vor ein paar Jahren das Glück, mich mit Dir bei Gelegenheit eines Besuches in Berlin *vollkommen wieder auszusöhnen*. Unsere Freundschaft ist daher wieder die alte und ich hoffe, daß wir im Herbst dieses Jahres das *goldene Jubiläum* meines Eintritts in den Freundeskreis: Lampe, Thomé, Schwarz, Berner, Mertens, Max Simon, Biermann etc etc zusammen verleben werden. Die Verdienste, welche Du Dir um die Cauchy-Abel-Jacobi-Weierstraß-Riemannsche Functionentheorie und auch um die neuere Poncelet-Steiner-Salmonsche Geometrie erworben hast, werden in unserer Wissenschaft nie vergessen werden.

Was mich persönlich betrifft, so danke ich es Dir, daß ich zu Ostern 1869 als Dein Nachfolger in Halle eingetreten bin in die akademische Laufbahn und dadurch in die Lage kam, die mir eigenthümliche *Mengenlehre* im Zusammenhang mit der übrigen Mathematik unter schwierigen Kämpfen gegen alle Vorurtheile wider das „actual Unendliche" in die Wissenschaft siegreich einzuführen. Die *wichtigsten Theile* meiner betreffenden Arbeiten habe ich, durch eigenartig-widrige Verhältniße, bisher nicht publiciren können. *Ich hoffe, daß mir dies bald vergönnt sein wird*. Dann wird sich zeigen, daß *Poincarés* und *Königs* Angriffe gegen die Mengenlehre unsinnig sind.

Mit herzlichen Grüßen Dein Georg Cantor

22 | Edmund Landau an Frau Vally Cantor

Göttingen, 8. 1. 18

Sehr verehrte Frau Cantor!

Mit tiefem Schmerz erfahre ich, daß Ihr Mann gestorben ist. Ihre Trauer teilt die ganze mathematische Welt. Er gehörte zu den größten und genialsten Mathematikern aller Länder und aller Zeiten. Die nicht allmählich entstandene, sondern seinem Kopf entsprungene Mengenlehre befruchtet jetzt – nachdem kurzsichtige und auch übelwollende Altersgenossen des Entschlafenen sie zuerst nicht haben verstehen können oder wollen – die gesamte mathematische Forschung. Unsereiner hat sie ja von Jugend auf mit den Elementen der Wissenschaft schon zu lernen das Glück gehabt und damit Verehrung, Liebe und Dankbarkeit für ihren Schöpfer. Ich persönlich habe in ihm stets einen gütigen und verständnisvollen Förderer meiner Bestrebungen gehabt, so oft ich mündlich oder schriftlich mich an ihn wenden durfte. Und unvergeßlich wird mir die schöne Feier des 70ten Geburtstages in Ihrem gastlichen Hause sein. Es war rührend, wie sich der große Mann, der doch seinen Wert in sich trug, über jeden Glückwunsch und jedes anerkennende Wort freute.

Seine Werke sind seit Jahrzehnten klassisch; er muß sehr jung gewesen sein, als er begann, sich seine Ideen über die „Mächtigkeiten" zu bilden, und das gesamte Problem vom „Kontinuum", das er nicht lösen konnte, ist noch immer in Dunkel gehüllt. Wer weiß, ob je ein Größerer kommen wird, der uns da weiter führt? Einstweilen muß man dankbar sein, daß der Menschheit ein Georg Cantor beschert war, aus dessen Werken die spätesten Generationen lernen werden. Nie wird ein Toter lebendiger bleiben.

Mit der Bitte auch Ihren Kindern mein Beileid auszusprechen

Ihr ganz ergebener
Edmund Landau

23 | Hans von Neumann an Ernst Zermelo

Budapest, den 15. VIII. 1923.

Sehr geehrter Herr Professor!

Ich erlaube mir die beiliegende Arbeit Ihnen zu übersenden. Ich bitte Sie dieselbe durch lesen zu wollen, und mir Ihre Ansicht darüber mit zu teilen.

Der Gegenstand derselben ist die Axiomatisierung der Mengenlehre. Die Anregung zu ihr verdanke ich ganz Ihrer Arbeit über die „Grundlagen der Mengenlehre".

Ich bin von der nur an den folgenden wesentlichen Stellen abgewichen:

1. Der Begriff der „definität" wird nicht explizit eingeführt. Aber die zulässigen Schemata zur bildung von Functionen und Mengen werden angegeben.

2. Das Fraenkelsche „Ersetzungsaxiom" wird hinzugenommen. Dieses ist (unter anderem) notwendig, um die Theorie der Ordnungszahlen aufstellen zu können.

3. „zu große" Mengen werden zugelassen, (z. B.: die Menge aller Mengen die sich nicht enthalten.)

Ich glaube, daß dies notwendig ist um das „Ersetzungsaxiom" formulieren zu können.

Um Paradoxien zu vermeiden, werden zwar alle („definiten") Mengen zugelassen, aber die „zu großen" für unfähig erklärt, *Elemente* von Mengen zu sein.

In den beiden ersten Teilen der Arbeit wird diese ganze Axiomatik auseinandergesetzt, und die Herleitung der Elemente der bekannten Mengenlehre durchgeführt.

Das geschieht, schon der klaren Auseinandersetzung der angewandten Methode wegen, ziemlich weitgehend und detaillirt. Da es sich größtenteils nur um die formalistische Herleitung bekannter Sätze handelt, mußte dabei viel triviales behandelt werden.

Neu sind (von einigen Kleinigkeiten abgesehen) in dieser Darstellung wohl nur die folgenden Punkte:

1. Die Theorie der Ordnungszahlen (zweiter Teil, zweites Kapitel).

   Es gelang mir die Ordnungszahlen auf Grund der Mengenlehre Axiome allein auf zu stellen. Die Grund Idee war die folgende:

   Jede Ordnungszahl ist die Menge aller vorhergehenden. So wird: (0 die 0 Menge)

   $0 = 0$,
   $1 = \{0\}$,
   $2 = \{0, \{0\}\}$,
   $3 = \{0, \{0\}, \{0, \{0\}\}\}$,
   ...
   $\omega = \{0, \{0\}, \{0, \{0\}\}, \{0, \{0\}, \{0, \{0\}\}\}, ...\}$,
   $\omega + 1 = \{0, \{0\}, \{0, \{0\}\}, ..., \{0, \{0\}, \{0, \{0\}\}, ...\}\}$,
   ...
   ...

   (Für die positiven endlichen Zahlen lautet also die Regel so:

   $x + 1 = x \dotplus \{x\}$.)

   Diese Theorie hat auch im Rahmen der „naiven Mengenlehre" Sinn. (Sie wird, naiv behandelt, demnächst in der Zeitschrift der Szegediner Universität erscheinen.)

2. Die Art der Einführung des Wohlordnungssatzes. (Axiom IV 2). Eines der Axiome, IV 2, bestimmt, wann eine Menge „zu groß" (d. h. unfähig Element zu sein) ist, und zwar folgendermaßen:

   Eine Menge ist dann und nur dann „zu groß", wenn sie der Menge aller Dinge aequivalent ist.

   Dieses Axiom umfaßt offenbar das „Aussonderungsaxiom" und das Fraenkelsche „Ersetzungsaxiom". Es enthält aber auch, was einigermaßen seltsam erscheinen mag, den Wohlordnungssatz.

   Der Beweisgang ist etwa der: die Menge aller Ordnungszahlen (die sich ohne weiteres aufstellen läßt) würde auf die Burali-Fortische Antinomie führen, also ist sie „zu groß".

   Also ist sie der Menge aller Dinge äquivalent. Das ergibt aber sofort eine Wohlordnung für die Menge aller Dinge.

Halle 24ten Febr. 1900.

Lieber Herr College,

Vielen Dank für Ihren "Anti-Haeckel". Ich halte es für sehr werthvoll, daß den schamlosen Angriffen Haeckels gegen das Christenthum der angemaaßte Schein der Wissenschaftlichkeit nunmehr vor dem weitesten Kreise entrissen wird. Die vornehme Scheu vor herzhafter Polemik (in unseren Kreisen so verbreitet!) musste gegenüber solchen Nichtswürdigkeiten weichen.

Hoffentlich gesellen sich zu Ihnen Mitkämpfer, so daß Sie es nicht nöthig haben werden, in Person noch einmal auf die Sache zurückzukommen!

Uebrigens habe ich erst kürzlich Gelegenheit erhalten, mir über die sogenannte

Nietzsche'sche Philosophie (einem Pendant zu
Häckels monistischer Entwickelungs-
philosophie) ein genaueres Bild zu
machen. Wegen der stilistischen
Reize findet sie bei uns eine kritiklose
Anerkennung, die im Hinblick auf
den perversen Inhalt und die
herostratisch-antichristlichen Motive
mir höchst bedenklich zu sein scheint.
Das Bedürfniss nach Neuheit und Füllung
des philosophiegeschichtlichen Schema's
macht unsere Philosophen moralisch blind
und eilfertig bereit, Jeden mit dem
Anspruch eines neuen Systems Auftretenden,
in ihre historische Darstellung einzufügen.
So erreicht der ehrgeizige Neuerer stets
seinen Zweck; er wird zum berühmten
Philosophen und die Verderbniss
der Jugend vollzieht sich im großen Stile.
Mit freundlichem Gruße Ihr
      hochachtungsvoll ergebener
          Georg Cantor

3. Die Definition der Endlichkeit (zweiter Teil, drittes Kapitel § 5 a) ist, soviel ich weiß, neu.

Sie ist von dem Begriff der Ordnung einerseits, und von dem Auswahlprinzip andererseits, unabhängig. Allerdings ist das in dieser Darstellung belanglos, da das Auswahlprinzip hier implicit (in Axiom IV, 2, mit anderen Forderungen zusammen) eingeführt wird. Ich habe darum auch nirgends die von ihm abhängigen Sätze von den übrigen isolirt.

...

Im Gegensatze zu den beiden ersten Teilen, die ich für ungefähr fertig betrachten zu dürfen glaube, behandelt der dritte Teil eine Reihe von Fragen, deren Lösung mir noch unklar ist.

Es handelt sich um die Struktur des Axiomen Systems, wobei eine Menge unerwarteter, und ich glaube nicht ganz uninteressanter, Probleme auftritt.

Ich wäre Ihnen, Herr Professor, sehr dankbar, wenn Sie auch diesem Teil Ihre Aufmerksamkeit schenken wollten, und mir Ihre Meinung darüber mitteilen würden.

...

Im voraus dankend verbleibe ich
    hochachtungsvoll Ihr
    Hans von Neumann.

Budapest (Ungarn)
V Kaiser Wilhelmstraße 52 III.

Literatur

A. Veröffentlichungen von Georg Cantor

[A 1] De aequationibus secundi gradus indeterminatis. (Inaugural-dissertation.) Berlin 1867 (26 S.).

[A 2] Zwei Sätze aus der Theorie der binären und quadratischen Formen. Zeitschr. f. Math. u. Phys. 13 (1868), S. 259–261.

[A 3] Über die einfachen Zahlensysteme. Ebenda 14 (1869), S. 121–128.

[A 4] Zwei Sätze über eine gewisse Zerlegung der Zahlen in unendliche Produkte. Ebenda, S. 152–158.

[A 5] De transformatione formarum quadraticarum. (Habilitationsschrift.) Halis Saxonum o. J. (1869) (13 S.).

[A 6] Über einen die trigonometrischen Reihen betreffenden Lehrsatz. Journal f. d. reine u. angew. Math. 72 (1870), S. 130–138.

[A 7] Beweis, daß eine für jeden reellen Wert von x durch eine trigonometrische Reihe gegebene Funktion f (x) sich nur auf eine einzige Weise in dieser Form darstellen läßt. Ebenda, S. 139–142.

[A 8] Notiz zu dem Aufsatz: Beweis usw. (siehe A 7). Ebenda 73 (1871), S. 294–296.

[A 9] Über trigonometrische Reihen. Math. Ann. 4 (1871), S. 139–143 [1]).

[A 10] Über die Ausdehnung eines Satzes aus der Theorie der trigonometrischen Reihen. Ebenda 5 (1872), S. 123–132 [1]).

[A 11] Algebraische Notiz, Ebenda, S. 133–134.

[A 12] Historische Notizen über die Wahrscheinlichkeitsrechnung. Bericht über die Sitzungen der Naturforschenden Gesellschaft zu Halle im Jahre 1873 (erschienen in den Abhandl. d. Nat. Ges. zu Halle 13, 1877), S. 34–42 [2]).

[A 13] Über eine Eigenschaft des Inbegriffes aller reellen algebraischen Zahlen. Journ. f. Math. 77 (1874), S. 258–262.

[A 14] Ein Beitrag zur Mannigfaltigkeitslehre. Ebenda 84 (1878), S. 242–258 [3]).

---

[1]) Die Abhandlungen A 9, A 10, A 13, A 14, A 16 (I–IV) sowie der größte Teil von A 16 (V) sind in französischer Sprache in den *Acta Mathematica* 2 (1883) erschienen.

[2]) Auch separat erschienen, 8 S.

[3]) Auch erschienen (ohne die Fußnote) im *Archiv f. Math. u. Phys.* 64 (1879), S. 434 bis 435.

[A 15] Über einen Satz aus der Theorie der stetigen Mannigfaltigkeiten. Nachr. v. d. K. Gesellsch. d. Wissensch. und der Georg-Augusts-Universität zu Göttingen, Jahrg. 1879, S. 127–135.

[A 16] Über unendliche, lineare Punktmannichfaltigkeiten. I Math. Ann. 15 (1879), S. 1–7; II, ebenda 17 (1880), S. 355–358; III ebenda 20 (1882), S. 113–121; IV ebenda 21 (1883), S. 51–58; V ebenda S. 545–591; VI ebenda 23 (1884), S. 453–488.

[A 17] Bemerkung über trigonometrische Reihen. Ebenda 16 (1880), S. 113–114.

[A 18] Fernere Bemerkung über trigonometrische Reihen. Ebenda, S. 267–269.

[A 19] Zur Theorie der zahlentheoretischen Funktionen. Nachr. v. d. K. Ges. d. Wiss. u. d. Georg-Augusts-Univ. zu Göttingen, Jahrg. 1880, S. 161–169 [4]).

[A 20] Über ein neues und allgemeines Kondensationsprinzip der Singularitäten von Funktionen. Math. Ann. 19 (1882), S. 588–594.

[A 21] Grundlagen einer allgemeinen Mannichfaltigkeitslehre. Ein mathematisch-philosophischer Versuch in der Lehre des Unendlichen. Leipzig 1883. (Eine mit Vorwort (1 S.) versehene Separatausgabe von A 16, Teil V. 47 S.)

[A 22] Sur divers théorèmes de la théorie des ensembles de points situés dans un espace continu à n dimensions. Première communication. Extrait d'une lettre adressée à l'éditeur. Acta Math. 2 (1883), S. 409–414.

[A 23] De la puissance des ensembles parfaits de points. Extrait d'une lettre adressée à l'éditeur. Ebenda 4 (1884), S. 381–392.

[A 24] Ludwig Scheffer (1859–1885). Bibliotheca Mathematica, Jahrgang 1885, Sp. 187–199.

[A 25] Über verschiedene Theoreme aus der Theorie der Punktmengen in einem n-fach ausgedehnten stetigen Raume G_n. Zweite Mitteilung. (Fortsetzung von 22.) Acta Math. 7 (1885), S. 105–124.

[A 26] Über die verschiedenen Standpunkte in Bezug auf das aktuale Unendliche. Zeitschrift f. Philosophie u. philos. Kritik, N. F., 88 (1886), S. 224–233 [5]).

[A 27] Über die verschiedenen Ansichten in bezug auf die aktualunendlichen Zahlen. Bihang till K. Svenska Vetenskaps-Akademiens Handlingar II (1887); Nr. 19, S. 1–10. (Zum größeren Teil schon in 26 erschienen; der kleinere Rest ist in 28 I wieder abgedruckt.)

---

[4]) Auch abgedruckt in den *Math. Ann.* 16 (1880), S. 583–588.

[5]) Mit Auslassung der Schlußpartie, sonst nur unwesentlichen Abweichungen, auch in *Natur und Offenbarung* 32 (1886), S. 46–49, erschienen; die Schlußpartien sind nebst dreien der in A 28 I veröffentlichten Briefe mit unwesentlichen Änderungen u. d. T. „Zum Problem des aktualen Unendlichen" auch in *Natur und Offenbarung*, ebenda, S. 226–233 abgedruckt.

[A 28] Mitteilungen zur Lehre vom Transfiniten. I. Zeitschr. f. Philosophie u. phil. Kritik, N. F., 91 (1887), S. 81–125 und 252–270; II. ebenda 92 (1888), S. 240–265 [6]).

[A 29] Bemerkung mit Bezug auf den Aufsatz: Zur Weierstraß-Cantorschen Theorie der Irrationalzahlen in Math. Ann. Bd. XXXIII p. 154, Math. Ann. 33 (1889), S. 476.

[A 30] Über eine elementare Frage der Mannigfaltigkeitslehre. Jahresber. d. Deutschen Mathematikervereinigung I (1892), S. 75–78 [7]).

[A 31] Vérification jusqu'à 1000 du théorème empirique de Goldbach. Assoc. Française pour l'Avancement des Sciences, C. R. de la 23me Session (Caen 1894), Seconde Partie, S. 117–134, 1895.

[A 32] Beiträge zur Begründung der transfiniten Mengenlehre. I. Math. Ann. 46 (1895), S. 481–512; II. ebenda 49 (1897), S. 207–246 [8]).

[A 33] Sui numeri transfiniti. Estratto d'una lettera di Georg Cantor a G. Vivanti, 13. Dez. 1893. Rivista di Matematica 5 (1895), S. 104–108. (Deutsch.)

[A 34] Lettera di Georg Cantor a G. Peano. Ebenda, S. 108–109. (Deutsch.)

[A 35] Brief von Carl Weierstraß über das Dreikörperproblem. Rendiconti del Circolo Mat. di Palermo 19 (1905), S. 305–308.

[A 36] Resurrectio Divi Quirini Francisci Baconi Baronis de Verulam Vicecomitis Sancti Albani CCLXX annis post obitum eius IX die aprilis anni MDCXXVI. (Pro manuscripto.) Cura et impensis G(eorgii) C(antoris). Halis Saxonum MDCCCXCVI. (Mit englischer Vorrede von „Dr. phil. Georg Cantor, Mathematicus".)

[A 37] Confessio fidei Francisci Baconi Baronis de Verulam... cum versione Latina a. G. Rawley..., nunc denuo typis excusa cura et impensis G. C. Halis Saxonum MDCCCXCVI. (Mit lateinischer Vorrede 5 S. von G. C.)

[A 38] Die Rawleysche Sammlung von zweiunddreißig Trauergedichten auf Francis Bacon.

Ein Zeugnis zugunsten der Bacon-Shakespeare-Theorie mit einem Vorwort herausgegeben von *Georg Cantor*. Halle 1897.

---

[6]) A 26 und A 28 zusammen sind auch separat u. d. T. „Zur Lehre vom Transfiniten, Gesammelte Abhandlungen aus der *Zeitschrift für Philosophie und philosophische Kritik, Erste Abteilung*", Halle 1890 (93 S.) erschienen, und zwar ohne nennenswerte Änderung; nur stehen am Schluß einige unwesentliche Berichtigungen, ferner ist der auf S. 252–270 von Bd. 91 erschienene Teil in Form von Fußnoten an die betreffenden Stellen des ersten Aufsatzes von Bd. 91 gestellt.

[7]) In italienischer Übersetzung (von Vivanti) erschienen in der *Rivista di Mat.* 2 (1892), S. 165–167.

[8]) In französischer Übersetzung (von Marotte) erschienen in den *Mémoires de la Soc. des Sciences Phys. et Nat. de Bordeaux* (5) 3 (1895), S. 343–437; Teil I auch in italienischer Übersetzung (von Gerbaldi) in der *Rivista di Mat.* 5 (1895), S. 129–162.

[A 39] EX ORIENTE LUX. Gespräche eines Meisters mit seinem Schüler über wesentliche Punkte des urkundlichen Christentums. Berichtet vom Schüler selbst Georg Jacob Aaron, cand. sacr. theol. Erstes Gespräch, Herausgegeben von *Georg Cantor.* Halle a. d. S. 1905.

[A 40] Contributions to the founding of the theory of transfinite numbers. Chicago and London 1915.

[A 41] [9]) Gesammelte Abhandlungen mathematischen und philosophischen Inhalts. Herausgegeben von *E. Zermelo,* nebst Lebenslauf Cantors von *A. Fraenkel.* Berlin 1930, Neudruck Hildesheim 1962.

B. Zur Biographie Cantors

[B 1] *Bendiek, J.:* Ein Brief Georg Cantors an P. Ignatius Jeiler OFM. Franz. Studien 47 (1965), S. 65–73.

[B 2] *Fraenkel, A.:* Georg Cantor. Jahresber. DMV 39 (1930), S. 189–266.

[B 3] *Gericke, H.:* Aus der Chronik der Deutschen Mathematikervereinigung. Jahresber. DMV 68 (1966), S. 46–70.

[B 4] *Kowalewski, G.:* Bestand und Wandel. München 1950.

[B 5] *Lorey, W.:* Der 70. Geburtstag des Mathematikers Georg Cantor. Zs. math.-nat. U. 46 (1915), S. 269–274.

[B 6] *Meschkowski, H.:* Denkweisen großer Mathematiker [10]). Braunschweig 1961.

[B 7] *Meschkowski, H.:* Aus den Briefbüchern Georg Cantors. Arch. Hist. ex. Sc. 6 (1965), S. 503–519.

[B 8] [11]) *Noether, E.* und *Cacaillé, J.:* Briefwechsel Cantor–Dedekind. Paris 1937.

[B 9] Lied eines Lebens: 1875–1954 (Biographie von Else Cantor). Privatdruck.

[B 10] *Russell, B.:* Portraits from Memory and other essays. London 1956.

[B 11] *Schoenfließ, A.:* Zur Erinnerung an Georg Cantor. Jahresber. DMV 31 (1922), S. 97–106.

[B 12] *Schoenfließ, A.:* Die Krisis in Cantors mathematischem Schaffen. Acta Math. 50 (1927), S. 1–23.

[B 13] *Ternus, J.:* Zur Philosophie der Mathematik. Phil. Jahrb. Görres-Ges. 39 (1926), S. 217–231.

[B 14] *Ternus, J.:* Ein Brief Geog Cantors an P. Joseph Hontheim S. J. Scholastik IV (1929), S. 561–571.

---

[9]) Die Gesammelten Werke Cantors [A 41] werden im Text kurz mit [W] zitiert.

[10]) Amerikanische Übersetzung: Ways of thought of great mathematicians. San Francisco–London–Amsterdam 1964.

[11]) [B 8] wird in Kapitel III mit [CD] zitiert.

[B 15] *Wangerin, A.:* Georg Cantor. Leopoldina 54 (1918), S. 10–13 und 32.

[B 16] *Young, W. H.:* The Progress of Mathematical Analysis in the twentieth Century. Proc. London Math. Soc. 24 (1926), S. 412–426.

[B 17] The Autobiagraphy of Bertrand Russel 1872–1914, London 1967.

C. Bücher über Mengenlehre [12])

[C 1] *Abian, A.:* The Theory of sets and transfinite arithmetic. Philadelphia und London 1965.

[C 2] *Alexandroff, P. S.:* Einführung in die Mengenlehre und die Theorie der reellen Funktionen. Berlin 1956.

[C 3] *Bachmann, H.:* Transfinite Zahlen. Berlin–Göttingen–Heidelberg 1955.

[C 4] *Becker, O.:* Grundlagen der Mathematik in geschichtlicher Entwicklung. Freiburg–München 1954, 2. Aufl. 1964.

[C 5] *Bernays, P.* und *Fraenkel, A. A.:* Axiomatic set theory. Amsterdam 1958.

[C 6] *Bolzano, B.:* Paradoxien des Unendlichen. Leipzig 1851, Neudruck Darmstadt 1964.

[C 7] *Borel, E.:* Eléments de la théorie des ensembles. Paris 1949.

[C 8] *Bourbaki, N.:* Théorie des ensembles. Paris 1954 (Kapitel I, II) und 1956 (Kapitel III).

[C 9] *Breuer, J.:* Introduction to the theory of sets. Englewood Cliffs, N. Y. 1958.

[C 10] *Christian, R.:* Introduction to logic and sets. Boston 1958.

[C 11] *Courant, R.* und *Robbins, H.:* Was ist Mathematik? Berlin–Göttingen–Heidelberg 1962.

[C 12] *Dedekind, R.:* Stetigkeit und irrationale Zahlen. Braunschweig 1872, 7. Aufl. 1964.

[C 13] *Dedekind, R.:* Was sind und was sollen die Zahlen? Braunschweig 1887, 10. Aufl. 1964.

[C 14] *Fraenkel, A. A.:* Mengenlehre und Logik. Berlin 1959.

[C 15] *Fraenkel, A. A.:* Abstract set theory. Amsterdam 1961.

[C 16] *Fraenkel, A. A.* und *Bar-Hillel, Y.:* Foundations of set theory. Amsterdam 1958.

[C 17] *Gödel, K.:* The consistency of the continuum hypothesis. Princeton, N. J., 1940.

---

[12]) Es sind auch einige im Text zitierte Schriften aufgenommen, die sich nicht ausschließlich mit Mengenlehre befassen.

[C 18] *Gutberlet, C.:* Das Unendliche mathematisch und metaphysisch betrachtet. Mainz 1878.
[C 19] *Halmos, R. P.:* Naive set theory. Toronto–London–New York 1960.
[C 20] *Hamilton, N.* und *Landin, J.:* Set theory: the structure of arithmetic. Boston 1961.
[C 21] *Hausdorff, F.:* Set theory. New York 1957.
[C 22] *Kamke, E.:* Mengenlehre. Berlin 1947.
[C 23] *Klaua, D.:* Allgemeine Mengenlehre. Ein Fundament der Mathematik. Berlin 1964.
[C 24] *Kleene, S. C.:* Introduction to metamathematics. Amsterdam–Groningen 1952.
[C 25] *Kolman, A.:* Bernard Bolzano. Berlin 1963.
[C 26] *Kuratowski, K.:* Topologie I, II. Warschau 1952.
[C 27] *Kuratowski, K.:* Introduction to set theory and topology. Oxford–London–New York–Paris–Warszawa 1961.
[C 28] *Lenz, H.:* Grundlagen der Elementarmathematik. Berlin 1961.
[C 29] *Ljapunow, A. A., Stachegolkow, E. A., Arsenin, W. J.:* Arbeiten zur deskriptiven Mengenlehre. Berlin 1955.
[C 30] *Lorenzen, P.:* Differential und Integral. Eine konstruktive Einführung in die klassische Analysis. Frankfurt a. M. 1965.
[C 31] *Meschkowski, H.:* Wandlungen des mathematischen Denkens. 3. Aufl. Braunschweig 1964.
[C 32] *Meschkowski, H.:* Mathematik als Bildungsgrundlage. Braunschweig 1965.
[C 33] *Natanson, I. P.:* Theorie der Funktionen einer reellen Veränderlichen. Berlin 1954.
[C 34] *Poincaré, H.:* Letzte Gedanken. Leipzig 1913.
[C 35] *Sierpinski, W.:* Cardinal and ordinal numbers. Warszawa 1958.
[C 37] *Skolem, T. A.:* Abstract set theory. Indiana 1962.
[C 38] *Stegmüller, W.:* Unvollständigkeit und Unentscheidbarkeit. Wien 1959.
[C 39] *Stoll, R.:* Introduction to set theory and logic. San Francisco 1961.
[C 40] *Suppes, P.:* Axiomatic set theory. Princeton 1960.
[C 41] *Zehna, P.* und *Johnson, R.:* Elements of set theory. Boston 1962.

D. Zeitschriftenaufsätze zur Mengenlehre

Wir notieren hier nur solche Arbeiten, die in irgendeiner Weise für diese Darstellung benutzt wurden. Ein ausführliches Verzeichnis der Literatur zur Mengenlehre (bis 1957) findet man in [C 15] und [C 16].

[D 1] *Ackermann, W.:* Zur Axiomatik der Mengenlehre. Math. Ann. 131 (1956), S. 336–345.

[D 2] *Chauvin, A.:* Deux modèles vérifiant certains axioms de la théorie des ensembles de Gödel, et construits dans la théorie des ensembles arithmétic de Kleene. C. r. Acad., Sci. Paris 253 (1961), S. 1519–1521.

[D 3] *Cohen, P. J.:* The independence of the continuum hypothesis. Proc. Nat. Ac. Sc. 50 (1963), S. 1143–1148; 51 (1964), S. 105–110.

[D 4] *van Dantzig, D.:* Is $10^{10^{10}}$ a finite number? Dialectica Bd. 9 (1955), S. 273–277.

[D 5] *Finsler, P.:* Der Platonische Standpunkt in der Mathematik. Dialectica Bd. 10 (1955), S. 250–261.

[D 6] *Hahn, H.:* Gibt es Unendliches? (in „Alte Probleme – neue Lösungen in den exakten Wissenschaften"). Leipzig und Wien 1934.

[D 7] *Hermes, H.:* Zur Geschichte der mathematischen Logik und Grundlagenforschung in den letzten 75 Jahren. Jahresber. DMV 68, S. 75–96.

[D 8] *Klaua, D.:* Ein Aufbau der Mengenlehre mit transfiniten Typen, formalisiert im Prädikatenkalkül der 1. Stufe. Z. math. Logik Grundl. Math. 3 (1957), S. 303–316.

[D 9] *Kondô, M.:* Sur les nombres ordinaux et nommables. C. r. Acad. Sci., Paris 253 (1961), S. 209–211.

[D 10] *Kruse, A. H.:* Some observations on the axiom of choice. Z. math. Logik Grundl. Math. 8 (1962), S. 125–146.

[D 11] *Kruse, A. H.:* A problem of the axiom of choice. Z. math. Logik Grundl. Math. 9 (1963), S. 207–218.

[D 13] *Ljapunow, A. A.:* Über Mengenoperationen mit transfiniten Indizes. Trudy Moskovsk. mat. Obsc. 6 (1957), S. 195–230.

[D 13] *Lorenzen, P.:* Über den Kettensatz der Mengenlehre. Arch. der Math. 9 (1958), Festschrift Hellmuth Kneser, S. 1–6.

[D 14] *Mac Lane, S.:* Locally small categories and the foundations of set theory. Infinitistic Methods, Proc. Sympos. Foundations Math., Warzaw 1959, (1961), S. 25–43.

[D 15] *Mendelson, E.:* The independence of a weak axiom of choice. J. symbolic Logik 21 (1957), S. 350–366.

[D 16] *Mrowka, S.:* On the ideals extension theorem and its equivalence to the axiom of choice. Fundamenta Math. 43 (1956), S. 46–49.

[D 17] *v. Neumann, J.:* Eine Axiomatisierung der Mengenlehre. J. f. d. r. u. a. Math. 154 (1925), S. 219–240.

[D 18] *v. Neumann, J.:* Die Axiomatisierung der Mengenlehre. Math. Z. 27 (1928), S. 669–752.

[D 19] *Ono, K.:* A set theory founded on unique generating principle. Nagoya math. J. 12 (1957), S. 151–159.

[D 20] *Ono, K.:* A Theory of Mathematical Objects as a Prototype of Set Theory. Nagoya Math. J. 20 (1962), S. 105–168.

[D 21] *Rieger, L.:* A contribution to Gödels axiomatic set theory III. Czechosl. math. J. 13 (88) (1963), S. 51–88.

[D 22] *Russell, B.:* On some difficulties in the theory of transfinite numbers and order types. Proc. London Math. Soc. 4 (1906), S. 29–53.

[D 23] *Russell, B.:* Mathematical logic as bases on the theory of types. Am. J. of Math. 30 (1908), S. 263–301.

[D 24] *Schmidt, J.:* Mehrstufige Austauschrelationen. Z. math. Logik Grundl. Math. 2 (1956), S. 233–249.

[D 25] *Schmidt, J.:* Zur Kennzeichnung der Dedekind-MacNeillschen Hülle einer geordneten Menge. Arch. d. Math. 7 (1956), S. 241–249.

[D 26] *Schmidt, J.:* Die transfiniten Operationen der Ordnungstheorie. Math. Ann. 133 (1957), S. 439–449.

[D 27] *Schoenfließ, A.:* Über die logischen Paradoxien der Mengenlehre. Jahresber. DMV 15 (1906), S. 19–25.

[D 28] *Schwarz, H.:* Ein Beitrag zur Theorie der Ordnungstypen. Dissertation Halle 1888.

[D 29] *Skolem, Th.:* Two remarks on set theory. Math. Skandinav. 5 (1957), S. 40–46.

[D 30] *Skolem, Th.:* Mengenlehre, gegründet auf einer Logik mit unendlich vielen Wahrheitswerten. S.-Ber. Berliner Math. Ges. 1957/58 (1958), S. 41–56.

[D 31] *Specker, E.:* Die Antinomien der Mengenlehre. Dialectica Bd. 8 (1954), S. 234–244.

[D 32] *Specker, E.:* Zur Axiomatik der Mengenlehre (Fundierungs- und Auswahlaxiom). Z. math. Logik Grundl. Math. 3 (1957), S. 173–210.

[D 33] *Wagner, K.:* Verbandstheoretische Charakterisierung der Cantorschen Äquivalenzrelation. Math. Ann. 134 (1958), S. 295–297.

[D 34] *Wittenberg, A.:* Warum kein Platonismus? Eine Antwort an Prof. Finsler. Dialectica Bd. 10 (1955), S. 256–265.

[D 35] *Yuting, S.:* Paradox of the classes of all grounded classes. The Journal of Symb. Logic 18 (1953), Nr. 2.

[D 36] *Zermelo, E.:* Beweis, daß jede Menge wohlgeordnet werden kann. Math. Ann. 59 (1904), S. 514–516.

[D 37] *Zermelo, E.:* Neuer Beweis für die Wohlordnung. Math. Ann. 65 (1908), S. 107–128.

[D 38] *Zermelo, E.:* Untersuchungen über die Grundlagen der Mengenlehre I. Math. Ann. 65 (1908), S. 261–268.

Personenverzeichnis

Abel, Niels Hendrik (1802–1829) 245, 269
Abian, Alexander (* 1925) 142, 179, 187, 189, 200, 208, 214
Ackermann, Wilhelm (1896–1962) 201
Adeodatus, Aurelius (Pseudonym eines Philosophieprofessors) 252
Ampère, André Marie (1775–1836) 247
Appell, Paul Emile (1855–1930) 231 f.
Archimedes (287?–212) 118, 254
Augustin, Aurelius (354–430) 66, 260, 262

Bacon, Francis (1561–1626) 128, 171 f., 261, 264
Bellarmin, Robert, S. J. (1542–1621) 261
Bendiek, Johannes, O. F. M. (* 1910) 227
Bendixson, Ivar (1861–1935) 57
Bernstein, Felix (1878–1956) 50, 74, 89, 156
Biermann, Wilhelm Gustav Adolph (1841–1888) 269
Böhm, Franz (Großvater, 1788–1846) 4
Böhm, Josef (Großonkel, 1795–1876) 4
Böhm, geb. Morawek, Sophie (!) (Großmutter, 1798–1866) 4
Bolyai, Johann (1802–1860) 60, 212
Bolzano, Bernhard (1781–1848) 28, 53, 61 ff., 64 f., 67, 228
Bonaventura, Johannes Fidanza († 1274) 257
Borchardt, Carl Wilhelm (1817–1880) 68

Borel, Emile (1871–1956) 267
Boscovich, Ruggiero Giuseppe, S. J. (1711–1787) 247
Brouwer, Luitzen Egbertus Jan (* 1881) 43, 220
Burali-Forti, Cesare (1861–1931) 144, 146, 272

Cantor, Else (Tochter, 1875–1954) 3, 124, 135, 175
Cantor, Erich (Sohn, 1879–1962) 113
Cantor, Georg Woldemar (Vater, 1813–1863) 1, 3, 4
Cantor, Marie, geb. Böhm (Mutter, 1819–1896) 66, 124
Cantor, Vally, geb. Guttmann (Frau, 1849–1923) 8, 173 f., 227, 270
Caratheodory, Constantin (1873–1950) 172 f.
Casanova, Gabriel, O. F. M. (1860–1912) 257
Cauchy, Augustin-Louis (1789–1857) 121, 222, 245, 247, 249, 269
Cohen, Paul Joseph (* 1934) 110, 211 f.
Courant, Richard (* 1888) 50, 214, 217
Curry, Haskell Brooks (* 1900) 217, 220

Dedekind, Richard (1831–1916) 10, 26 ff., 30 ff., 33, 39 ff., 41 ff., 71, 74, 89, 92, 99, 109, 121, 141 f., 144, 152, 209
Descartes, René (1596–1650) 65
Dirichlet, Peter Gustav Lejeune (1805–1859) 245
Dove, Heinrich Wilhelm (1803–1879) 6

du Bois-Reymond, Paul (1831–1889) 118, 122, 220, 253
Duns Scotus, Johannes, „doctor subtilis" (1265–1308) 257

Ehrle, Franz, S. J. (1845–1934) 264
Einstein, Albert (1879–1955) 175 f., 224 f.
Ernst, Heinrich Wilhelm (* 1865) 4
Esser, Thomas, O. P. (1850–1926) 111, 114, 122, 154
Euklid (365?–300?) 212, 254
Euler, Leonhard (1707–1783) 19, 24, 149

Faraday, Michael 1791–1867) 247
Foley, Henry 261
Fraenkel, Adolf bzw. Abraham (1891–1965) 3, 99, 121, 168, 200, 212, 271
Franzelin, Johannes Baptist, S. J. (1816–1886) 56, 66, 113, 124, 126 f., 141
Frege, Gottlob (1846–1925) 72
Fuchs, Lazarus (1833–1902) 124, 232, 234, 245 f.

Galilei, Galileo (1564–1642) 115, 146, 164
Gauß, Carl Friedrich (1775–1855) 6, 40, 65, 113, 245
Gentzen, Gerhard (1909–1945) 105
Gödel, Kurt (* 1906) 211 f., 217
Goethe, Johann Wolfgang von (1749–1832) 127
Góis, Manuel de (1542–1593) 258
Goldbach, Christian (1690–1764) 168 f., 262
Goldscheider, Franz (1852–1926) 27, 117 f., 141, 227, 252, 260
Goodstein, Reuben Louis (* 1912) 136, 220
Gordan, Paul (1837–1912) 267
Goursat, Edouard (1858–1936) 231
Gutberlet, Constantin (1837–1928) 64 ff., 67, 118, 124, 250

Guttmann, Alice (* 1883) 173
Guttmann, Paul (1834–1893) 8, 173
Gutzmer, August (1860–1924) 167, 175, 215

Hadamard, Jacques (1865–1963) 267
Haeckel, Ernst (1834–1919) 126, 128, 265
Halphen, Georges (1844–1889) 231
Hausdorff, Felix (1868–1942) 163, 166
Heidegger, Martin (* 1899) 115
Heine, Heinrich Eduard (1821–1882) 8, 68, 131, 239, 250, 255
Hellmesberger, Georg (1800–1873) 4
Henoch, Max (* 1841) 255
Hensel, Kurt (1861–1914) 166
Hermes, Hans (* 1912) 220
Hermite, Charles (1822–1901) 124, 133, 169, 176, 227, 231, 234, 244, 262
Hertling, Georg Graf von (1843–1919) 252
Heyting, Arend (* 1898) 219 f.
Hilbert, David (1862–1943) 69, 72, 116, 120 f., 137, 144, 153 f., 166, 175 f., 178, 181 f., 215, 267
Hurwitz, Adolf (1859–1919) 50, 142

Jacobi, Carl Gustav Jacob (1804–1851) 245, 269
Jeiler, Ignatius, O. F. M. (1823–1904) 124, 141, 215 f., 227, 257, 264
Joachim, Joseph (1831–1907) 4
Jordan, Pascual (* 1902) 116
Jourdain, Philip Edward Bertrand (1879–1919) 148, 227, 266

Kempmann, Stanislaus, O. F. M. 260
Kerry, Benno († 1889) 125
Klaua, Dieter (* 1930) 201, 214
Kleene, Stephen Cole (*1909) 105, 154, 223
Klein, Felix (1849–1925) 124, 165, 227, 230 f.
Knopp, Konrad (1882–1957) 10

König, Julius (1849–1913) 165, 167, 269
Königsberger, Leo (1837–1921) 245 f.
Kolman, Ernest (= Arnost) (* 1892) 61
Kowalewski, Gerhard (1876–1950) 109 f., 114, 124, 129 f., 142 f., 155, 166, 209, 238
Kowalewsky, Sonja (1850–1891) 136, 138
Kronecker, Leopold (1823–1891) 5, 7, 41, 67 ff., 119, 130 ff., 133 ff., 136 ff., 139 ff., 141 f., 174, 176, 220, 227 f., 235, 237 ff., 240, 242, 245 f.
Kummer, Ernst Eduard (1810–1893) 5 f., 58 f., 61, 68, 117, 237 f., 242, 245 f.
Kuratowski, Casimir (* 1896) 42 f., 57, 179, 189, 200

Lagrange, Joseph Louis (1736–1813) 6, 239, 245
Lamla, Ernst (* 1888) 6
Lampe, Emil (1840–1918) 255, 269
Landau, Edmund (1877–1938) 175, 227, 270
Laugwitz, Detlef (* 1932) 119, 122
Lebesgue, Henri (1875–1941) 268
Leibniz, Gottfried Wilhelm (1646–1716) 58 f., 65, 72, 249
Lemoine, Emile (1840–1912) 4, 133
Lobatschewsky, Nikolaus Iwan (1793–1856) 116, 212
Lorenzen, Paul (* 1915) 10, 196, 220 ff., 223 f.
Loofs, Friedrich (1858–1928) 126, 227, 265
Lorey, Wilhelm (1873–1955) 175

Matthew, Toby (1577–1655) 261
Meier, Dimitry († 1856) 4
Méré, Antoine Gombauld Chevalier de (1607–1685) 137 f.
Mertens, Franz Carl Joseph (1840–1927) 269

Mittag-Leffler, Gösta (1846–1927) 115, 117, 130 f., 133 ff., 136, 139 ff., 142, 166, 176, 216, 227, 231 ff., 235, 242, 244, 247
Molk, Jules (1857–1914) 250

Neumann, Hans bzw. Johann von (1903–1957) 192, 201 f., 211, 221, 271, 273
Newton, Isaac (1643–1727) 72, 249
Nietzsche, Friedrich (1844–1900) 126, 128
Nikolaus von Cues (1401–1464) 53, 112
Nobiling, geb. Cantor, Sophie (Schwester) 7 f.
Noether, Emmy (1882–1935) 26, 267

Pascal, Blaise (1623–1662) 113
Peano, Guiseppe (1858–1932) 195, 266 f.
Picard, Emile (1856–1941) 231
Platon (428–348) 59 ff., 112, 116 f., 154
Plinius, Secundus, der ältere (23–79) 4
Poincaré, Henri (1854–1912) 142, 167, 181 f., 224, 231 f., 234, 267 ff.
Poisson, Siméon Denis (1781–1840) 249
Poncelet, Victor (1788–1867) 269
Pott, Constance 124, 128
Prihonsky, Franz (1788–1859) 62, 65

Rappoldi, Edmund (1831–1903) 4
Rawley, William (1588?–1667) 172
Reichenbach, Hans (1891–1953) 223 f.
Reidemeister, Kurt (* 1893) 117, 154
Riemann, Bernhard (1826–1866) 269
Robbins, Herbert (* 1915) 214, 217
Rode, Pierre (1774–1830) 4
Russell, Bertrand (* 1872) 146 f., 152, 178, 200 f., 267

Salmon, George (1819–1904) 269
Schlömilch, Oskar Xaver (1823–1901) 11

Schmid, Aloys von (1825–1910) 125
Schmieden, Curt (* 1905) 119
Schneider, Ulrich (* 1911) 174
Schoenfließ, Arthur (1853–1928) 115, 130, 134 f., 146 f., 149, 165 f., 174, 179, 200
Scholz, Heinrich (1884–1956) 217
Schottky, Friedrich Hermann (1851–1921) 231
Schwarz, Hermann Amandus (1843–1921) 7 f., 68, 124, 131 ff., 134, 139, 227 f., 230 f., 233, 255, 269
Shakespeare, William (1564–1616) 171 f., 264
Sierpinski, Waclaw (* 1882) 50, 211
Simon, Max (1844–1918) 269
Singer, Edmund (* 1831) 4
Stegmüller, Wolfgang (* 1923) 154
Steiner, Jakob (1796–1863) 269
Stolz, Otto (1842–1905) 118, 122, 238, 253 f.
Strauß, Leonhard Heinrich (1807–1868) 4

Thiele, Helmut (* 1926) 201
Thomae, Johannes (1840–1921) 118, 122

Thomas von Aquino (1225–1274) 53, 112 f., 125 f., 252, 257
Thomé, Wilhelm (1841–1910) 68, 269

Waerden, Bartel Leendert van der (* 1903) 119, 214
Wangerin, Albert (1844–1944) 255
Weber, Wilhelm (1804–1891) 124, 247
Weierstraß, Carl (1815–1897) 5 ff., 41, 43, 58, 60, 67 f., 72, 115, 118, 121, 131 ff., 134, 138 f., 176, 226 f., 228 ff., 231 f., 235, 237, 245, 253, 255, 269

Young, William Henry (1863–1942) 134, 176 f.

Zermelo, Ernst (1871–1953) 39, 43, 88, 110, 119, 132, 156, 158 f., 163, 166 f., 178 f., 181 ff., 184, 192, 197, 200, 212, 227, 267 f.
Zöllner, Friedrich (1834–1882) 132, 256

Sachverzeichnis

abgeschlossen 43, 46, 48
Ableitung 43
Abschließung 46
Abschnitt 101 ff.
absolut unendlich 111 f., 145
abstrakte Mengenlehre 214
abzählbar 26 f., 29 ff., 51, 108 f., 115
ähnlich 42, 90 f., 102 f.
allgemeine Mengenlehre 201, 214
äquivalent 35, 42, 71 f., 74 ff., 89, 163
Aleph 79, 86 f., 109 f., 124, 142, 152 f., 156, 162, 209, 211
algebraische Zahl 28
Anfang 100 f.
Antinomie 40, 144 ff., 147 f., 151 ff., 155, 163, 213, 217, 272
Arithmetik der Kardinalzahlen 77
Arithmetik der Ordnungstypen 90 ff., 93 ff.
Aussonderung 179
Auswahl 156, 159, 180
Axiom 153, 156–164, 178–183, 187–201, 212, 223
Axiom der Aussonderung 179, 188, 272
– der Elementarmengen 179
– der Ersetzung 187, 271 f.
– der Extensionalität 187
– der Potenzmenge 179, 188
– der Summe 188
– der Vereinigung 180
– des Unendlichen 180, 188
–, Auswahlaxiom 156 ff., 180, 182, 188, 212
–, Existenzaxiom 187, 189
–, Regularitätsaxiom 191
Axiomatismus 220

Cantorsche Menge 46 ff.
Cantorsche Reihe 12, 15 f., 18 f.

cartesisches Produkt
  s. Produkt, kartesisches
Continuum s. Kontinuum

Darstellung von Zahlen 20, 23, 25
Diagonalverfahren 29, 81, 85, 87, 96, 167
dicht 43 f., 248
Dimension 41
Ding 114, 116 f., 181, 183, 218
discret 26, 56
disjunkt 57, 156 f., 188
distributives Gesetz 78
Dodekaeder 151
Durchschnitt 42, 45

eineindeutig 26, 29, 48
einfache Zahlensysteme 11
Elementarmenge 179

Folge 35 f., 222
Formalismus 219 f.
Funktion 199
Fünfflach 150 f.
Funktional 183, 186 f., 189 f.

Gemeinheit 42
Goldbachsche Vermutung 168 f., 262
Grenzzahl 205 f., 208
grundlos 148
Grundmenge 148, 152

Häufungspunkt 43
Hexaeder 149
Höhe 28

Ikosaeder 151
Induktion
  s. vollständige Induktion
  s. transfinite Induktion

Inbegriff 35, 70, 145
Individuum 26
innerer Punkt 44
in sich dicht 43 f., 46, 248
Intervall 30
Intuitionismus 220
irrationale Zahl 67, 250

Kardinalzahl 71 f., 73, 78 f., 88 f., 108, 178, 209
Kette 74
Klasse 222
Körpermonade 56
kompakt 55
Komplementärmenge 48, 101
konstruktiv 136, 156, 164, 220
Kontinuum 26 f., 29 ff., 53 ff., 109 f., 242, 270
Kontinuum-Hypothese 109, 211 f.
Kontinuumproblem 109, 135, 140, 211 f., 270
Konzentrierte Folge 222

lineare Punktmenge 43

Mächtigkeit 35, 56, 71 f., 104, 106, 109 f., 142, 162, 208 f., 241 f., 248, 270
Mannigfaltigkeit 35, 70
Menge 35, 70, 89, 136, 144, 152, 214, 218
Metamathematik 153, 213, 224
Metaphysik 111, 114, 122 ff., 129, 154 f., 217, 225
monadisch 189

Nachfolger 91, 100, 192, 194 f., 205
natürliche Zahl 192–196
Nullmenge 45

obere Grenze 205 f.
obere Schranke 205
Objekt 178 ff.
offen 44
Oktaeder 151
Ontologie 114, 116 f., 122, 154

operativ 220 ff.
Ordnung 42
Ordnungsaxiome 90
Ordnungstypus 90, 92 ff., 95, 98 f., 101
Ordnungszahl 90 ff., 101, 104, 105 ff., 178, 202–211, 272

Paradoxie 40, 61 ff., 146 f., 163
Partner 186
perfekt 46, 50 f.
Platonische Körper 151
Polyeder 149, 151
Potenz von Kardinalzahlen 78
Potenzmenge 179
Prädikat 183 f.
Produkt, kartesisches 77, 158, 197 ff.
Produkt, unendliches 12 ff., 19, 25
Produkt von Kardinalzahlen 77
Produkt von Ordnungszahlen 94

Quadrat 31 f., 37, 39

rationale Zahl 23
reelle Zahl 10 f., 20, 25, 222
reflexiv 35
Reihe 12 ff.
Relation 199
Religion 122 ff., 126
Regularitätsaxiom 191
Russellsche Menge 147

Separationssatz 189
separierbar 57
stetiges Gebilde 40
Strecke 39
symmetrisch 35

Taw 110
Teilmenge 33, 74 ff., 85 f., 89, 99 f., 161
Term 183
Tetraeder 151
Theismus 125
Theologie 122 ff., 154
Topologie 42 ff.

topologischer Raum 55, 214
transfinit 100, 109, 111 f., 145, 216, 224 f., 240 f., 251 ff., 257 f., 260
transfinite Induktion 105, 208
transitiv 35
Trialbruch 47

Unabhängigkeit 217
unendlich 63, 64 ff., 113, 117, 125, 136, 249 f., 269

Verbindungsmenge 77
Vereinigungsmenge 35, 45, 77
vergleichbar 76, 104, 162
Vollkreisbereich 50
vollständige Induktion 105, 194
Vorgänger 91, 100, 195, 205

Widerspruchsfreiheit 105, 178, 182, 217

wohldefiniert 70, 149
wohlgeordnet 99 f., 101 f., 107, 159 f., 241, 268, 272
Wohlordnungssatz 76, 159 f., 272

Zahl
  s. algebraische Zahl
  irrationale Zahl
  Kardinalzahl
  natürliche Zahl
  Ordnungszahl
  rationale Zahl
  reelle Zahl
Zahlenklassen 106, 109, 142, 240, 242
Zahlensystem 10 f., 119
–, einfaches 11
Ziffer 11
Zifferblock 34
zusammenhängend 54

MIX
Papier aus verantwortungsvollen Quellen
Paper from responsible sources
FSC® C105338

If you have any concerns about our products,
you can contact us on
ProductSafety@springernature.com

In case Publisher is established outside the EU,
the EU authorized representative is:
**Springer Nature Customer Service Center GmbH
Europaplatz 3, 69115 Heidelberg, Germany**

Printed by Libri Plureos GmbH
in Hamburg, Germany